U0121559

新文京開發出版股份有限公司

NEW
WCDP
新世紀・新視野・新文京 ─ 精選教科書・考試用書・專業參考書

New Wun Ching Developmental Publishing Co., Ltd.

New Age · New Choice · The Best Selected Educational Publications — NEW WCDP

自動控制
AUTOMATIC CONTROL

張振添 編著

「自動控制」課程為電機、機械、自動化與機電等工程科系之重要專業科目。目前雖已有很多自動控制的中文或英文教科書,但適用於技專院校學生或自學者的基礎教科書很少。

　　有鑑於此,筆者依據在技專院校教授自動控制課程,並輔導學生參加高考、技師及研究所考試二十餘年之經驗,以「簡明、易授、易讀」為原則來編寫此書:此書涵蓋時域、頻域與狀態空間之分析與設計觀念,理論由淺入深、循序漸進,文字敘述簡明易讀,圖片清晰精確,且內文附有例題及說明,可幫助學生掌握重點,深入理解基本概念,提高解題技巧。

　　而自初版發行以來,承蒙很多大專院校採用為「自動控制」或「控制系統」課程之教科書,殊感榮幸。同時,也獲得很多教師不吝對本書提出指正與諸多寶貴建議,筆者深深感激,並竭誠地廣納這些意見,故而經多次細心校對與討論後,再次微調修訂為第四版,若仍有疏漏或不夠嚴謹之處,尚祈讀者與諸先進能繼續給予指正,以期日後再版時能更完善,不勝感荷。

張振添　謹識

目 錄
CONTENTS

Chapter

01 導 論

Automatic Control

1-1　›› 前　言

　　控制是一種很普遍的觀念，例如車輛的駕駛，一個人若想安全的到達預定地，就必須控制這輛車子，而控制的方式則是利用方向盤控制車行方向，而油門與剎車則用以控制速度。目前有很多人以為自動控制是一門很理論的學問，與日常生活無關。事實上，自動控制不論是在近代科學工程或日常生活中均扮演相當重要之角色。在日常生活方面，例如恆溫控制系統、自動烤麵包機、水塔水位控制及新穎的模糊控制(fuzzy control)全自動洗衣機等。在工業上之應用，例如機械人之位置控制，CNC 工具機之數值控制，化工程序之壓力、溫度、濃度控制等。在軍事武器系統發展方面，例如飛機之自動導航系統、飛彈之射控系統、火砲之自動定位系統等，以及太空科技上之無人太空船等，均為自動控制之應用實例。

　　控制理論之發展，起源於十八世紀詹姆士‧瓦特所發明之離心調速器，用在蒸汽引擎之轉速控制。而由發展之過程，可概分為古典控制理論與近代控制理論。古典控制理論，以拉氏轉換所定義之轉移函數為對象，利用根軌跡法，頻域響應法可設計出穩定且滿足性能需求之控制系統。而在 1960 年後，為了滿足軍事、太空及工業上之需求，以及處理多輸入多輸出之複雜系統，近代控制理論開始蓬勃發展，其主要是以狀態方程式為基礎，由單純的系統設計朝向控制系統之最佳化設計。

　　在本章中，將對控制系統及控制器的基本概念，先作一簡單之介紹。

1-2 控制系統之表示法

　　一般控制系統之表示法是以方塊圖為主,方塊圖能將系統中每一元件之功能與訊號傳送方向以圖形來表示,因此從方塊圖上可以很容易地了解不同組成元件之間的關係,並可進一步獲知整體系統之動態行為。

　　通常方塊圖是由四部分所組成,分別為:

1. 方塊(block):方塊內代表組成之元件,或此元件輸入與輸出之關係。

2. 帶有箭頭之線段:箭頭方向代表訊號之流向。

3. 匯合點(summing point):匯合點代表訊號在此處相加減。

4. 分支點(branch point):分支點代表訊號由此處分別向不同方向傳送。

　　圖 1-1 則為一控制系統之方塊圖,其中 $G(s)$ 與 $H(s)$ 分別代表不同組成元件輸入與輸出間之關係。

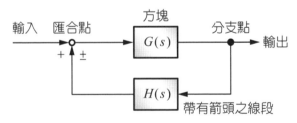

❀ 圖 1-1　控制系統之方塊圖

　　在控制系統之分析與設計上,如何將控制系統以方塊圖來表示是相當重要的。現在我們以圖 1-2 所示之爐溫控制系統為例來說明方塊圖應如何繪得,其中電位計為一種能將位移轉換為電位之裝置,而熱電偶為一種能將溫度轉換為電位之裝置。首先將希望之爐溫經由電位計設定輸入之電位 V_i,而實際爐溫經由熱電偶量測,並轉換為電位 V_0,並回授至輸入端進行比較,產生誤差電位 e。誤差電位 e 再經放大器放大後,驅動電動機去調整燃料閥門,以控制送入爐中

燃料之數量，以使實際爐溫與希望爐溫能夠相同。圖 1-3 即為依系統組成與元件關係所繪得之方塊圖。

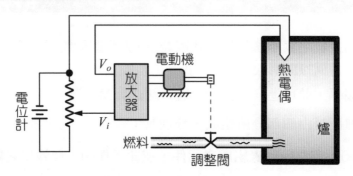

☢ 圖 1-2　爐溫控制系統

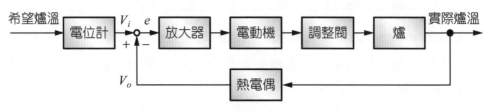

☢ 圖 1-3　爐溫控制系統之方塊圖

1-3　►► 專有名詞認識

　　控制系統通常以方塊圖來表示，圖 1-4 即為一完整回授控制系統之方塊圖，圖中方塊內表組成之元件，而箭頭代表訊號之流向，參照此系統，本節將依序介紹自動控制上常用之術語。

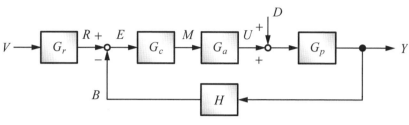

◈ 圖 1-4　回授控制系統之方塊圖

1. **系統**(system)：基於某種目的，由許多實體元件(physical element)所構成之組合體，圖 1-4 所示即為一完整系統。

2. **目標值**(set point)：目標值又稱期望值或指令，為外界對系統所加入之輸入指令，亦即欲控制之物理量的期望值。例如水位控制系統之希望水位高度，如圖 1-4 中之輸入訊號 V。

3. **參考輸入元件**(reference input element)：將目標值轉換成與回授訊號 B 型式相同之訊號的元件，如圖 1-4 中之元件 G_r。

4. **參考輸入**(reference input)：目標值經參考輸入元件轉換後之訊號，能直接與回授訊號 B 相比較，如圖 1-4 中之訊號 R。

5. **誤差訊號**(error signal)：又稱為誤差量，為參考輸入訊號 R 與回授訊號 B 之誤差值，如圖 1-4 中之訊號 E，亦即

$$E = R - B$$

6. **控制器**(controller)：又稱控制元件，將誤差量轉換成控制系統所需之操作量的元件。如圖 1-4 中之 G_C，而 M 為操作量。

7. **受控變數**(controlled variable)：又稱控制量，為系統之實際輸出，如圖 1-4 中之訊號 Y。

8. **致動器**(actuator)：接收操作量以產生某一物理量，促使受控系統發生動作之元件，例如電動馬達。圖 1-4 中之 G_a 即為致動器。

9. **程序(process)或受控系統(controlled system)**：為受致動器所作動之部分，亦即產生控制量之部分。例如馬達所驅動之機械連桿結構，圖 1-4 中之元件 G_p 即表受控系統。

10. **回授元件(feedback element)**：又稱為感測器(sensor)或量測元件，將受控變數量測並轉換為回授訊號之元件，如圖 1-4 中元件 H。

11. **回授訊號(feedback signal)**：回授元件之輸出訊號，如圖 1-4 中之訊號 B。

12. **干擾(disturbance)**：一種對系統之非預期輸入訊號，且對受控變數（輸出）有不良影響者，干擾有時來自系統外部，例如射箭時，風力會影響準度。亦可能存在系統內部，如機械系統之摩擦阻力、齒隙等。圖 1-4 中之 D 即表干擾。

13. **自動化(automation)**：將使用人力操作的方式，改進為使用機械之自動式，稱為自動化。

14. **自動控制(automatic control)**：自動控制是為了實現自動化所發展出來的技術與理論。也指一系統能依輸入之目標，經由控制元件之調整，使受控變數（輸出量），諸如位置、速度、角度、溫度……等，達到所希望之目標值。

15. **控制系統(control system)**：由許多實體元件所組成之可控制的完整系統，能調整輸出量達到所希望之目標值。

　　若以圖 1-2 所示之爐溫控制系統為例，其中希望的爐溫即為所謂的目標值，而電位計將希望的爐溫轉換為電壓 V_i，故電位計為一參考輸入元件，而電壓 V_i 即為參考輸入。又爐之實際溫度為希望能夠控制之物理量，故應為受控變數，而用以量測實際爐溫的元件為熱電偶，其功能為將實際爐溫轉換為電壓 V_0，用以回授，進行控制行為，故熱電偶為一回授元件，或稱為感測器，而電壓 V_0 即為回授訊號。而由圖 1-2 又可看訊號 e 為電壓 V_i 及 V_0 之差值，亦即 $e = V_i - V_0$，故為誤差訊號。而接收誤差訊號 e 之元件為放大器，因此放大器為系統之控制器，誤差訊號經放大器放大電壓後，驅動電動機以進行調整閥之調

整，故電動機為一致動器，而調整閥及爐子為被控制的系統，稱為受控系統，而整個完整的系統，因可調整輸出量使實際溫度達到希望之溫度，故為一控制系統。最後，將整個系統中之元件或訊號所對應之專有名詞，整理於表 1-1 中。

☎ 表 1-1　爐溫控制系統中之相關專有名詞

元件或訊號	對應之專有名詞
希望爐溫	目標值（期望值）
電位計	參考輸入元件
訊號 V_i	參考輸入
放大器	控制器
電動機	致動器
調整閥及爐子	受控系統
實際爐溫	受控變數（控制量）
熱電偶	回授元件（感測器）
訊號 V_0	回授訊號

Automatic Control

1-4　回授控制系統

控制系統可依其是否有回授(feedback)行為，亦即系統之輸出是否對控制動作有直接影響，予以區分為兩大類：

一、開迴路控制系統(open-loop control system)

此系統之輸入直接加入控制單元內，不受系統輸出之影響，亦即無回授之存在，此時系統輸入與輸出之關係完全由控制單位與設備之特性所決定。圖 1-5 所示之熱交換控制系統，即為開迴路控制系統之實例。系統輸出液體溫度

可藉由蒸汽閥門調整蒸汽流量來控制，但當外界環境溫度改變時，輸出液體溫度將受影響而不再保持原先設定之溫度，此時必須經由人工操作，於一定時間間隔量測輸出液體溫度，若溫度過低，則必須增加蒸汽流量，才能使輸出液體溫度保持在原先之設定值。此系統本身無法檢測輸出溫度之偏差，也不能自行調整，故屬於開迴路控制系統。

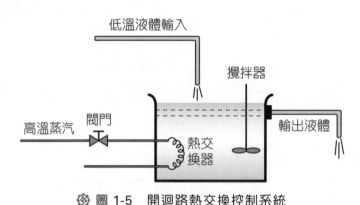

圖 1-5　開迴路熱交換控制系統

　　而相對於閉迴路控制系統，開迴路系統具有以下之優缺點：

優點： ① 價格較閉迴路便宜。
　　　　② 結構較簡單，易於保養。
　　　　③ 不必考慮穩定性(stability)問題。
　　　　④ 若輸出不易量測時，會來得方便。

缺點： ① 會因外界之干擾而使輸出偏離原先的期望值。
　　　　② 輸出結果不能自行檢測，亦不能自行修正。
　　　　③ 欲維持輸出之正確性，必須時常校準刻度。

二、閉迴路控制系統(closed-loop control system)

　　若系統為了獲得更準確的控制，將輸出訊號藉由量測元件檢測出，並回授至輸入端以修正輸入訊號，使系統達到原先設計之要求，則此種系統稱為閉迴

路控制系統或回授控制系統(feedback control system)。圖 1-6 所示之熱交換控制系統，即屬閉迴路控制系統。此系統加裝了溫度感測器（例如熱電偶）來量測輸出液體之溫度，並將此溫度轉換成回授訊號（例如電位），此訊號被送入誤差檢測器與設定溫度相比較以產生誤差訊號，此誤差訊號再送到控制器以改變蒸汽閥門的角度，進而調整蒸汽流量，經此不斷的修正，可使輸出液體溫度保時在設定的期望值。

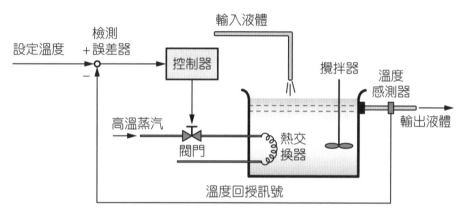

❀ 圖 1-6　閉迴路熱交換控制系統

　　同樣的，相對於開迴路系統，閉迴路系統具有以下之優缺點：

優點： ① 減低干擾對系統之影響，精確度可提高。

　　　　② 改善系統之穩定性。

　　　　③ 降低對受控系統及控制器之參數變動的靈敏度。

　　　　④ 改進系統之增益，暫態響應，頻率響應。

　　　　⑤ 淡化非線性之不良效應。

缺點： ① 價格較為昂貴。

　　　　② 結構較為複雜，不易保養。

　　　　③ 必須考慮穩定性問題。

1-5 ›› 回授控制之應用例

回授控制具有很多優點,因此已被廣泛應用於一般家用產品與工業設備,本節中再介紹兩種常見之回授控制系統,分別介紹每一種系統之組成元件的特性,以及系統之工作原理,並說明如何繪製系統之方塊圖。

1. **位置控制系統**(position control system):控制負載角位移 θ_ℓ 之回授控制系統如圖 1-7 所示,圖中誤差檢測器(error detector)是由兩個電位計(potentiometer)所組成,而電位計為一量測元件,可將角位移轉換為電壓訊號。由圖中可看出希望角位移 θ_d 與負載角位移 θ_ℓ 之角度差可經由誤差檢測器檢測出,並將其轉換為電位差 e,此電位差經由放大器放大 K_p 倍後驅動馬達帶動負載旋轉。而馬達之旋轉角度為 θ_m,經齒輪系變換後即為負載之角位移 θ_ℓ。當電位差 e 為零時,馬達將不會轉動,此時負載角位移 θ_ℓ 會等於希望角位移 θ_d,代表控制目的已達成,但若電位差 e 不為零時,負載角位移 θ_ℓ 將不等於希望角位移 θ_d,則回授控制行為將會持續進行,以使電位差 e 值趨於零,此系統之方塊圖可直接基於其工作原理繪出,如圖 1-8 所示。

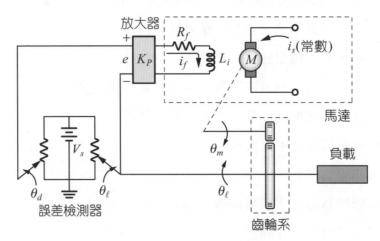

◎ 圖 1-7　位置控制系統

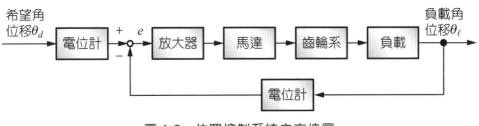

圖 1-8 位置控制系統之方塊圖

請說明一般家用烤麵包機是屬於開迴路控制或閉迴路控制？

解

家用烤麵包機在調好時間後，不論烤的如何，時間一到就會停止，並無感測器去量測出麵包實際是烤到什麼程度，因此無回授行為，所以是屬於開迴路控制。

例題 2

相較於開迴路控制系統(open-loop system)，閉迴路控制系統(closed-loop control)具有哪三項主要的優點？

解

(1)改善系統之穩定性或控制不穩定之系統。

(2)減低干擾或雜訊對系統之影響，提高精確度。

(3)降低對受控系統及控制元件之參數變動的靈敏度。

例題 3

　　在閉迴路控制系統的輸出回授路徑上，通常會配置一個重要的元件，請問①這是什麼元件？②它的功用為何？

解

① 量測元件，或稱為回授元件，或稱為感測器。

② 量測出系統之實際輸出（受控變數），並回授到比較器（誤差產生器），以提供誤差量給控制器參考，以進行系統之調整，形成閉迴路控制。

2. **液位控制系統**(liquid-level system)：液位控制應用相當廣泛，諸如居家之水塔水位控制，抽水馬桶之水位控制，以及工業液體儲存槽之液位控制均屬其應用範疇。水位控制系統為液位控制之一種應用，其基本構造如圖 1-9 所示，圖中浮球為感測元件，用以感測液面之實際高度 H。當液面實際高度 H 已達到希望之液面高度 H_d 時，浮球將維持在一定位置，此時進水閘門將完全關閉，而液面實際高度將維持為希望之液面高度。但因使用上之需求，出水閥有時會打開，因此液面實際高度 H 將會小於希望之液面高度 H_d，此時浮球將下降並帶動連桿機構，使得進水閘門打開，以供給進水流量，使液面實際高度能維持為希望之液面高度。又因為出水閥打開會影響液面實際高度，故出水流量可視為對系統之一種干擾，依以上之工作原理，可繪出系統之方塊圖如圖 1-10 所示。

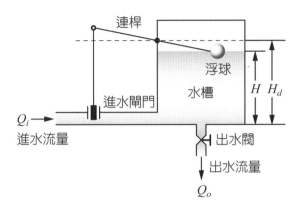

❀ 圖 1-9　水位控制系統

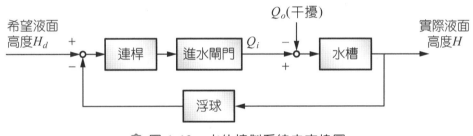

❀ 圖 1-10　水位控制系統之方塊圖

Automatic Control

1-6 ▸▸▸ 控制系統之分類

　　控制系統依系統是否存在回授行為而予以區分為開迴路及閉迴路控制系統，此為控制系統中最重要之分類方式。事實上，控制系統又可依其他不同觀點予以分類，常見者如下所述：

 一、依傳送訊號型式可區分為

1. **連續時間控制系統**(continuous-time control system)：又稱為類比控制系統 (analog control system)，此系統中所處理之訊號均為時間之連續函數，例如 位移、角度、溫度等均為連續時間訊號，或稱為類比訊號，其函數關係如 圖 1-11(a)所示。

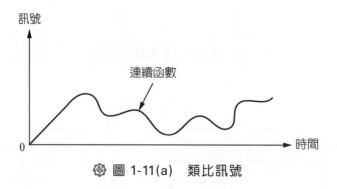

◎ 圖 1-11(a) 類比訊號

2. **離散時間控制系統**(discrete-time control system)：有時又稱為數位控制系統 (digital control system)，此系統中某些部分之訊號是以離散型式或數位碼之 型式傳送，訊號與時間關係如圖 1-11(b)所示。一般而言，此類系統只有在 特定的間斷時刻才能接收訊號資料。以微處理器作為系統控制器之控制系 統即屬此類。

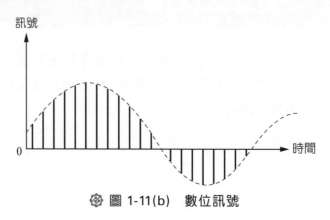

◎ 圖 1-11(b) 數位訊號

二、依系統輸出物理量之型式可區分為

1. **伺服機構**(servo-mechanism)：系統輸出量為機械方面之角位移、位置、速度、方位等，則稱為伺服機構。

2. **程序控制**(process control)：系統輸出量為化工方面之溫度、壓力、濃度、pH值等，則稱為程序控制。

3. **自動調整**(automatic regulation)：系統輸出量為電機或機械方面之電流、電壓、頻率等，則稱為自動調整。

 ## 三、依系統動力來源之型式可區分為

1. **氣壓控制系統**：其優點為輕巧，而缺點為漏氣不易察覺，須防爆炸發生，且噪音較大。

2. **液壓控制系統**：其優點為體積小，出力大，可無段變速，而缺點為須預防漏油引起火災且設備費用較高。

3. **電子式控制系統**：其優點為體積較小，訊號資料處理快速，且訊號傳送範圍較廣，而缺點為易受外在環境因素所干擾。

4. **機械式控制系統**：其優點為動作傳遞正確，可靠性較高，且傳遞能量損失較小，而缺點為受機構大小所限制，傳送距離較短。

 ## 四、依系統參數(parameters)是否隨時間變化可區分為

1. **非時變系統**(time-invariant system)：當系統在工作時間內，所有元件之參數（例如物體之質量 M，或彈簧之彈性係數 K 等）不會隨時間變化而改變，則稱之為非時變系統。

2. **時變系統**(time-variant system)：相對地，若系統參數值會隨時間變化而改變，則稱之為時變系統，例如飛彈之質量會隨發射後之時間而減小，故飛彈系統即為一時變系統。

五、依系統設計方法之不同可區分為

1. **線性控制系統**(linear control system)：實際之物理系統，均存在某種程度之非線性特性，而此非線性之存在，將使系統之分析與設計較為困難。所幸在某一操作範圍內，系統會有線性特性之行為，此時，系統可近似為一線性系統，則很多線性理論的設計方法便得以使用。

2. **非線性控制系統**(nonlinear control system)：若系統之操作範圍較大或直接考慮系統之非線性特性（例如存在摩擦力、齒輪間隙、或放大器之飽和效應等），則線性理論不能應用，必須使用非線性控制理論，設計上將較為困難。

六、依控制理論發展之時期可區分為

1. **古典控制**(classical control)：古典控制理論一般是指 1960 年以前，理論核心是針對系統轉移函數所發展之根軌跡設計法及頻域響應法，僅能處理線性非時變系統。

2. **近代控制**(modern control)：指 1960 年以後到 1980 年之間，針對狀態方程式所發展之時域分析與設計技巧，可處理線性或非線性，時變或非時變，甚至多變數輸入多變數輸出系統，且能做最佳化之系統設計。

3. **後近代控制**(post modern control)：指 1980 年以後，有關於系統強韌性(robustness)之控制理論。

1-7 控制器之常見型式

控制系統之控制行為主要由控制器所決定，一般常用之控制器是根據誤差檢測器將實際輸出值與期望值比較後所得之誤差量多少而產生操作訊號去調整系統，以使誤差量減少到允許程度，或完全消除，以確保系統之輸出量與期望值相同，圖 1-12 即為控制器之方塊圖，一般常用之控制器依操作量 $u(t)$ 產生之不同可有下列型式。

誤差訊號 $e(t)$ → 控制器 → 操作量 $u(t)$

圖 1-12　控制器之方塊圖

1. **開關控制器**(on-off controller)：當誤差量 $e(t)$ 為正值時，操作量為 u_1，而誤差量 $e(t)$ 為負值時，操作量為 u_2，其特性相當於只有開及關之行為，故稱為開關控制器，其數學式表為

$$u(t) = \begin{cases} u_1, e(t) \geq 0 \\ u_2, e(t) < 0 \end{cases} \tag{1-1}$$

其中 u_1 及 u_2 為兩個常數操作量。

2. **比例控制器**(proportional controller)：簡稱為 P 控制器，其特性為將誤差訊號 $e(t)$ 放大一個倍數 K_p 作為操作量，故稱為比例控制器，其數學表示式為

$$u(t) = K_p e(t) \tag{1-2}$$

式中 K_p 為比例增益常數。

3. **微分控制器**(derivative controller)：簡稱為 D 控制器，其特性為將誤差訊號 $e(t)$ 微分後取變化率，再乘上一個常數 K_D 作為操作量，故稱為微分控制器，其數學表示式為

$$u(t) = K_D \frac{d}{dt} e(t) \tag{1-3}$$

   式中 K_D 為微分增益常數。

4. **積分控制器**(integral controller)：簡稱為 I 控制器，其特性為將誤差訊號予以積分後，再乘上一個常數 K_I 作為操作量，有誤差累積之作用，故稱為積分控制器，其數學表示式為

$$u(t) = K_I \int_0^t e(\tau) d\tau \tag{1-4}$$

   式中 K_I 為積分增益常數。

5. **比例微分控制器**(PD-controller)：此控制器是由比例控制器與微分控制器兩者合成，兼具兩者之特性，其數學表示式為

$$u(t) = K_p e(t) + K_D \frac{d}{dt} e(t) \tag{1-5}$$

6. **比例積分控制器**(PI-controller)：由比例控制器與積分控制器所合成，其數學表示式為

$$u(t) = K_p e(t) + K_I \int_0^t e(\tau) d\tau \tag{1-6}$$

7. **比例積分微分控制器**(PID-controller)：由比例、微分及積分三種控制器所合成，兼具三者之特性，其數學表示式為

$$u(t) = K_p e(t) + K_I \int_0^t e(\tau)d\tau + K_D \frac{d}{dt} e(t) \tag{1-7}$$

以上各種控制器之實際結構可分成電子式、氣壓式及油壓式，其中電子式控制器將於第四章介紹，而其特性將於第五章中討論。

例題 4

請簡單說明 PI 及 PD 控制器之特性。

解

1. PI 控制器之特性如下：
   ① 可消除或降低系統之穩態誤差，提高精確度。
   ② 可維持系統之反應速度，但可能影響系統之穩定性。
   ③ 具低通濾波器(low pass filter)之特性，可有效抑制高頻雜訊或干擾。

2. PD 控制器之特性如下：
   ① 可提高系統之穩定性。
   ② 可維持或改善系統之反應速度。
   ③ 具高通濾波器(high pass filter)之特性，不能有效抑制高頻雜訊或干擾。

例題 5

何謂 PID 控制器(controller)？PID 控制器有何重要特性？

解

若誤差訊號為 $e(t)$，則此 PID 控制器所產生之操作量 $u(t)$ 為

$$u(t) = K_P e(t) + K_I \int_0^t e(\tau)d\tau + K_D \frac{d}{dt}e(t)$$

式中 K_P、K_I 及 K_D 分別為待設計之比例、積分及微分增益。此控制律之特性為可增加反應速度，改善或消除穩態誤差，並增加系統之穩定性。

1-8 ›››控制系統之設計程序

控制系統之設計必須滿足許多實際上之性能需求，首先必須要求具有相當程度之穩定性，因為不穩定之系統是相當危險的。此外，也希望系統之反應速度夠快，且具有適當之阻尼。但往往這些不同之性能需求會有彼此衝突之現象，因此控制系統之設計必須整體考量，取得各種性能需求之權衡。

一般控制系統之設計，通常包含以下程序：

1. **模式化**：將實際系統以一與其具相同特性之物理模式代替。

2. **數學模式描述**：應用物理定律，導出描述該系統之數學方程式。

3. **分析**：對系統進行定量之系統響應分析，以及定性之穩定性分析，以了解系統之行為，作為設計時之依據。

4. **設計**：若系統之性能無法滿足需求，則加入適當控制器或作補償之設計，以使系統達到預期之要求。

5. **測試**：實際測試，以評估系統之性能。

習題一

1-1 解釋下列名詞：

(1)系統　　　　(2)誤差訊號　(3)控制器　　(4)致動器　　(5)受控系統

(6)回授元件　(7)干擾　　　(8)自動化　　(9)自動控制　(10)控制系統

1-2 開迴路與閉迴路控制系統之最大不同處為何？並比較兩者之優缺點？

1-3 控制系統依輸出物理量之型式不同，可區分為幾類？

1-4 控制系統依動力來源之差異可區分為那幾類？並指出每一類控制系統之主要優缺點。

1-5 試說明 PID 控制器之特性。

1-6 試說明控制系統之設計程序。

1-7 兩種水位控制系統分別如圖 P1-1 及圖 P1-2 所示，請回答下列問題：

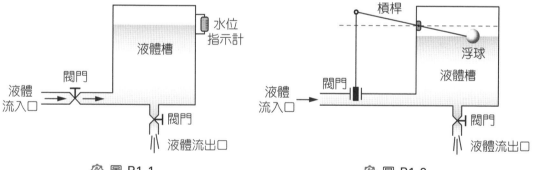

◈ 圖 P1-1　　　　　　　　　　　　　　◈ 圖 P1-2

問題：

(a) 分別說明兩種系統之工作原理。

(b) 指出何者為開迴路系統，何者為閉迴路系統，並說明理由。

(c) 分別繪出兩系統之方塊圖。

1-8 試分別列舉 5 種日常生活上所接觸到之開迴路及閉迴路控制系統。

參考文獻
References

§ 1-2～1-4

1. Ogata, K. (1970). *Modern Control Engineering*. New Jersey: Prentice Hall, Eglewood Cliffs.

2. 黃燕文（78 年）。**自動控制**。新文京。

3. 喬偉。**控制系統應試手冊**。九功。

§ 1-5～1-7

4. Kuo, B. C. (1987). *Automatic Control Systems* (5th ed.). New Jersey: Prentice Hall, Englewood Cliffs.

5. D'souza, A. F. (1988). *Design of Control Systems*. New Jersey: Prentice Hall, Englewood Cliffs.

6. 丘世衡、沈勇全、李新濤、陳再萬（76 年）。**自動控制**。高立。

Chapter

02 數學基礎

Automatic Control

2-1 ›› 前 言

　　控制系統之研究必須具備一些數學基礎。在古典控制理論中，拉氏轉換 (Laplace transformation)是最有利之工具，因為系統通常是以微分方程式表示，而以微分方程式進行分析與設計時會較為困難。拉氏轉換可將微分方程式轉換成代數式，能大幅簡化處理高階微分方程式之複雜性，並能提供圖解法來預知系統之行為反應。此外，在頻域分析時，也必須具備複變理論之基本觀念。而在近代控制理論方面，除了拉氏轉換與複變理論外，還必須具備矩陣及線性代數之基礎。

　　本章將針對學習自動控制所需之數學基礎，作一廣泛性之介紹，使讀者具備基本數學能力，以利往後課程內容之學習。

2-2 ›› 微分方程式

　　工程上所面臨之物理系統，一般皆可以微分方程式(ordinary differential equation)表示，而微分方程式概分為線性與非線性，詳述如下：

一、線性常微分方程式(linear O.D.E.)

　　對於一般物理系統，大都可以近似為線性非時變系統，此類系統可以線性常微分方式表示，其一般型式如下：

$$a_n \frac{d^n y(t)}{dt^n} + a_{n-1} \frac{d^{n-1} y(t)}{dt^{n-1}} + \cdots + a_1 \frac{dy(t)}{dt} + a_0 y(t)$$
$$= b_m \frac{d^m u(t)}{dt^m} + b_{m-1} \frac{d^{m-1} u(t)}{dt^{m-1}} + \cdots + b_1 \frac{du(t)}{dt} + b_0(t) \tag{2-1}$$

式中 $a_n, a_{n-1}, \cdots\cdots a_0, b_m, b_{m-1}, \cdots\cdots, b_0$ 均為常數，而 y 為輸出，u 為輸入。當輸入 u 給定後，其解為

$$y(t) = y_H(t) + y_P(t) \tag{2-2}$$

式中 $y_H(t)$ 為齊性解，含有任意常數，必須由初值條件決定，而 $y_P(t)$ 為特解，與輸入 $u(t)$ 之型式有關。故可看出輸出 $y(t)$ 不只與輸入有關，也與初值條件有關，因此屬於動態系統(dynamic system)。例如圖 2-1 所示之質量彈簧系統：

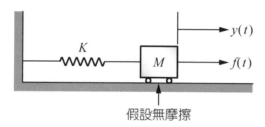

　圖 2-1　質量彈簧系統

其動態方程式為

$$M\,\ddot{y}(t) + Ky(t) = f(t) \tag{2-3}$$

式中 M 為質量，K 為彈性係數，$y(t)$ 為位移量，而 $f(t)$ 為作用力。

 二、非線性微分方程式(nonlinear O.D.E.)

　　微分方程式若不滿足齊次性或加成性，則稱為非線性微分方程式。例如單擺之運動，如圖 2-2 所示：

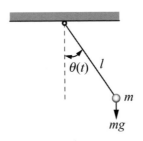

※ 圖 2-2　單擺系統

其運動方程式為

$$\ddot{\theta}(t)+\frac{g}{l}\sin\theta(t)=0 \tag{2-4}$$

其中 $\theta(t)$ 為角位移，l 為長度，而 g 為重力常數，此式既不滿足齊次性，也不滿足加成性，故為非線性。此類問題求解較困難，在控制系統設計時，常予以線性化。此單擺系統，若限制擺幅很小，亦即令 $\theta(t)\cong0$，則 $\sin\theta(t)\approx\theta(t)$，故式(2-4)可以近似為

$$\ddot{\theta}(t)+\frac{g}{l}\theta(t)=0 \tag{2-5}$$

此式則為線性微分方程式。

2-3 ›› 複變函數及 *s* 平面

自動控制所需複變理論，只是一部分基本觀念，整理如下：

一、複變數(complex variable)

複變數在控制系統上，常以 *s* 表示，可寫成

$$s = \sigma + j\omega \tag{2-6}$$

其中 σ 為實部，ω 為虛部，而 $j = \sqrt{-1}$。任一個複變數 s_1 均可表示在複數平面上（ *s* 平面），亦即

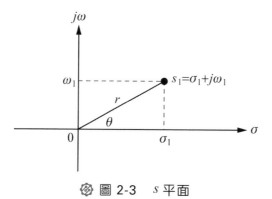

圖 2-3　*s* 平面

其中角度 $\theta = \tan^{-1}\left(\dfrac{\omega_1}{\sigma_1}\right)$，而長度 $r = |s_1| = \sqrt{\sigma_1^{\ 2} + \omega_1^{\ 2}}$。

 二、複變函數(complex variable function)

以複變數 s 為自變數的函數 $G(s)$，可表成實部 $\text{Re}[G(s)]$ 及虛部 $\text{Im}[G(s)]$ 之型式如下

$$G(s) = \text{Re}[G(s)] + j\,\text{Im}[G(s)] \tag{2-7}$$

例如 $G(s) = s^2 + 3s - 2$，則此複變函數之特性如圖 2-4 所示。

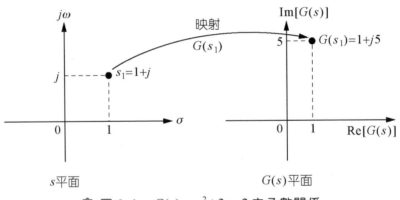

◈ 圖 2-4　$G(s) = s^2 + 3s - 2$ 之函數關係

 若給定一個 s 值，$G(s)$ 也只有一個值與其對應，則稱 $G(s)$ 為單值函數。

 三、解析函數(analytic function)

對於 s 平面上某個區域內之 s 值，均使得 $G(s)$ 及其所有導數的極限值存在，則稱 $G(s)$ 函數在此區域內為解析函數。例如：

$$G(s) = \frac{2}{(s+1)(s+2)}$$

此函數除了在 $s = -1$，-2 外，在其他所有點均為可解析。

四、複變數之向量觀念

複變數 $s = \sigma + j\omega$ 具有向量之性質，亦即可視為由 s 平面上原點至座標 (σ, ω) 之向量，如圖 2-5 所示。因此，複變數之加減均可以向量性質處理。

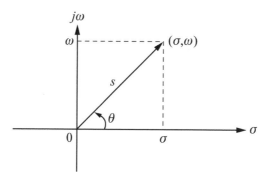

圖 2-5　複變數 s 之向量表示法

五、複變數之幅量相位表示法

複變數 s 在根軌跡法中常表示為

$$s = |s| \angle s \tag{2-8}$$

其中 $|s|$ 代表複變數之幅量，亦即 $|s| = \sqrt{\sigma^2 + \omega^2}$，而 $\angle s$ 代表複變數 s 之相位，亦即 $\angle s = \theta = \tan^{-1} \dfrac{\omega}{\sigma}$。同理，複變函數 $G(s)$ 則可表為

$$G(s) = |G(s)| \angle G(s) \tag{2-9}$$

其中 $|G(s)|$ 為 $G(s)$ 之幅量，而 $\angle G(s)$ 為 $G(s)$ 之相位。

 六、複變數之尤拉公式(Euler formula)

尤拉公式之型式為

$$e^{j\theta} = \cos\theta + j\sin\theta \qquad (2\text{-}10)$$

利用式(2-10)，則複變數 $s = \sigma + j\omega$ 可表為

$$s = \sigma + j\omega = \sqrt{\sigma^2 + \omega^2}\left(\frac{\sigma}{\sqrt{\sigma^2 + \omega^2}} + j\frac{\omega}{\sqrt{\sigma^2 + \omega^2}}\right) = re^{j\theta} \qquad (2\text{-}11)$$

式中 $r = \sqrt{\sigma^2 + \omega^2}$ ， $\theta = \tan^{-1}\dfrac{\omega}{\sigma}$ 。利用式(2-11)，可知複變數具有以下性質：

1. $|s_1\,s_2| = |s_1|\,|s_2|$ $\hspace{4cm}$ (2-12)

   $\underline{/}\,s_1 s_2 = \underline{/}\,s_1 + \underline{/}\,s_2$ $\hspace{3.5cm}$ (2-13)

   證明：令 $s_1 = r_1 e^{j\theta_1}$ ， $s_2 = r_2 e^{j\theta_2}$ ，則

   $$s_1 s_2 = r_1 e^{j\theta_1} r_2 e^{j\theta_2} = r_1 r_2 e^{j(\theta_1 + \theta_2)}$$

   $$|s_1 s_2| = r_1 r_2 = |s_1|\,|s_2|$$

   $$\underline{/}\,s_1 s_2 = \theta_1 + \theta_2 = \underline{/}\,s_1 + \underline{/}\,s_2$$

2. $|s_1/s_2| = |s_1|/|s_2|$ $\hspace{3.8cm}$ (2-14)

   $\underline{/}\,s_1/s_2 = \underline{/}\,s_1 - \underline{/}\,s_2$ $\hspace{3.3cm}$ (2-15)

   證明：令 $s_1 = r_1 e^{j\theta_1}$ ， $s_2 = r_2 e^{j\theta_2}$ ，則

   $$\frac{s_1}{s_2} = \frac{r_1 e^{j\theta_1}}{r_2 e^{j\theta_2}} = \frac{r_1}{r_2} e^{j(\theta_1 - \theta_2)}$$

   $$\left|\frac{s_1}{s_2}\right| = \frac{r_1}{r_2} = \frac{|s_1|}{|s_2|}$$

   $$\underline{/}\,s_1/s_2 = \theta_1 - \theta_2 = \underline{/}\,s_1 - \underline{/}\,s_2$$

例題 1

複變數 s_1 及 s_2 分別為

$$s_1=4+j2 \quad , \quad s_2=-2+j3$$

若複數函數 $G(s)=s^2-s+2$，試回答下列問題：

(1) 求 s_1 及 s_2 之幅量相位表示式。

(2) 以向量法求 $2s_1+s_2$，並表為幅量相位形式。

(3) 求 $G(s_2)$，並表為幅量相位形式。

(4) 求 $|s_1 s_2|$。

(5) 求 $\angle s_1 s_2$。

解

(1) $s_1=4+j2$

$\Rightarrow r_1=\sqrt{4^2+2^2}=2\sqrt{5}$，$\theta_1=\tan^{-1}\dfrac{2}{4}=26.6°$

$\Rightarrow s_1=2\sqrt{5}\ \angle 26.6°$

$\quad s_2=-2+j3$

$\Rightarrow r_2=\sqrt{(-2)^2+3^2}=\sqrt{13}$，$\theta_2=\tan^{-1}\dfrac{3}{-2}=123.7°$

$\Rightarrow s_2=\sqrt{13}\ \angle 123.7°$

(2) $2s_1+s_2=2(4+j2)+(-2+j3)$

$\qquad\qquad =6+j7$

$$\Rightarrow r=\sqrt{6^2+7^2}=\sqrt{85}，\theta=\tan^{-1}\frac{7}{6}=49.4°$$

$$\Rightarrow 2s_1+s_2=\sqrt{85}\angle 49.4°$$

(3) $G(s_2)=(-2+j3)^2-(-2+j3)+2$

$$=4-j12-9+2-j3+2$$

$$=-1-j15$$

$$\Rightarrow |G(s_2)|=\sqrt{(-1)^2+(-15)^2}=15.03$$

$$\angle G(s_2)=\tan^{-1}\frac{-15}{-1}=86.19°+180°=266.19°$$

$$\Rightarrow G(s_2)=15.03\angle 266.19°$$

(4) $|s_1 s_2|=|s_1||s_2|$

$$=r_1\ r_2$$

$$=2\sqrt{5}\cdot\sqrt{13}$$

$$=2\sqrt{65}=16.12$$

(5) $\angle s_1 s_2=\angle s_1+\angle s_2$

$$=\theta_1+\theta_2$$

$$=26.6°+123.7°$$

$$=150.3°$$

2-4 ›› 複變數函數之極點與零點

複變數函數 $G(s)$ 之極點與零點分別定義如下：

一、極點(poles)

函數 $G(s)$ 在 s_i 之去心鄰域內均可解析且為單值，同時滿足

$$\lim_{s \to s_i}\left[(s-s_i)^n G(s)\right] = \text{非零之有限值} \tag{2-16}$$

則稱 $G(s)$ 在 $s = s_i$ 處有 n 階極點。亦即能夠使得 $G(s)$ 趨近於 ∞ 或 $G(s)$ 之分母為零的 s 值，稱為極點。例如：$G(s) = 1/(s+1)(s+2)$，則 $s = -1$，-2 會使 $G(s)$ 之值趨於無窮大，故稱 $s = -1$，-2 為 $G(s)$ 之極點。

 二、零點(zeros)

函數 $G(s)$ 在 $s = s_i$ 處為可解析，同時滿足

$$\lim_{s \to s_i}\left[(s-s_i)^{-n} G(s)\right] = \text{非零之有限值} \tag{2-17}$$

則稱 $G(s)$ 在 $s = s_i$ 處有 n 階零點。亦即能夠使得 $G(s) = 0$ 或 $G(s)$ 之分子為零的 s 值，稱為零點。例如 $G(s) = (s^2 + 2s)/(s^2 + s + 1)$，則 $s = 0$，-2 會使 $G(s)$ 之值為 0，故稱 $s = 0$，-2 為 $G(s)$ 之零點。

例題 2

複變數函數 $G(s)$ 為

$$G(s) = \frac{16(s+1)(s+5)}{s(s+2)^2(s-1)^3}$$

試求 $G(s)$ 之極點及零點，並畫在 s 平面上。

 解

因為 $s=0$，-2，-2，$+1$，$+1$，$+1$ 會使 $G(s) \to \infty$，故此六個值為 $G(s)$ 之極點，而 $+1$ 為三階極點，-2 為二階極點。又因 $s=-1$，-5 會使得 $G(s)$ 之值為零，故此兩個值為 $G(s)$ 之零點。

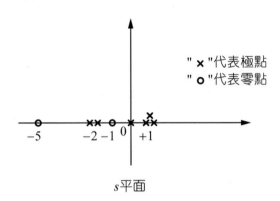

"✕"代表極點
"○"代表零點

s平面

注意！ 複變數函數之極點與零點若將 ∞ 包含在內，則極點個數應該相等於零點個數。因此當 $s \to \infty$ 時，$G(s)$ 變為

$$\lim_{s \to \infty} G(s) = \lim_{s \to \infty} \frac{16}{s^4} = 0$$

故可看出 $G(s)$ 相當於還有 4 個零點在 $s = \infty$ 處。

Automatic Control

2-5 ▶▶▶ 矩 陣

矩陣(matrix)的使用，主要在於大幅簡化數學式表示法，以下列聯立方程式為例，可見其優點。聯立方程式為

$$\begin{cases} a_{11}x_1 + a_{12}x_2 + a_{13}x_3 = b_1 \\ a_{21}x_1 + a_{22}x_2 + a_{23}x_3 = b_2 \\ a_{31}x_1 + a_{32}x_2 + a_{33}x_3 = b_3 \end{cases}$$

可改寫成

$$AX = B \qquad\qquad\qquad (2\text{-}18)$$

式中

$$A = \begin{bmatrix} a_{11} & a_{12} & a_{13} \\ a_{21} & a_{22} & a_{23} \\ a_{31} & a_{32} & a_{33} \end{bmatrix}, \quad X = \begin{bmatrix} x_1 \\ x_2 \\ x_3 \end{bmatrix}, \quad \text{而 } B = \begin{bmatrix} b_1 \\ b_2 \\ b_3 \end{bmatrix}$$

而有關矩陣之名詞定義，列舉如下

1. 階次(order)

$A_{m \times n}$ 表 $m \times n$ 階矩陣，而 m 表列數，n 為行數。例如

$$\begin{bmatrix} 1 & 2 & 3 \\ 4 & 0 & -1 \end{bmatrix} \text{ 稱為 } 2 \times 3 \text{ 階矩陣}$$

2. 元素(element)

如式(2-18)中 A 矩陣內之 $a_{ij}, i, j = 1, 2, 3$。

3. 方矩陣(square matrix)

當 $m = n$ 時，則稱此矩陣為方矩陣。例如

$$\begin{bmatrix} 4 & 0 & 6 \\ 0 & -1 & -2 \\ 3 & 5 & 1 \end{bmatrix}_{3 \times 3} , \quad \begin{bmatrix} 2 & 0 \\ 1 & 3 \end{bmatrix}_{2 \times 2}$$

4. **列矩陣**(row matrix)

　　當 $m=1$ 時，則稱此矩陣為列矩陣，又稱為列向量。例如

$$[1 \quad -2 \quad 3]$$

5. **行矩陣**(column matrix)

　　當 $n=1$ 時，則稱此矩陣為行矩陣，又稱為行向量。例如

$$\begin{bmatrix} -1 \\ 0 \\ 2 \end{bmatrix}$$

6. **零矩陣**(null matrix)

　　所有元素均為 0 之矩陣。例如

$$\begin{bmatrix} 0 & 0 & 0 \\ 0 & 0 & 0 \end{bmatrix}$$

7. **單位矩陣**(unit matrix)

　　屬於方矩陣，且

$$a_{ij} = \begin{cases} 1, i=j \\ 0, i \neq j \end{cases}$$

　　一般以「$I_{n \times n}$」表示，例如

$$I_{3 \times 3} = \begin{bmatrix} 1 & 0 & 0 \\ 0 & 1 & 0 \\ 0 & 0 & 1 \end{bmatrix}, \quad I_{4 \times 4} = \begin{bmatrix} 1 & 0 & 0 & 0 \\ 0 & 1 & 0 & 0 \\ 0 & 0 & 1 & 0 \\ 0 & 0 & 0 & 1 \end{bmatrix}$$

8. **對角線矩陣**(diagonal matrix)

　　屬於方矩陣且

　　　$a_{ij}=0，i \neq j$

　　亦即除對角線元素外，其他元素均為 0 之矩陣。例如

$$\begin{bmatrix} -2 & 0 & 0 \\ 0 & 5 & 0 \\ 0 & 0 & 3 \end{bmatrix}$$

9. **對稱矩陣**(symmetric matrix)

　　屬於方矩陣且

　　　$a_{ij} = a_{ji}$

　　例如

$$\begin{bmatrix} 1 & -1 & 2 \\ -1 & 4 & 3 \\ 2 & 3 & 5 \end{bmatrix}$$

10. **奇異矩陣**(singular matrix)

　　矩陣之行列式值為 0，則稱此矩陣為奇異矩陣，例如矩陣 A 為

$$A = \begin{bmatrix} 1 & -1 & 2 \\ 2 & -2 & 4 \\ -1 & 3 & 3 \end{bmatrix}$$

而其行列式值以 det A 表示，其值為

$$\det A = \begin{vmatrix} 1 & -1 & 2 \\ 2 & -2 & 4 \\ -1 & 3 & 3 \end{vmatrix} = 0 \Rightarrow \quad A\,為奇異矩陣$$

11. 矩陣之轉置(transpose)

矩陣行列互換後所得之矩陣，稱為轉置矩陣，記為 A^T，亦即

$$A = \begin{bmatrix} a_{ij} \end{bmatrix}_{m \times n} \Rightarrow A^T = \begin{bmatrix} a_{ji} \end{bmatrix}_{n \times m}$$

例如

$$A = \begin{bmatrix} 4 & 2 & 1 \\ -1 & 0 & 3 \end{bmatrix} \Rightarrow A^T = \begin{bmatrix} 4 & -1 \\ 2 & 0 \\ 1 & 3 \end{bmatrix}$$

 轉置有下列性質：
① $(A+B)^T = A^T + B^T$
② $(A^T)^T = A$
③ $(AB)^T = B^T A^T$

12. 矩陣元素之餘因子(cofactor) A_{ij}

元素 a_{ij} 之餘因子表示為 A_{ij}，為矩陣 A 消去第 i 列及第 j 行元素後所得餘矩陣之行列式值再乘 $(-1)^{i+j}$，例如 A 矩陣為

$$A = \begin{vmatrix} ④ & 2 & 0 \\ -1 & 1 & 2 \\ 3 & 0 & 1 \end{vmatrix}$$

則元素 4 之餘因子為

$$A_{11}=(-1)^{1+1}\begin{vmatrix} 1 & 2 \\ 0 & 1 \end{vmatrix}=1$$

13. 伴隨矩陣(adjoint)

以 adj A 表示，為每個元素餘因子所成矩陣之轉置，亦即

$$\mathrm{adj}\,A=\begin{bmatrix} A_{ij} \end{bmatrix}^{T} \tag{2-19}$$

例如矩陣 A 為

$$A=\begin{bmatrix} 1 & 2 & 4 \\ -1 & 0 & 3 \\ 3 & 1 & -2 \end{bmatrix}$$

則其伴隨矩陣 adj A 為

$$\mathrm{adj}\,A=\begin{bmatrix} -3 & 7 & -1 \\ 8 & -14 & 5 \\ 6 & -7 & 2 \end{bmatrix}^{T}=\begin{bmatrix} -3 & 8 & 6 \\ 7 & -14 & -7 \\ -1 & 5 & 2 \end{bmatrix}$$

14. 反矩陣(matrix inverse)

反矩陣表為 A^{-1}，為伴隨矩陣除以 A 矩陣之行列式值，亦即

$$A^{-1}=\frac{\mathrm{adj}\,A}{\det A} \tag{2-20}$$

例如伴隨矩陣例子中之 A 矩陣，其反矩陣 A^{-1} 為

$$A^{-1} = \frac{\begin{bmatrix} -3 & 8 & 6 \\ 7 & -14 & -7 \\ -1 & 5 & 2 \end{bmatrix}}{\begin{vmatrix} 1 & 2 & 4 \\ -1 & 0 & 3 \\ 3 & 1 & -2 \end{vmatrix}} = \begin{bmatrix} -3/7 & 8/7 & 6/7 \\ 1 & -2 & -1 \\ -1/7 & 5/7 & 2/7 \end{bmatrix}$$

> **注意!** 反矩陣有下列特性：
> ① A 必須為方矩陣 $(n = m)$，且為非奇異矩陣。
> ② $(A^{-1})^{-1} = A$
> ③ $(AB)^{-1} = B^{-1}A^{-1}$
> ④ $AA^{-1} = A^{-1}A = I$
> ⑤ 若 $\det C \neq 0$ 且 $CA = CB \Rightarrow A = B$

15. 矩陣之秩(rank)

表為 rank A，為矩陣中最大線性獨立之行的數目，或其所包含最大非奇異矩陣之階次，例如

$$A = \begin{bmatrix} 1 & 2 & 0 \\ -1 & 0 & 1 \end{bmatrix} \quad \Rightarrow \quad \text{rank } A = 2$$

$$A = \begin{bmatrix} 1 & 2 & 0 \\ -1 & -2 & 0 \\ 2 & 1 & 3 \end{bmatrix} \quad \Rightarrow \quad \text{rank } A = 2$$

$$A = \begin{bmatrix} 1 & 0 & -2 \\ 3 & -1 & 5 \\ 2 & 0 & 3 \end{bmatrix} \quad \Rightarrow \quad \text{rank } A = 3$$

矩陣之秩有以下之性質：

$$\operatorname{rank} A = \operatorname{rank} A^T = \operatorname{rank} A^T A = \operatorname{rank} AA^T$$

2-6 ≫ 矩陣代數

矩陣之代數運算，包含有乘一常數、相加、相減及相乘，分述如下。但是矩陣並無相除之運算，必須注意。

一、矩陣乘一常數 k

矩陣 $A_{m \times n}$ 乘一常數 k，則等於矩陣 A 中之每一元素均乘 k 後所得之矩陣，亦即

$$k\,A_{m \times n} = \begin{bmatrix} ka_{ij} \end{bmatrix} \tag{2-21}$$

例如矩陣 $A_{3 \times 2}$ 為

$$A_{3 \times 2} = \begin{bmatrix} 1 & 0 \\ 0 & -1 \\ -2 & 3 \end{bmatrix}$$

則 A 矩陣乘上 3 後之矩陣 $3A$ 為

$$3A = \begin{bmatrix} 1 \times 3 & 0 \times 3 \\ 0 \times 3 & -1 \times 3 \\ -2 \times 3 & 3 \times 3 \end{bmatrix} = \begin{bmatrix} 3 & 0 \\ 0 & -3 \\ -6 & 9 \end{bmatrix}$$

 二、矩陣相加減

矩陣必須具有相同的階次,才能進行相加減,運算規則為矩陣中之對應元素直接相加減,亦即

$$\left[a_{ij}\right]_{m \times n} \pm \left[b_{ij}\right]_{m \times n} = \left[a_{ij} + b_{ij}\right]_{m \times n} = \left[c_{ij}\right]_{m \times n} \tag{2-22}$$

或簡單表示為

$$A_{m \times n} \pm B_{m \times n} = C_{m \times n} \tag{2-23}$$

例如矩陣 A 及 B 分別為

$$A = \begin{bmatrix} 4 & 0 & 2 \\ -1 & 1 & 3 \end{bmatrix}, \quad B = \begin{bmatrix} -2 & 1 & -1 \\ 1 & 0 & -2 \end{bmatrix}$$

則矩陣 A 加上矩陣 B 為

$$A + B = \begin{bmatrix} 4+(-2) & 0+1 & 2+(-1) \\ (-1)+1 & 1+0 & 3+(-2) \end{bmatrix} = \begin{bmatrix} 2 & 1 & 1 \\ 0 & 1 & 1 \end{bmatrix}$$

 三、矩陣相乘

矩陣 A 乘矩陣 B,以 AB 表示。但只有在矩陣 A 之行數等於矩陣 B 之列數時,此兩矩陣才能相乘。亦即

$$A_{m \times n} B_{n \times p} = C_{m \times p} \tag{2-24}$$

或表示為

$$\left[a_{ij}\right]_{m \times n}\left[b_{ij}\right]_{n \times p}=\left[c_{ij}\right]_{m \times p} \tag{2-25}$$

其中

$$c_{ij}=\sum_{k=1}^{n}a_{ik}b_{kj} \tag{2-26}$$

例如矩陣 A 及 B 分別為

$$A=\begin{bmatrix} 4 & -1 & 0 \\ 0 & 1 & 2 \end{bmatrix}_{2 \times 3}, \quad B=\begin{bmatrix} 1 & 2 \\ -1 & 0 \\ 0 & 1 \end{bmatrix}_{3 \times 2}$$

則矩陣 A 乘 B 為

$$\begin{aligned} AB &=\begin{bmatrix} 4 \times 1+(-1) \times (-1)+0 \times 0 & 4 \times 2+(-1) \times 0+0 \times 1 \\ 0 \times 1+1 \times (-1)+2 \times 0 & 0 \times 2+1 \times 0+2 \times 1 \end{bmatrix}_{2 \times 2} \\ &=\begin{bmatrix} 5 & 8 \\ -1 & 2 \end{bmatrix}_{2 \times 2} \end{aligned}$$

 ## 四、矩陣代數運算的特性

1. **結合律：** $(A+B)+C=A+(B+C)$

    $(AB)C=A(BC)$

2. **交換律：** $A+B=B+A$

    $kA=Ak$ ， k 為常數

    $AB \neq BA$ （乘法不具交換律）

3. **分配律：** $k(A+B)=kA+kB$

$$A(B+C)=AB+AC$$

此外，應用矩陣方法解線性聯立方程式時，克雷姆定理(Cramer's rule)是相當有用之工具，茲考慮線性聯立方程式(2-18)，將此式兩邊各乘上矩陣 A 之反矩陣 A^{-1}（假設矩陣 A 為非奇異矩陣，A^{-1} 存在），則有

$$X = A^{-1}B \tag{2-27}$$

若將 $A^{-1}B$ 展開，則進一步可得聯立方程式(2-18)之解為

$$x_1 = \frac{\begin{bmatrix} b_1 & a_{12} & a_{13} \\ b_2 & a_{22} & a_{23} \\ b_3 & a_{32} & a_{33} \end{bmatrix}}{\det A} , \quad x_2 = \frac{\begin{bmatrix} a_{11} & b_1 & a_{13} \\ a_{21} & b_2 & a_{23} \\ a_{31} & b_3 & a_{33} \end{bmatrix}}{\det A} , \quad x_3 = \frac{\begin{bmatrix} a_{11} & a_{12} & b_1 \\ a_{21} & a_{22} & b_2 \\ a_{31} & a_{32} & b_3 \end{bmatrix}}{\det A} \tag{2-28}$$

 例題 3

試求解下列聯立方程式

$$\begin{cases} 2x_1+x_2-x_3=2 \\ x_1+x_2+x_3=-3 \\ 3x_1+2x_2+x_3=1 \end{cases}$$

 解

先將聯立方程式寫成矩陣形成如下

$$\begin{bmatrix} 2 & 1 & -1 \\ 1 & 1 & 1 \\ 3 & 2 & 1 \end{bmatrix} \begin{bmatrix} x_1 \\ x_2 \\ x_3 \end{bmatrix} = \begin{bmatrix} 2 \\ -3 \\ 1 \end{bmatrix}$$

則矩陣形式為

$$AX = B$$

其中

$$A=\begin{bmatrix} 2 & 1 & -1 \\ 1 & 1 & 1 \\ 3 & 2 & 1 \end{bmatrix} \text{,} \quad B=\begin{bmatrix} 2 \\ -3 \\ 1 \end{bmatrix} \text{,} \quad X=\begin{bmatrix} x_1 \\ x_2 \\ x_3 \end{bmatrix}$$

【方法一】：使用公式(2-27)，先求矩陣 A 之反矩陣 A^{-1}

$$A^{-1}=\frac{\text{adj}A}{\det A}=\frac{\begin{bmatrix} -1 & 2 & -1 \\ -3 & 5 & -1 \\ 2 & -3 & 1 \end{bmatrix}^{T}}{\begin{vmatrix} 2 & 1 & -1 \\ 1 & 1 & 1 \\ 3 & 2 & 1 \end{vmatrix}}=\frac{\begin{bmatrix} -1 & -3 & 2 \\ 2 & 5 & -3 \\ -1 & -1 & 1 \end{bmatrix}}{1}$$

$$=\begin{bmatrix} -1 & -3 & 2 \\ 2 & 5 & -3 \\ -1 & -1 & 1 \end{bmatrix}$$

則解 X 應為

$$X=A^{-1}B=\begin{bmatrix} -1 & -3 & 2 \\ 2 & 5 & -3 \\ -1 & -1 & 1 \end{bmatrix}\begin{bmatrix} 2 \\ -3 \\ 1 \end{bmatrix}=\begin{bmatrix} 9 \\ -14 \\ 2 \end{bmatrix}$$

【方法二】：使用克雷姆定理

$$x_1 = \frac{\begin{bmatrix} 2 & 1 & -1 \\ -3 & 1 & 1 \\ 1 & 2 & 1 \end{bmatrix}}{\det A} = \frac{9}{1} = 9$$

$$x_2 = \frac{\begin{bmatrix} 2 & 2 & -1 \\ 1 & -3 & 1 \\ 3 & 1 & 1 \end{bmatrix}}{\det A} = \frac{-14}{1} = -14$$

$$x_3 = \frac{\begin{bmatrix} 2 & 1 & 2 \\ 1 & 1 & -3 \\ 3 & 2 & 1 \end{bmatrix}}{\det A} = \frac{2}{1} = 2$$

2-7 ⟩⟩ 拉氏轉換

函數 $f(t)$ 若滿足以下兩個條件：

1. 在 $t \geq 0$ 之有限時間區間內為一分段連續函數(piecewise continuous function)。

2. $f(t)$ 是指數階(exponential order)函數，亦即存在 α，M 為二正實數，當 t 大於某個定值 T 時，會使得

$$|f(t)| < Me^{\alpha t} \tag{2-29}$$

則此函數 $f(t)$ 之拉氏轉換(Laplace transformation)將會存在，定義如下

$$L\left[f(t)\right]=F(s)=\int_0^\infty e^{-st} f(t)dt \tag{2-30}$$

而其逆轉換稱為反拉氏轉換，定義為

$$f(t)=L^{-1}\left[F(s)\right]=\frac{1}{2\pi j}\int_{\sigma-j\infty}^{\sigma+j\infty} F(s)e^{st}ds \tag{2-31}$$

式中 σ 代表實數常數。兩者之關係如圖 2-6 所示

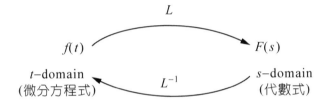

 圖 2-6 拉氏轉換與反拉氏轉換之關係

基本函數之拉氏轉換如下：

一、冪函數(power function)

$$f(t)=t^n \text{，} t\geq 0$$

其拉氏轉換為

$$F(s)=L\left[f(t)\right]=L\left[t^n\right]=\frac{n!}{s^{n+1}} \tag{2-32}$$

而逆轉換為

$$L^{-1}\left[\frac{n!}{s^{n+1}}\right]=t^n \text{，} t\geq 0 \tag{2-33}$$

證明：由拉氏轉換之定義知

$$F(s)=L\left[f(t)\right]=\int_0^\infty t^n e^{-st}dt \cdots\cdots(a)$$

令變數 $\tau = st$，則 $t = \tau/s$，配合上下限變換，式(a)可寫成

$$F(s)=\int_0^\infty \left(\frac{\tau}{s}\right)^n \cdot e^{-\tau} \cdot \frac{d\tau}{s}$$

$$=\frac{1}{s^{n+1}}\int_0^\infty \tau^n e^{-\tau}d\tau$$

$$=\frac{\Gamma(n+1)}{s^{n+1}}$$

其中 $\Gamma(n+1)=\int_0^\infty \tau^n e^{-\tau}d\tau$ 稱為珈瑪函數(Gamma function)，當 n 為正整數時，$\Gamma(n+1)=n!$，故可得

$$F(s)=L\left[t^n\right]=\frac{n!}{s^{n+1}}$$

 二、單位步階函數(unit step function)

$$u_s(t)=\begin{cases}0, t<0 \\ 1, t\geq 0\end{cases}$$

其拉氏轉換為

$$F(s)=L\left[u_s(t)\right]=\frac{1}{s} \tag{2-34}$$

而逆轉換為

$$L^{-1}\left[\frac{1}{s}\right]=u_s(t) \tag{2-35}$$

證明：直接應用冪函數之結果，令 $n=0$ 代入可得

$$L[u_s(t)]=L[t^0]=\frac{0!}{s^{0+1}}=\frac{1}{s}$$

 ## 三、單位斜坡函數(unit ramp function)

$$u_r(t)=\begin{cases}0, t<0\\ t, t\geq 0\end{cases}$$

其拉氏轉換為

$$F(s)=L[f(t)]=\frac{1}{s^2} \tag{2-36}$$

$$L^{-1}\left[\frac{1}{s^2}\right]=u_r(t) \tag{2-37}$$

證明：直接應用冪函數之結果，令 $n=1$ 代入可得

$$L[f(t)]=L[t]=\frac{1!}{s^{1+1}}=\frac{1}{s^2}$$

 四、單位拋物線函數(unit parabolic function)

$$u_p(t) = \begin{cases} 0, t < 0 \\ \dfrac{t^2}{2}, t \geq 0 \end{cases}$$

其拉氏轉換為

$$F(s) = L[f(t)] = \frac{1}{s^3} \tag{2-38}$$

而逆轉換為

$$L^{-1}\left[\frac{1}{s^3}\right] = u_p(t) \tag{2-39}$$

證明：直接應用冪函數之結果，則有

$$L\left[\frac{1}{2}t^2\right] = \frac{1}{2}L[t^2] = \frac{1}{2} \cdot \frac{2!}{s^{2+1}} = \frac{1}{s^3}$$

 五、指數函數(exponential function)

$$L[e^{at}] = \frac{1}{s-a} \tag{2-40}$$

而逆轉換為

$$L^{-1}\left[\frac{1}{s-a}\right] = a^{at}, t \geq 0 \tag{2-41}$$

證明：由定義知

$$L\left[e^{at}\right]=\int_0^\infty e^{at}\cdot e^{-st}dt$$

$$=\int_0^\infty e^{-(s-a)t}dt$$

$$=-\frac{e^{-(s-a)t}}{s-a}\bigg|_0^\infty$$

$$=\frac{1}{s-a}$$

 ## 六、三角函數(trigonometric function)

$$L\left[\sin\omega t\right]=\frac{\omega}{s^2+\omega^2} \tag{2-42}$$

$$L\left[\cos\omega t\right]=\frac{s}{s^2+\omega^2} \tag{2-43}$$

而逆轉換為

$$L^{-1}\left[\frac{\omega}{s^2+\omega^2}\right]=\sin\omega t \tag{2-44}$$

$$L^{-1}\left[\frac{s}{s^2+\omega^2}\right]=\cos\omega t \tag{2-45}$$

證明：利用尤拉公式可得

$$e^{j\omega t}=\cos\omega t+j\sin\omega t$$

由拉氏轉換定義知

$$L\left[\cos\omega t + j\sin\omega t\right] = L\left[e^{j\omega t}\right]$$

$$\Rightarrow L\left[\cos\omega t\right] + jL\left[\sin\omega t\right] = \frac{1}{s-j\omega}$$

$$= \frac{s+j\omega}{s^2+\omega^2}$$

$$= \frac{s}{s^2+\omega^2} + j\frac{\omega}{s^2+\omega^2}$$

比較兩邊係數，可得

$$L\left[\cos\omega t\right] = \frac{s}{s^2+\omega^2}$$

$$L\left[\sin\omega t\right] = \frac{\omega}{s^2+\omega^2}$$

例題 4

例試求下列函數之拉氏轉換：

(1) $f(t) = 2u_s(t)$, $t \geq 0$

(2) $f(t) = \dfrac{1}{2}t^3$, $t \geq 0$

(3) $f(t) = e^{2t}$, $t \geq 0$

(4) $f(t) = \dfrac{1}{2}\sin 4t$, $t \geq 0$

解

(1) $f(t)=2u_s(t)$

$\Rightarrow F(s)=L\big[f(t)\big]=L\big[2u_s(t)\big]=2L\big[u_s(t)\big]$

$\qquad =\dfrac{2}{s}$

(2) $f(t)=\dfrac{1}{2}t^3$

$\Rightarrow F(s)=L\big[f(t)\big]=L\left[\dfrac{1}{2}t^3\right]=\dfrac{1}{2}L\big[t^3\big]$

$\qquad =\dfrac{1}{2}\cdot\dfrac{3!}{s^4}=\dfrac{3}{s^4}$

(3) $f(t)=e^{2t}$

$\Rightarrow F(s)=L\big[f(t)\big]=L\big[e^{2t}\big]=\dfrac{1}{s-2}$

(4) $f(t)=\dfrac{1}{2}\sin 4t$

$\Rightarrow F(s)=L\big[f(t)\big]=L\left[\dfrac{1}{2}\sin 4t\right]=\dfrac{1}{2}L\big[\sin 4t\big]$

$\qquad =\dfrac{1}{2}\cdot\dfrac{4}{s^2+4^2}=\dfrac{2}{s^2+16}$

例題 5

試求下列複變函數之反拉氏轉換：

(1) $F(s)=\dfrac{1}{2s}$

(2) $F(s)=\dfrac{3}{s^3}$

(3) $F(s)=\dfrac{2}{s-2}$

(4) $F(s)=\dfrac{3}{2s^2+6}$

解

(1) $F(s)=\dfrac{1}{2s}=\dfrac{1}{2}\cdot\dfrac{1}{s}$

$\Rightarrow f(t)=L^{-1}[F(s)]=\dfrac{1}{2}L^{-1}\left[\dfrac{1}{s}\right]=\dfrac{1}{2}u_s(t)$

(2) $F(s)=\dfrac{3}{s^3}=\dfrac{3}{2}\cdot\dfrac{2!}{s^3}$

$\Rightarrow F(t)=L^{-1}[F(s)]=\dfrac{3}{2}L^{-1}\left[\dfrac{2!}{s^3}\right]=\dfrac{3}{2}t^2\,,t\geq 0$

(3) $F(s)=\dfrac{2}{s-2}=2\cdot\dfrac{1}{s-2}$

$\Rightarrow f(t)=L^{-1}[F(s)]=2L^{-1}\left[\dfrac{1}{s-2}\right]=2e^{2t}\,,t\geq 0$

(4) $F(s)=\dfrac{3}{2s^2+6}=\dfrac{\sqrt{3}}{2}\dfrac{\sqrt{3}}{s^2+(\sqrt{3})^2}$

$\Rightarrow f(t)=L^{-1}[F(s)]=\dfrac{\sqrt{3}}{2}L^{-1}\left[\dfrac{\sqrt{3}}{s^2+(\sqrt{3})^2}\right]$

$=\dfrac{\sqrt{3}}{2}\sin\sqrt{3}t\,,t\geq 0$

Automatic Control

2-8 ›› 拉氏轉換之基本定理

應用拉氏轉換處理問題時，若能善用其基本特性，則能大幅簡化處理過程，這些特性以定理形式表示如下：

一、線性性質

兩時間函數各乘常數相加減之拉氏轉換等於個別先行拉氏轉換後，再各乘常數相加減，亦即

$$L[af_1(t) \pm bf_2(t)] = aL[f_1(t)] \pm bL[f_2(t)] \tag{2-46}$$

例如： $f_1(t) = t$ ， $L[f_1(t)] = \dfrac{1}{s^2}$

$f_2(t) = \sin 2t$ ， $L[\sin 2t] = \dfrac{2}{s^2+4}$

$$L[2t + 3\sin 2t] = 2L[t] + 3L[\sin 2t]$$
$$= \frac{2}{s^2} + \frac{6}{s^2+4}$$
$$= \frac{8(s^2+1)}{s^2(s^2+4)}$$

二、微分定理

時間函數 $f(t)$ 的一次微分之拉氏轉換會等於不微分時之拉氏轉換乘上 s ，再減去 $t = 0$ 時之函數值 $f(0)$ ，亦即

$$L[f'(t)] = sL[f(t)] - f(0) = sF(s) - f(0) \tag{2-47}$$

由式(2-47)可推論出高階微分定理為

$$L[f^{(n)}(t)] = s^n F(s) - s^{n-1} f(0) - s^{n-2} f'(0)$$
$$\cdots\cdots - s f^{(n-2)}(0) - f^{(n-1)}(0) \tag{2-48}$$

 若初值均為零，則式(2-48)可簡化為

$$L[f^{(n)}(t)] = s^n F(s) \tag{2-49}$$

 三、積分定理

時間函數 $f(t)$ 對時間積分一次之拉氏轉換，會等於原函數 $f(t)$ 之拉氏轉換，再除以 s，亦即

$$L[\int_0^t f(\tau)d\tau] = \frac{L[f(t)]}{s} = \frac{F(s)}{s} \tag{2-50}$$

由式(2-50)亦可推導出 n 次積分之積分定理為

$$L[\underbrace{\int_0^t \int_0^t \cdots\cdots \int_0^t}_{\text{積分 } n\text{次}} f(\tau)d\tau \cdots d\tau] = \frac{F(s)}{s^n} \tag{2-51}$$

 四、s 移位定理(shift in s)

時間函數 $f(t)$ 乘以 e^{at} 之拉氏轉換會等於原函數 $f(t)$ 的拉氏轉換，再將 s 以 $(s-a)$ 代入，亦即：

$$L[f(t)e^{at}] = F(s)\big|_{s \to (s-a)} = F(s-a) \tag{2-52}$$

例如： $L[e^{-2t}\sin 3t] = \dfrac{3}{s^2+9}\bigg|_{s\to s-(-2)} = \dfrac{3}{s^2+9}\bigg|_{s\to s+2}$

$$= \dfrac{3}{(s+2)^2+9} = \dfrac{3}{s^2+4s+13}$$

 ### 五、時間刻度轉換(change of time scale)

　　時間變數 t 改變為 t/a 時，$f(t/a)$ 之拉氏轉換會等於原函數 $f(t)$ 之拉氏轉換乘上 a，再將 s 以 as 代入，亦即

$$L\left[f\left(\dfrac{t}{a}\right)\right] = aF(s)\bigg|_{s\to as} = aF(as) \tag{2-53}$$

例如： $f(t)=\cos 3t$，$L[f(t)]=\dfrac{s}{s^2+9}$

$$L\left[f\left(\dfrac{t}{2}\right)\right] = 2\cdot\dfrac{s}{s^2+9}\bigg|_{s\to 2s} = \dfrac{2\cdot(2s)}{(2s)^2+9} = \dfrac{4s}{4s^2+9} = \dfrac{s}{s^2+\left(\dfrac{3}{2}\right)^2}$$

 ### 六、時間平移定理(shift in time)

　　時間函數 $f(t)$ 發生時間延遲時，若延遲時間為 a，則表為 $f(t-a)u_s(t-a)$，其拉氏轉換會等於 $f(t)$ 之拉氏轉換乘上 e^{-as}，亦即

$$L[f(t-a)u_s(t-a)] = e^{-as}F(s) \tag{2-54}$$

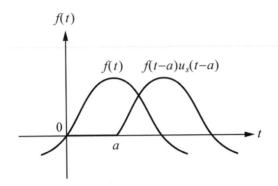

 七、初值定理(initial value theorem)

時間函數 $f(t)$ 之拉氏轉換為 $F(s)$，若時間極限存在，則

$$\lim_{t \to 0} f(t) = f(0) = \lim_{s \to \infty} sF(s)$$ (2-55)

 八、終值定理(final value theorem)

時間函數 $f(t)$ 之拉氏轉換為 $F(s)$，若 $F(s)$ 及 $sF(s)$ 在 s 平面之虛軸及右平面均為可解析，則

$$\lim_{t \to \infty} f(t) = f(\infty) = \lim_{s \to 0} sF(s)$$ (2-56)

 初值定理與終值定理之最大優點，在於當時間函數 $f(t)$ 未知，而其拉氏轉換 $F(s)$ 為已知時，如果我們只關心時間函數 $f(t)$ 之初值 $f(0)$ 及終值 $f(\infty)$，則可直接應用此兩定理來求，而不必將 $F(s)$ 逆轉換，畢竟逆轉換求解是相當繁瑣之工作。

九、實數迴旋(real convolution)定理

時間函數 $f_1(t)$ 之拉氏轉換為 $F_1(s)$，而時間函數 $f_2(t)$ 之拉氏轉換為 $F_2(s)$，則

$$L[f_1(t) * f_2(t)] = L[\int_0^t f_1(\tau)f_2(t-\tau)d\tau]$$

$$= L[\int_0^t f_1(t-\tau)f_2(\tau)d\tau]$$

$$= F_1(s) \cdot F_2(s) \tag{2-57}$$

$$L^{-1}[F_1(s) \cdot F_2(s)] = \int_0^t f_1(\tau)f_2(t-\tau)d\tau$$

$$= \int_0^t f_1(t-\tau)f_2(\tau)d\tau \tag{2-58}$$

注意！ 符號「*」代表迴旋積分。

 例題 6

時間函數 $f(t)$ 如下圖所示

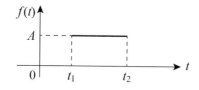

求其拉氏轉換。

解

時間函數 $f(t)$ 可以單位步階函數 $u_s(t)$ 表示如下

$$f(t) = Au_s(t-t_1) - Au_s(t-t_2)$$
$$= A\big(u_s(t-t_1) - u_s(t-t_2)\big)$$

將其取拉氏轉換可得到

$$F(s) = A\left(\frac{e^{-t_1 s}}{s} - \frac{e^{-t_2 s}}{s}\right) = \frac{A(e^{-t_1 s} - e^{-t_2 s})}{s}$$

例題 7

時間函數 $f(t)$ 如下圖所示

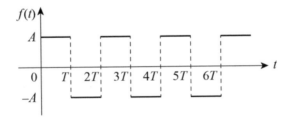

求其拉氏轉換。

解

時間函數 $f(t)$ 可以單位步階函數 $u_s(t)$ 表示如下

$$f(t) = Au_s(t) - 2Au_s(t-T) + 2Au_s(t-2T) - 2Au_s(t-3T)\cdots$$
$$= -Au_s(t) + 2A\big(u_s(t) - u_s(t-T) + u_s(t-2T) - u_s(t-3T)\cdots\big)$$

將其取拉氏轉換可得到

$$F(s) = -\frac{A}{s} + 2A\left(\frac{1}{s} - \frac{e^{-Ts}}{s} + \frac{e^{-2Ts}}{s} - \frac{e^{-3Ts}}{s}\cdots\right)$$

$$= -\frac{A}{s} + \frac{2A}{s}\left(1 - e^{-Ts} + e^{-2Ts} - e^{-3Ts}\cdots\right)$$

$$= -\frac{A}{s} + \frac{2A}{s}\left(\frac{1}{1-(-e^{-Ts})}\right) = \frac{A(1-e^{-Ts})}{s(1+e^{-Ts})}$$

例題 8

已知複變數函數 $F(s)$ 為

$$F(s) = \frac{2s}{(s+2)^2(s^2+2s+2)}$$

試求 $f(0)$ 及 $f(\infty)$。

解

(1) $f(0)$ 可利用初值定理來求，亦即

$$f(0) = \lim_{s\to\infty} sF(s)$$

$$= \lim_{s\to\infty} \frac{2s^2}{(s+2)^2(s^2+2s+2)}$$

$$= \lim_{s\to\infty} \frac{2\frac{1}{s^2}}{\left(1+\frac{2}{s}\right)^2\left(1+\frac{2}{s}+\frac{2}{s^2}\right)}$$

$$= \frac{2\times 0}{(1+0)^2(1+0+0)}$$

$$= 0$$

(2) $f(\infty)$ 可利用終值定理來求，但必須先檢查是否 $F(s)$ 及 $sF(s)$ 在 s 平面之虛軸及右半面均為可解析。由 $F(s)$ 之極點均在 s 平面之左半面，可知此條件滿足，故

$$f(\infty)=\lim_{s\to 0}sF(s)$$
$$=\lim_{s\to 0}\frac{2s^2}{(s+2)^2(s^2+2s+2)}$$
$$=\frac{2\times 0}{(0+2)^2(0+0+2)}$$
$$=0$$

 $F(s)$ 之逆轉換 $f(t)=e^{-t}(\sin t+\cos t)-e^{-2t}(1+2t)$ ，讀者可自行驗證 $f(0)=0$ 及 $f(\infty)=0$ 。

脈波函數(pulse function) $P(t)$ 之定義為

$$P(t)=\begin{cases}0, t<0 \text{ 或 } t>\tau \\ A, 0<t<\tau\end{cases}$$

其中 A 為常數，而脈衝函數(impulse function) $\Delta(t)$ 定義為

$$\Delta(t)=\begin{cases}0, t<0 \text{ 或 } t>\tau \\ \lim_{\tau\to 0}\dfrac{A}{\tau}, 0<t<\tau\end{cases}$$

其中 A 為常數。試分別求出兩者之拉氏轉換。

解

(1)脈波函數之圖形表示如右。由圖中
可看出脈波函數 $P(t)$ 可以單位步階
函數表為

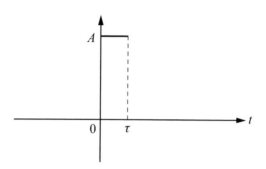

$$P(t)=A[u_s(t)-u_s(t-\tau)]$$

而其拉氏轉換可利用時間平移定理
來求，亦即

$$P(s)=L[P(t)]=L[A(u_s(t)-u_s(t-\tau))]$$
$$=A\{L[u_s(t)-u_s(t-\tau)]\}$$
$$=A\left[\frac{1}{s}-\frac{e^{-\tau s}}{s}\right]$$
$$=\frac{A(1-e^{-\tau s})}{s}$$

(2)脈衝函數 $\Delta(t)$，圖示如右。其高度 $\dfrac{A}{\tau}$
與寬度 τ 之乘積恆為 A，可視為脈波
函數之特例，亦即

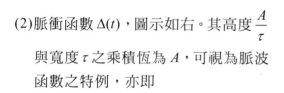

$$\Delta(t)=\lim_{\tau\to0}\frac{P(t)}{\tau}$$

因此 $\Delta(t)$ 之拉氏轉換為

$$F(s)=L[\Delta(t)]=L\left[\lim_{\tau\to0}\frac{P(t)}{\tau}\right]$$
$$=\lim_{\tau\to0}\frac{1}{\tau}L[P(t)]=\lim_{\tau\to0}\frac{A(1-e^{-\tau s})}{\tau s}$$
$$=\lim_{\tau\to0}\frac{Ase^{-\tau s}}{s}=A$$

注意！ 若 $A=1$ 則稱為單位脈衝函數(unit impulse function)，以 $\delta(t)$ 表示。

2-9 ›› 反拉氏轉換之求法

　　拉氏轉換之優點在於能將微分方程式轉換到頻率領域(s-domain)，而以代數方法來進行分析及設計，而所得結果再予以轉換回時間領域(t-domain)。反拉氏轉換通常應用部分分式展開法，先將 $F(s)$ 分解為

$$F(s)=F_1(s)+F_2(s)+\cdots\cdots+F_n(s) \tag{2-59}$$

再利用反拉氏轉換表，將各項逐一求出，亦即

$$f(t)=L[F(s)]=L^{-1}[F_1(s)]+L^{-1}[F_2(s)]+\cdots\cdots+L^{-1}[F_n(s)] \tag{2-60}$$

而此處理方法，依 $F(s)$ 極點之性質可區分為三種解法：

一、極點均為實數，且為單階

$$F(s)=\frac{N(s)}{D(s)}=\frac{N(s)}{(s+p_1)(s+p_2)......(s+p_n)}$$
$$=\frac{\alpha_1}{(s+p_1)}+\frac{\alpha_2}{(s+p_2)}+\cdots\cdots+\frac{\alpha_n}{(s+p_n)} \tag{2-61}$$

式中

$$\alpha_i=(s+p_i)F(s)\big|_{s\to-p_i} \tag{2-62}$$

$$F(s)=\frac{2s+6}{s(s+1)(s+2)} \text{ ，求 } f(t)。$$

 解

$$F(s)=\frac{\alpha_1}{s}+\frac{\alpha_2}{s+1}+\frac{\alpha_3}{s+2}$$

$$\alpha_1=\left[s\cdot F(s)\right]\big|_{s\to0}=3$$

$$\alpha_2=\left[(s+1)\cdot F(s)\right]\big|_{s\to-1}=-4$$

$$\alpha_3=\left[(s+2)\cdot F(s)\right]\big|_{s\to-2}=1$$

$$F(s)=\frac{3}{s}-\frac{4}{s+1}+\frac{1}{s+2}$$

$$f(t)=L^{-1}[F(s)]=3-4e^{-t}+e^{-2t} \text{ ，} t\geq0$$

 二、極點為重根時

$$F(s)=\frac{N(s)}{D(s)}=\frac{N(s)}{(s+p)^r}$$

$$=\frac{\alpha_1}{(s+p)^r}+\frac{\alpha_2}{(s+p)^{r-1}}+\cdots\cdots+\frac{\alpha_r}{(s+p)} \tag{2-63}$$

式中

$$\alpha_i=\frac{1}{(i-1)!}\frac{d^{i-1}}{ds^{i-1}}\left[(s+p)^r\cdot F(s)\right]\big|_{s\to-p} \tag{2-64}$$

例題 11

$$F(s)=\frac{2}{s(s+2)(s+1)^3} \quad , \text{求 } f(t) \circ$$

解

$$F(s)=\frac{a}{s}+\frac{b}{(s+2)}+\frac{\alpha_1}{(s+1)^3}+\frac{\alpha_2}{(s+1)^2}+\frac{\alpha_3}{(s+1)}$$

$$a=[s\cdot F(s)]|_{s\to0}=1$$

$$b=[(s+2)\cdot F(s)]|_{s\to-2}=1$$

$$\alpha_1=[(s+1)^3\cdot F(s)]|_{s\to-1}=-2$$

$$\alpha_2=\frac{1}{1!}\frac{d}{ds}\left[(s+1)^3\cdot F(s)\right]\bigg|_{s\to-1}$$

$$=\frac{d}{ds}\left[\frac{2}{s(s+2)}\right]\bigg|_{s\to-1}$$

$$=\frac{-2[(s+2)+s]}{s^2(s+2)^2}\bigg|_{s\to-1}=0$$

$$\alpha_3=\frac{1}{2!}\frac{d^2}{ds^2}\left[(s+1)^3\cdot F(s)\right]\bigg|_{s\to-1}$$

$$=\frac{1}{2}\frac{d}{ds}\left[\frac{-2(2s+2)}{s^2(s+2)^2}\right]\bigg|_{s\to-1}$$

$$=-\frac{d}{ds}\left[\frac{2s+2}{s^2(s+2)^2}\right]\bigg|_{s\to-1}$$

$$=-\frac{2s^2(s+2)^2-(2s+2)[2s(s+2)^2+2s^2(s+2)]}{s^4(s+2)^4}\bigg|_{s\to-1}$$

$$=-2$$

$$F(s)=\frac{1}{s}+\frac{1}{(s+2)}-\frac{2}{(s+1)^3}-\frac{2}{(s+1)}$$

$$f(t)=L^{-1}[F(s)]=1+e^{-2t}-t^2e^{-t}-2e^{-t} \text{，} t\geq 0$$

 ## 三、極點為共軛複數時

$$F(s)=\frac{N(s)}{D(s)}=\frac{N(s)}{(s+\sigma-j\omega)(s+\sigma+j\omega)}$$

$$=\frac{\alpha_1}{s+\sigma-j\omega}+\frac{\alpha_2}{s+\sigma+j\omega} \qquad (2\text{-}65)$$

式中

$$\alpha_1=[(s+\sigma-j\omega)\cdot F(s)]\big|_{s\to-\sigma+j\omega} \qquad (2\text{-}66)$$

$$\alpha_2=[(s+\sigma+j\omega)\cdot F(s)]\big|_{s\to-\sigma-j\omega} \qquad (2\text{-}67)$$

例題 12

$$F(s)=\frac{2}{s(s+1)(s^2+2s+2)} \text{，求 } f(t)\text{。}$$

 解

【方法一】

$$F(s)=\frac{a}{s}+\frac{b}{(s+1)}+\frac{\alpha_1}{(s+1-j)}+\frac{\alpha_2}{(s+1+j)}$$

$a = [s \cdot F(s)]\big|_{s \to 0} = 1$

$b = [(s+1) \cdot F(s)]\big|_{s \to -1} = -2$

$\alpha_1 = [(s+1-j) \cdot F(s)]\big|_{s \to -1+j}$

$\qquad = \dfrac{2}{s(s+1)(s+1+j)}\bigg|_{s \to -1+j}$

$\qquad = \dfrac{2}{(-1+j)(j)(2j)} = \dfrac{1}{1-j} = \dfrac{1+j}{2} = \dfrac{\sqrt{2}}{2} e^{45°j}$

$\alpha_2 = [(s+1+j) \cdot F(s)]\big|_{s \to -1-j}$

$\qquad = \dfrac{2}{s(s+1)(s+1-j)}\bigg|_{s \to -1-j}$

$\qquad = \dfrac{2}{(-1-j)(-j)(-2j)} = \dfrac{1}{1+j} = \dfrac{1-j}{2} = \dfrac{\sqrt{2}}{2} e^{-45°j}$

$\therefore F(s) = \dfrac{1}{s} - \dfrac{2}{(s+1)} + \dfrac{\sqrt{2}e^{45°j}}{2(s+1-j)} + \dfrac{\sqrt{2}e^{-45°j}}{2(s+1+j)}$

$\qquad = 1 - 2e^{-t} + \dfrac{\sqrt{2}}{2} e^{-t}[e^{(t+45°)j} + e^{-(t+45°)j}]$

$\qquad = 1 - 2e^{-t} + \dfrac{\sqrt{2}}{2} e^{-t}[2\cos(t+45°)]$

$\qquad = 1 - 2e^{-t} + \sqrt{2}e^{-t}\cos(t+45°) \, , \ t \geq 0$

【方法二】：比較係數法

$$F(s) = \frac{a}{s} + \frac{b}{(s+1)} + \frac{cs+d}{s^2+2s+2}$$

將 $a = 1$，$b = -2$ 代入上式，並通分可得

$\qquad 2 = (s+1)(s^2+2s+2) - 2s(s^2+2s+2) + (cs+d)s(s+1)$

$\Rightarrow 2 = (c-1)s^3 + (c+d-1)s^2 + ds + 2$

$$\Rightarrow \begin{cases} c-1=0 \\ (c+d-1)=0 \\ d=0 \end{cases} \Rightarrow \begin{cases} c=1 \\ d=0 \end{cases}$$

所以　$F(s) = \dfrac{1}{s} - \dfrac{2}{(s+1)} + \dfrac{s}{s^2+2s+2}$

$\qquad\qquad = \dfrac{1}{s} - \dfrac{2}{(s+1)} + \dfrac{(s+1)-1}{(s+1)^2+1}$

$\qquad\qquad = \dfrac{1}{s} - \dfrac{2}{(s+1)} + \dfrac{(s+1)}{(s+1)^2+1^2} - \dfrac{1}{(s+1)^2+1^2}$

$\Rightarrow L^{-1}[F(s)] = f(t) = 1 - 2e^{-t} + e^{-t}\cos t - e^{-t}\sin t$

$\qquad\qquad\qquad\quad = 1 - 2e^{-t} + \sqrt{2}e^{-t}\cos(t+45°)，\ t \geq 0$

Automatic Control

2-10 ▸▸ 拉氏轉換求解微分方程式

以拉氏轉換法求解微分方程式，有一定程序可依循，求解步驟如下：

(1) 先應用微分定理，配合初值條件，將微分方程式兩邊均取拉氏轉換，可得以 s 表示之代數式。整理後，可解出以 s 表示之解。

(2) 將以 s 表示之解以部分分式展開。

(3) 配合反拉氏轉換表，將以時間 t 表示之解求出。

為方便解題及容易記憶，將拉氏轉換之基本定理整理於表 2-1 中，與反拉氏轉換表 2-2 依序置於本章最後。

例題 13

試以拉氏轉換法求解下列微分方程式

$$\frac{d^2y(t)}{dt^2}+3\frac{dy(t)}{dt}+2y(t)=6u_s(t)$$

假設初值條件 $y(0)=-1$，$\dot{y}(0)=2$。

解

(1)將微分方程式兩邊取拉氏轉換可得

$$L[\frac{d^2y(t)}{dt^2}+3\frac{dy(t)}{dt}+2y(t)]=L[6u_s(t)] \cdots\cdots\cdots (a)$$

將上式各項展開可得

$$L[\frac{d^2y(t)}{dt^2}]+3L[\frac{dy(t)}{dt}]+2L[y(t)]=6L[u_s(t)] \cdots\cdots\cdots (b)$$

令 $Y(s)=L[y(t)]$，並利用微分定理，則式(b)變為

$$[s^2Y(s)-sy(0)-\dot{y}(0)]+3[sY(s)-y(0)]+2Y(s)=\frac{6}{s} \cdots\cdots\cdots (c)$$

以初值條件代入式(c)中，整理後可解得 $Y(s)$ 為

$$Y(s)=\frac{-s^2-s+6}{s(s^2+3s+2)} \cdots\cdots\cdots (d)$$

(2)將 $Y(s)$ 部分分式展開為

$$Y(s)=\frac{-s^2-s+6}{s(s+1)(s+2)}$$

$$=\frac{A}{s}+\frac{B}{s+1}+\frac{C}{s+2}$$

其中 $A=\left.\frac{-s^2-s+6}{(s+1)(s+2)}\right|_{s=0}=3$

$$B=\left.\frac{-s-s+6}{s(s+2)}\right|_{s=-1}=-6$$

$$C=\left.\frac{-s^2-s+6}{s(s+1)}\right|_{s=-2}=2$$

故 $Y(s)$ 可寫成

$$Y(s)=\frac{3}{s}-\frac{6}{s+1}+\frac{2}{s+2}$$

(3)將 $Y(s)$ 逆轉換可得 $y(t)$ 為

$$y(t)=3-6e^{-t}+2e^{-2t} ，t\geq0$$

 解 $y(t)$ 之後二項 $(-6e^{-t}+2e^{-2t})$ 在 $t\to\infty$ 時會消失，因此稱為系統之暫態解 (transient solution)，意味只是暫時存在，而第一項 3 稱為穩態解(steady state solution)，將不會隨時間增加而消失。

例題 14

二階動態系統方程式為

$$\ddot{y}(t)+2\zeta\omega_n\dot{y}(t)+\omega_n^2 y(t)=\omega_n^2 u(t)$$

其中 ζ 為阻尼比(damping ratio)，ω_n 為無阻尼自然頻率(natural undamped frequency)。假設所有初值條件均為 0，且輸入 $u(t)$ 為單位步階函數，試求解 $y(t)$。

解

(1)將原式取拉氏轉換可得

$$\frac{Y(s)}{U(s)}=\frac{\omega_n^2}{s^2+2\zeta\omega_n s+\omega_n^2}$$

又輸入 $u(t)$ 為單位步階函數，其拉氏轉換為

$$U(s)=\frac{1}{s}$$

代入上式可解得 $Y(s)$ 為

$$Y(s)=\frac{\omega_n^2}{s(s^2+2\zeta\omega_n s+\omega_n^2)}$$

(2)將 $Y(s)$ 予以部分分式展開如下

$$Y(s) = \frac{\omega_n^2}{s(s^2 + 2\zeta\omega_n s + \omega_n^2)} = \frac{1}{s} + \frac{-s - 2\zeta\omega_n}{(s^2 + 2\zeta\omega_n s + \omega_n^2)}$$

$$= \frac{1}{s} - \left(\frac{s + 2\zeta\omega_n}{(s + \zeta\omega_n)^2 + (\omega_n\sqrt{1-\zeta^2})^2} \right)$$

$$= \frac{1}{s} - \left(\frac{s + \zeta\omega_n}{(s + \zeta\omega_n)^2 + (\omega_n\sqrt{1-\zeta^2})^2} + \frac{\zeta\omega_n}{(s + \zeta\omega_n)^2 + (\omega_n\sqrt{1-\zeta^2})^2} \right)$$

$$= \frac{1}{s} - \left(\frac{s + \zeta\omega_n}{(s + \zeta\omega_n)^2 + (\omega_n\sqrt{1-\zeta^2})^2} + \frac{\zeta}{\sqrt{1-\zeta^2}} \frac{\omega_n\sqrt{1-\zeta^2}}{(s + \zeta\omega_n)^2 + (\omega_n\sqrt{1-\zeta^2})^2} \right)$$

(3)再將 $Y(s)$ 取反拉氏轉換，即可得到 $y(t)$ 如下

$$y(t) = 1 - \left(e^{-\zeta\omega_n t} \cos\left(\omega_n\sqrt{1-\zeta^2}\,t\right) + \frac{\zeta}{\sqrt{1-\zeta^2}} e^{-\zeta\omega_n t} \sin\left(\omega_n\sqrt{1-\zeta^2}\,t\right) \right)$$

$$= 1 - \frac{e^{-\zeta\omega_n t}}{\sqrt{1-\zeta^2}} \left(\sqrt{1-\zeta^2} \cos\left(\omega_n\sqrt{1-\zeta^2}\,t\right) + \zeta \sin\left(\omega_n\sqrt{1-\zeta^2}\,t\right) \right)$$

$$= 1 - \frac{e^{-\zeta\omega_n t}}{\sqrt{1-\zeta^2}} \left(\sin\theta \cos\left(\omega_n\sqrt{1-\zeta^2}\,t\right) + \cos\theta \sin\left(\omega_n\sqrt{1-\zeta^2}\,t\right) \right)$$

$$= 1 - \frac{e^{-\zeta\omega_n t}}{\sqrt{1-\zeta^2}} \sin\left(\omega_n\sqrt{1-\zeta^2}\,t + \theta\right) \ , \quad \theta = \cos^{-1}\zeta = \tan^{-1}\frac{\sqrt{1-\zeta^2}}{\zeta}$$

習題二

2-1 求下列複變數函數之極點與零點,同時指出其階數,並繪出極點零點在 s 平面上之分布圖。

(a) $G(s)=\dfrac{2(s+1)^2}{s^2(s+2)^3(s+5)}$

(b) $G(s)=\dfrac{K(2s+3)}{s(s^2+2s+2)}$, K 為常數

(c) $G(s)=\dfrac{(s^2-2s+2)}{s(s^2+3s+2)(s^2-4)}$

(d) $G(s)=\dfrac{e^{-2s}}{s(s+1)(s+2)}$

2-2 矩陣 A,B,C 及 D 分別為

$$A=\begin{bmatrix} 1 & 2 & -3 \\ 3 & 5 & 2 \\ -2 & -3 & -4 \end{bmatrix} \text{,} \quad B=\begin{bmatrix} 1 & 0 & 2 \\ -2 & 1 & -3 \end{bmatrix}$$

$$C=\begin{bmatrix} 2 & 1 & -1 \\ 0 & -2 & 5 \end{bmatrix} \text{,} \quad D=\begin{bmatrix} 2 & 9 \\ 1 & 4 \end{bmatrix}$$

回答下列問題:

(a) 計算矩陣 A 及 D 之反矩陣。

(b) 計算矩陣 A,B,C 及 D 之秩(rank)。

(c) 計算 $2B-C$。

(d) 計算 AB。

(e) 計算 $B^T A$。

2-3 **試求下列函數之拉氏轉換：**

(a) $f(t)=2(1+\sin 3t)$

(b) $f(t)=\cos(2t+\pi/4)$

(c) $f(t)=t^3 e^{-2t}$

(d) $f(t)=e^{2t}\sin 3t$

2-4 **試求下列複變數函數 $F(s)$ 之逆轉換：**

(a) $F(s)=\dfrac{s+3}{s(s+1)(s+2)}$

(b) $F(s)=\dfrac{12}{s(s+1)^2(s+2)}$

(c) $F(s)=\dfrac{2s+6}{s(s^2+4s+13)}$

(d) $F(s)=\dfrac{6}{s(s+1)^2(s^2+2s+10)}$

2-5 **複變數函數 $F(s)$ 為**

$$F(s)=\frac{s^2+6s+5}{s(s^2+2s+2)}$$

(a) 利用初值定理及終值定理求 $f(0)$ 及 $f(\infty)$。

(b) 利用反拉氏轉換求出 $f(t)$，並驗證 (a) 之結果。

2-6 **以拉氏轉換法求解下列微分方程式：**

(a) $\ddot{y}(t)+5\dot{y}(t)+4y(t)=2u_s(t)$，$y(0)=1$，$\dot{y}(0)=-1$

(b) $\dot{y}(t)+2\displaystyle\int_0^t y(\tau)d\tau+3y(t)=e^{-3t}$，$y(0)=0$，$\dot{y}(0)=1$

(c) $\ddot{y}(t)+4\dot{y}(t)+3y(t)=e^{-t}\sin 2t$，$y(0)=0$，$\dot{y}(0)=1$

☗ 表 2-1　拉氏轉換之基本定理

線性性質	$L\big[af_1(t)\pm bf_2(t)\big]=aL\big[f_1(t)\big]\pm bL\big[f_2(t)\big]$
微分定理	$L[\dfrac{df(t)}{dt}]=sF(s)-f(0)$ $L[\dfrac{d^nf(t)}{dt^n}]=s^nF(s)-s^{n-1}f(0)-s^{n-2}f^{(1)}(0)-\cdots-sf^{(n-2)}(0)-f^{(n-1)}(0)$ 式中　$f^{(k)}(0)=\dfrac{d^kf(t)}{dt^k}\bigg|_{t=0}$
積分定理	$L[\displaystyle\int_0^t f(\tau)d\tau]=\dfrac{F(s)}{s}$ $L[\displaystyle\int_0^t\int_0^t\cdots\int_0^t f(\tau)d\tau d\tau\cdots d\tau]=\dfrac{F(s)}{s^n}$
s 移位定理	$L[e^{at}f(t)]=F(s-a)$
時間平移	$L[f(t-a)u_s(t-a)]=e^{-as}F(s)$
初值定理	$\lim\limits_{t\to 0}f(t)=\lim\limits_{s\to\infty}sF(s)$
終值定理	若 $sF(s)$ 無極點在虛軸或右平面上，則 $\lim\limits_{t\to\infty}f(t)=\lim\limits_{s\to 0}sF(s)$
迴旋積分	$F_1(s)F_2(s)=L[\displaystyle\int_0^t f_1(\tau)f_2(t-\tau)d\tau]$ $\qquad\qquad=L[\displaystyle\int_0^t f_2(\tau)f_1(t-\tau)d\tau]$ $\qquad\qquad=L[f_1(t)*f_2(t)]$

☎ 表 2-2　反拉氏轉換表

$F(s)$ $\xrightarrow{\quad L^{-1} \quad}$	$f(t)$
1	單位脈衝 $\delta(t)$
$\dfrac{1}{s}$	單位步階 $u_s(t)$
$\dfrac{1}{s^2}$	t
$\dfrac{1}{s+a}$	e^{-at}
$\dfrac{1}{(s+a)^2}$	te^{-at}
$\dfrac{n!}{s^{n+1}}$	t^n ， n 為正整數
$\dfrac{n!}{(s+a)^{n+1}}$	$t^n e^{-at}$ ， n 為正整數
$\dfrac{1}{(s+a)(s+b)}$	$\dfrac{1}{b-a}(e^{-at}-e^{-bt})$ 　　$a \neq b$
$\dfrac{s}{(s+a)(s+b)}$	$\dfrac{1}{b-a}(be^{-bt}-ae^{-at})$ 　　$a \neq b$
$\dfrac{1}{s(s+a)(s+b)}$	$\dfrac{1}{ab}[1+\dfrac{1}{a-b}(be^{-at}-ae^{-bt})]$
$\dfrac{\omega}{s^2+\omega^2}$	$\sin \omega t$
$\dfrac{s}{s^2+\omega^2}$	$\cos \omega t$
$\dfrac{\omega}{(s+a)^2+\omega^2}$	$e^{-at}\sin \omega t$
$\dfrac{s+a}{(s+a)^2+\omega^2}$	$e^{-at}\cos \omega t$

☎ 表 2-2　反拉氏轉換表（續）

$\dfrac{\omega_n^2}{s^2+2\zeta\omega_n s+\omega_n^2}$	$\dfrac{\omega_n}{\sqrt{1-\zeta^2}}e^{-\zeta\omega_n t}\sin\omega_n\sqrt{1-\zeta^2}\,t$
$\dfrac{s}{s^2+2\zeta\omega_n s+\omega_n^2}$	$\dfrac{1}{\sqrt{1-\zeta^2}}e^{-\zeta\omega_n t}\sin\left(\omega_n\sqrt{1-\zeta^2}\,t-\theta\right)$, $\theta=\tan^{-1}\dfrac{\sqrt{1-\zeta^2}}{\zeta}$
$\dfrac{\omega_n^2}{s(s^2+2\zeta\omega_n s+\omega_n^2)}$	$1-\dfrac{1}{\sqrt{1-\zeta^2}}\,e^{-\zeta\omega_n t}\sin(\omega_n\sqrt{1-\zeta^2}\,t-\theta)$, $\theta=\tan^{-1}\dfrac{\sqrt{1-\zeta^2}}{\zeta}=\cos^{-1}\zeta$

參考文獻
References

§ 2-3～2-4

1. Kuo, B. C. (1987). *Automatic Control Systems* (5th ed.). New Jersey: Prentice Hall, Englewood Cliffs.

2. Zill, D. G., & Cullen, M. R. (1992). *Advanced Engineering Mathematics*. Boston: PWS-KENT Publishing Company.

§ 2-5～2-6

3. Zill, D. G., & Cullen, M. R. (1992). *Advanced Engineering Mathematics*. Boston: PWS-KENT Publishing Company.

4. 呂學富（74 年）。**工程數學**。九功。

§ 2-7～§ 2-10

5. Ogata, K. (1970). *Modern Control Engineering*. New Jersey: Prentice Hall, Englewood Cliffs.

6. 黃燕文（78 年）。**自動控制**。新文京。

7. 喬偉。**控制系統應試手冊**。九功。

8. 呂學富（74 年）。**工程數學**。九功。

03

控制系統表示法

Automatic Control

3-1 ›› 前　言

　　在處理各種控制系統的問題時，首先第一步工作便是受控系統與各元件間之關係應如何以數學方式描述，即所謂模式化(modeling)的過程。有了數學模式，才能進一步去分析與設計。

　　通常在控制系統的領域內，數學模式依實際需求之不同，可使用各種不同的系統表示法，常用者有：

1. 微分方程式(differential equation)。

2. 轉移函數(transfer function)。

3. 方塊圖(block diagram)。

4. 訊號流程圖(signal flow graph)。

5. 狀態圖(state diagram)。

6. 狀態空間表示法(state space representation)。

其中微分方程式在第二章已先介紹過。而轉移函數是以拉氏轉換之多項式代數型式來表示出整個系統間輸出與輸入之因果關係，由於是以代數多項式型式出現，因此在分析與設計上會較為簡化，並且有簡單之圖解法可以應用。方塊圖、訊號流程圖及狀態圖則為三種簡便之圖解法，直接以圖形來描述控制系統之組成及特性，而轉移函數可直接由圖形上獲得。最後，狀態空間表示法是一種時域表示法，為近代控制理論之處理對象，可用以分析系統之可控制性及可觀測性等問題。

　　本章主要在於介紹轉移函數、方塊圖、訊號流程圖、狀態圖及狀態空間表示法等五種表示法，並建立它們之間的相互關係。

3-2 ▸▸ 轉移函數

　　控制系統之轉移函數(transfer function)定義為：當線性非時變系統之初值均為零時，其輸出之拉氏轉換 $Y(s)$ 與輸入之拉氏轉換 $R(s)$ 的比值，通常以 $T(s)$ 來代表控制系統之轉移函數，亦即：

$$轉移函數 T(s) = \frac{輸出之拉氏轉換 Y(s)}{輸入之拉氏轉換 R(s)} \tag{3-1}$$

此關係可以圖 3-1 表示。

輸入 $r(t)$	線性非時變系統	輸出 $y(t)$
$R(s)=L[r(t)]$	轉移函數 $T(s)$	$Y(s)=L[y(t)]$

◈ 圖 3-1　系統轉移函數

由式(3-1)可知系統之輸入 $R(s)$ 乘以轉移函數 $T(s)$ 就等於輸出 $Y(s)$，亦即

$$Y(s) = T(s)R(s) \tag{3-2}$$

　　工程上所處理之物理系統可利用物理定律導出描述系統動態之微分方程式，對線性非時變系統而言，其一般型式如下

$$a_n \frac{d^n y(t)}{dt^n} + a_{n-1} \frac{d^{n-1} y(t)}{dt^{n-1}} \cdots\cdots + a_1 \frac{dy(t)}{dt} + a_0 y(t)$$
$$= b_m \frac{d^m r(t)}{dt^m} + b_{m-1} \frac{d^{m-1} r(t)}{dt^{m-1}} + \cdots\cdots + b_1 \frac{dr(t)}{dt} + b_0 r(t) \tag{3-3}$$

式中 a_0，a_1，……，a_n，b_0，b_1，……，b_m 皆為常數，且 $n \geq m$。若將上式取拉氏轉換，並假設所有初值條件皆為零，則可得轉移函數為

$$T(s) = \frac{Y(s)}{R(s)} = \frac{b_m s^m + b_{m-1} s^{m-1} + \cdots + b_1 s + b_0}{a_n s^n + a_{n-1} s^{n-1} + \cdots + a_1 s + a_0} \tag{3-4}$$

由轉移函數之定義與推導過程可歸納其特性如下：

1. 只能定義在線性非時變系統。

2. 所有初始條件均為零。

3. 轉移函數只為複變數 s 的函數，並與輸入無關。

4. 只能描述系統之輸入與輸出之關係，不能提供系統內部行為之特性。

若令轉移函數之分母為 0，由式(3-4)可得

$$a_n s^n + a_{n-1} s^{n-1} + a_{n-2} s^{n-2} + \cdots\cdots + a_1 s + a_0 = 0 \tag{3-5}$$

此多項式稱為轉移函數之特性方程式(characteristic equation)，一般以 $\Delta(s) = 0$ 表示，亦即

$$\Delta(s) = a_n s^n + a_{n-1} s^{n-1} + \cdots\cdots + a_1 s + a_0 = 0 \tag{3-6}$$

而特性方程式 $\Delta(s) = 0$ 之解，稱為特性根(characteristic roots)，特性根滿足 $\Delta(s) = 0$，會使轉移函數 $T(s)$ 之分母為零，因此特性根即為轉移函數之極點。

例題 1

控制系統之動態方程式為

$$\dot{y}(t) + 5y(t) + 4\int_0^t y(\tau)d\tau = r(t)$$

試求： (1) 轉移函數 $T(s)$。

(2) 特性方程式 $\Delta(s) = 0$。

(3) 特性根。

(4) 轉移函數之極點。

 解

(1)將方程式兩邊取拉氏轉換，可得

$$sY(s) - y(0) + 5Y(s) + \frac{4}{s}Y(s) = R(s)$$

其中 $Y(s) = L[y(t)]$， $R(s) = L[r(t)]$。

整理後可得

$$(s^2 + 5s + 4)Y(s) = sR(s) + sy(0)$$

令初值 $y(0)$ 為零，則可得轉移函數 $T(s)$ 為

$$T(s) = \frac{Y(s)}{R(s)} = \frac{s}{s^2 + 5s + 4}$$

(2)令轉移函數 $T(s)$ 之分母為零，可得特性方程式 $\Delta(s) = 0$ 為

$$\Delta(s) = s^2 + 5s + 4 = 0$$

(3)解 $\Delta(s) = 0$ 可得 $s = -1$，-4，故特性根有二個，分別為 -1，-4。

(4)轉移函數之極點為使分母為零之 s 值，分別為 -1 及 -4，此兩極點與特性根相同。

3-3 ›› 方塊圖

　　控制系統是由很多元件所組成，在描述各組成元件之相互作用關係時，方塊圖(block diagram)是相當簡單又有效的方法。使用方塊圖表示系統最大的優點在於：

1. 系統中之每一個元件可以方塊來表示，而其輸出訊號與輸入訊號兩者之關係，亦可表於方塊圖中，如圖 3-2 所示之元件，其轉移函數以 $G_1(s)$ 表示，則其訊號關係為 $Y_1(s) = R_1(s)G_1(s)$。

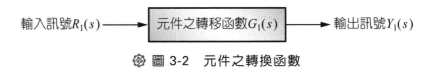

輸入訊號$R_1(s)$ ⟶ 元件之轉移函數$G_1(s)$ ⟶ 輸出訊號$Y_1(s)$

🔷 圖 3-2　元件之轉換函數

2. 方塊圖中可以帶有箭頭之線段來表示實際系統中訊號之流向，而純粹數學表示法則無此優點。

3. 整個系統之轉移函數可利用方塊圖之化簡法或現有公式直接求得。

　　通常方塊圖是由四個部分所組成，包含元件方塊、訊號流向箭頭、匯合點及分支點。圖 3-3 為回授控制系統之標準方塊圖，其中元件方塊有二個，分別為 $G(s)$ 及 $H(s)$，而帶有箭頭之線段代表系統中訊號之流向。a 點為訊號交會處，即為匯合點，而訊號在 b 點分成兩個方向傳送，因此 b 點即為分支點。一般而言，匯合點即為控制系統之誤差檢測器，通常有如圖 3-4 之二種表示方式。

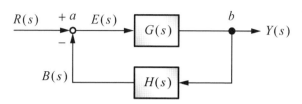

❖ 圖 3-3 標準回授控制系統之方塊圖

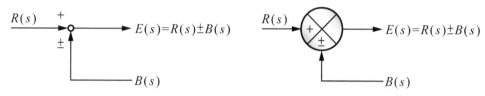

❖ 圖 3-4 匯合點之表示法與訊號關係

對於圖 3-3 所示之標準回授控制系統，圖中 $R(s)$ 為輸入訊號，$Y(s)$ 為輸出訊號，$B(s)$ 為回授訊號，$E(s)$ 為誤差訊號，除了這些訊號名稱外，還有下列名稱經常被使用，必須記得：

1. $G(s)$ 稱為前向路徑轉移函數(forward-path transfer function)，訊號關係式為

$$G(s) = \frac{Y(s)}{E(s)} \tag{3-7}$$

2. $H(s)$ 稱為回授路徑轉移函數(feedback-path transfer function)，訊號關係式為

$$H(s) = \frac{B(s)}{Y(s)} \tag{3-8}$$

3. $G(s)\,H(s)$ 稱為迴路轉移函數(loop transfer function)，訊號關係式為

$$G(s)H(s) = \frac{B(s)}{E(s)} \tag{3-9}$$

4. $T(s)$ 稱為閉迴路轉移函數(closed-loop transfer function)，訊號關係式為

$$T(s) = \frac{Y(s)}{R(s)} \tag{3-10}$$

而閉迴路轉移函數 $T(s)$ 可表為 $G(s)$ 及 $H(s)$ 之函數，由圖 3-3 知

$$E(s) = R(s) - B(s) \tag{3-11}$$

由式(3-8)知 $B(s) = H(s)Y(s)$ 代入式(3-11)可得

$$E(s) = R(s) - H(s)Y(s) \tag{3-12}$$

又由式(3-7)可得

$$Y(s) = G(s)E(s) \tag{3-13}$$

最後，將式(3-12)代入式(3-13)中可得

$$Y(s) = G(s)[R(s) - H(s)Y(s)] \tag{3-14}$$

整理可得閉迴路轉移函數 $T(s)$ 為

$$T(s) = \frac{Y(s)}{R(s)} = \frac{G(s)}{1 + G(s)H(s)} \tag{3-15}$$

　　圖 3-3 所示之回授系統中，回授訊號 $B(s)$ 是以負值型式進入匯合點，因此稱為負回授，若回授訊號 $B(s)$ 是以正值型式進入匯合點，則為正回授，此外，當回授路徑轉移函數 $H(s) = 1$ 時，則稱此系統為單位回授控制系統(unity feedback control system)，此時閉迴路轉移函數簡化為

$$T(s) = \frac{Y(s)}{R(s)} = \frac{G(s)}{1 + G(s)} \tag{3-16}$$

標準回授控制系統如下圖所示

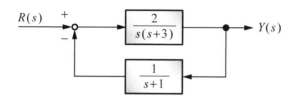

試求 (1)閉迴路轉移函數 $T(s)$。

　　(2)特性方程式 $\Delta(s)=0$。

(1)由圖可知

$$G(s)=\frac{2}{s(s+3)} \quad , \quad H(s)=\frac{1}{(s+1)}$$

因此閉迴路轉移函數 $T(s)$ 可以下式求得：

$$\begin{aligned}
T(s)&=\frac{G(s)}{1+G(s)H(s)}\\[2mm]
&=\frac{\dfrac{2}{s(s+3)}}{1+\dfrac{2}{s(s+3)}\cdot\dfrac{1}{(s+1)}}\\[2mm]
&=\frac{2(s+1)}{s(s+3)(s+1)+2}=\frac{2s+2}{s^3+4s^2+3s+2}
\end{aligned}$$

(2)令閉迴路轉移函數 $T(s)$ 之分母為零，可得特性方程式為

$$\Delta(s)=s^3+4s^2+3s+2=0$$

3-4 ›› 方塊圖之化簡法

當控制系統較為複雜時,描述系統之方塊圖將會含有很多方塊與迴路,此時直接應用訊號關係求解閉迴路轉移函數,將會面臨困難。因此,可利用方塊圖之化簡法則將方塊圖簡化為單一方塊圖形,則此時方塊內之轉移函數即為閉迴路轉移函數,例如圖 3-3 之標準回授控制系統,可利用式(3-15)將之化簡為單一方塊圖形,如圖 3-5 所示,而方塊內之 $\dfrac{G(s)}{1+G(s)H(s)}$ 即為其閉迴路轉移函數。方塊圖化簡之轉換規則,皆列於表 3-1 中。

$$R(s) \longrightarrow \boxed{\dfrac{G(s)}{1+G(s)H(s)}} \longrightarrow Y(s)$$

圖 3-5　標準回授控制系統化簡後之方塊圖

表 3-1　方塊圖化簡之轉換規則

編號	轉換	原方塊圖	等效方塊圖
1	串聯結合	$R \rightarrow \boxed{G_1} \xrightarrow{RG_1} \boxed{G_2} \rightarrow Y=RG_1G_2$	$R \rightarrow \boxed{G_1 G_2} \rightarrow Y=RG_1G_2$
2	並聯結合	$R \rightarrow \boxed{G_1} \xrightarrow{RG_1} \bigoplus \begin{matrix} Y=RG_1\pm RG_2 \\ =R(G_1\pm G_2) \end{matrix}$ $R \rightarrow \boxed{G_2} \xrightarrow{RG_2}$	$R \rightarrow \boxed{G_1 \pm G_2} \rightarrow Y=R(G_1\pm G_2)$

☎ 表 3-1　方塊圖化簡之轉換規則（續）

編號	轉換	原方塊圖	等效方塊圖
3	匯合點位置交換	$Y=R_1-R_2+R_3$	$Y=R_1+R_3-R_2$（上）；$Y=R_1-R_2+R_3$（下）
4	消去迴路	Y，G_1，G_2	$\dfrac{G_1}{1\mp G_1G_2}$，$Y=\dfrac{RG_1}{1\mp G_1G_2}$
5	匯合點向前移	R_1G，$Y=R_1G\pm R_2$	$R_1\pm\dfrac{R_2}{G}$，$\dfrac{R_2}{G}$，$\dfrac{1}{G}$，$Y=R_1G\pm R_2$
6	匯合點向後移	$R_1\pm R_2$，$Y=(R_1\pm R_2)G$	R_1G，R_2G，$Y=R_1G\pm R_2G=(R_1\pm R_2)G$
7	分支點向前移	R，G，RG，RG	R，G，RG，G，RG
8	分支點向後移	R，G，RG，R	R，G，RG，$\dfrac{1}{G}$，R

例題 3

控制系統之方塊圖如下圖所示，試求轉移函數 $T(s)$。

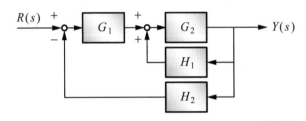

解

此方塊圖可改畫為

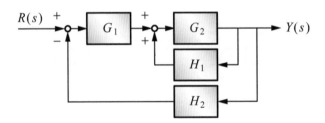

其中 G_2 及 H_1 為標準正回授形式，可利用轉換法則(4)將此迴路去除，可得等效方塊圖如下

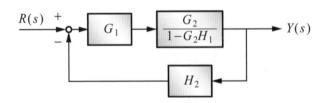

圖中 G_1 及 $\dfrac{G_2}{1-G_2H_1}$ 串聯，可利用轉換法則(1)將之合併，故又可簡化為

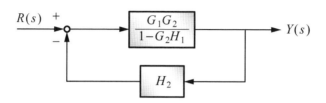

此時方塊圖為標準負回授形式，可再利用轉換法則(4)，將其化簡為單一方塊圖形如下

$$R(s) \longrightarrow \boxed{\dfrac{G_1G_2}{1-G_2H_1+G_1G_2H_2}} \longrightarrow Y(s)$$

因此系統之轉移函數 $T(s)$ 即為單一方塊內之轉移函數，亦即

$$T(s) = \frac{Y(s)}{R(s)} = \frac{G_1G_2}{1-G_2H_1+G_1G_2H_2}$$

例題 4

系統之方塊圖如下圖所示，求其轉移函數。

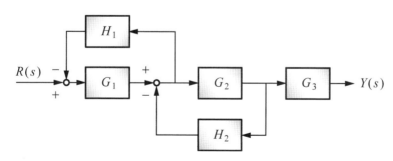

 解

參考轉換法則(5)，將 G_1 後之匯合點移至 G_1 前，可得

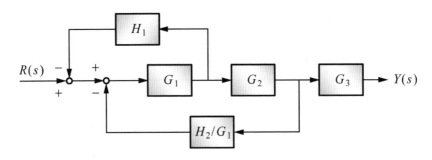

再利用轉換法則(3)將 G_1 左側之兩個聚合點互換，可得

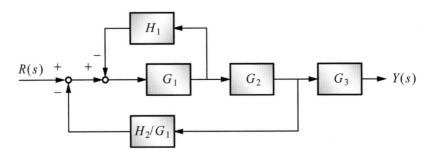

而 G_1 及 H_1 形成如標準回授系統之方塊圖，由轉換法則(4)可將系統進一步化為

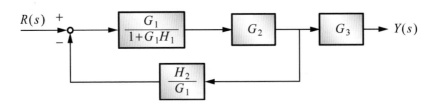

此時系統中 G_2 及 $\dfrac{G_1}{1+G_1H_1}$ 串聯，利用轉換法則(1)將兩者合併可進一步化為

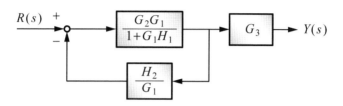

圖中 $\dfrac{G_2G_1}{1+G_1H_1}$ 及 $\dfrac{H_2}{G_1}$ 又形成標準回授控制系統之型式，再利用轉換法則(4)可進一步簡化為

$$R(s) \rightarrow \boxed{\dfrac{G_1G_2}{1+G_1H_1+G_2H_2}} \rightarrow \boxed{G_3} \rightarrow Y(s)$$

最後再將圖中兩串聯方塊合併可得單一方塊圖形如下

$$R(s) \rightarrow \boxed{\dfrac{G_1G_2G_3}{1+G_1H_1+G_2H_2}} \rightarrow Y(s)$$

所以系統之轉換函數 $T(s)$ 為

$$T(s) = \frac{Y(s)}{R(s)} = \frac{G_1G_2G_3}{1+G_1H_1+G_2H_2}$$

例題 5

系統方塊圖如下圖所示，其中 $D(s)$ 表干擾，求輸出 $Y(s)$。

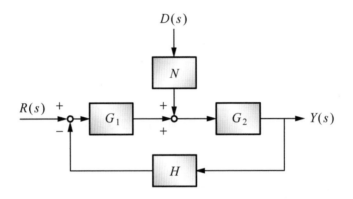

解

此系統有二個輸入，即 $R(s)$ 及 $D(s)$。因系統為線性，故可應用重疊性來決定輸出 $Y(s)$，亦即

$$Y(s) = Y(s) \mid_{D(s)=0} + Y(s) \mid_{R(s)=0} \cdots \cdots \cdots (a)$$

式中

$$Y(s) \mid_{D(s)=0} = \frac{G_1 G_2}{1 + G_1 G_2 H} R(s) \cdots \cdots \cdots (b)$$

$$Y(s) \mid_{R(s)=0} = \frac{G_2 N}{1 + G_1 G_2 H} D(s) \cdots \cdots \cdots (c)$$

將式(b)及(c)代入式(a)可得系統之輸出 $Y(s)$ 為

$$Y(s) = \underbrace{\frac{G_1 G_2}{1 + G_1 G_2 H}}_{\text{對輸入之轉移函數}} R(s) + \underbrace{\frac{G_2 N}{1 + G_1 G_2 H}}_{\text{對干擾之轉移函數}} D(s)$$

例題 6

系統之方塊圖如下圖所示,試求轉移函數 $T(s)$。

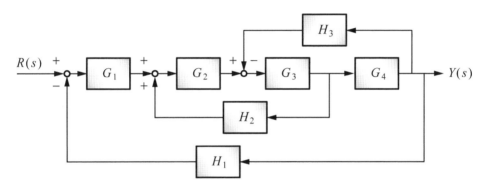

解

(1)將 G_2 後之匯合點前移,並將 G_2 及 G_3 合併可得

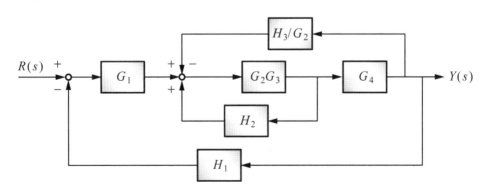

(2)再將 G_1 後之匯合點上面分支前移可得

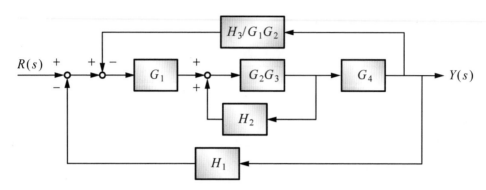

(3)消去 H_2 之迴路可得

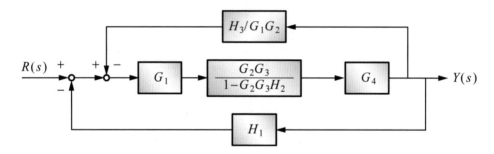

(4)再消去 H_3/G_1G_2 之迴路可得

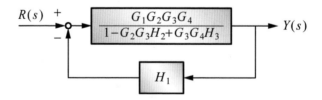

(5)最後消去 H_1 迴路可得單一方塊圖

$$R(s) \rightarrow \boxed{\frac{G_1G_2G_3G_4}{1-G_2G_3H_2+G_3G_4H_3+G_1G_2G_3G_4H_1}} \rightarrow Y(s)$$

(6)轉移函數 $T(s)$ 為

$$T(s) = \frac{Y(s)}{R(s)} = \frac{G_1 G_2 G_3 G_4}{1 - G_2 G_3 H_2 + G_3 G_4 H_3 + G_1 G_2 G_3 G_4 H_1}$$

例題 7

　　將以下控制系統之方塊圖化為標準回授控制系統方塊圖及單位回授控制系統方塊。

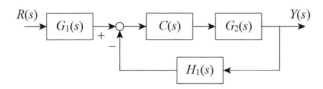

解

(1)應用方塊圖化簡法可將 $G_1(s)$ 移到匯合點之右側，可得到

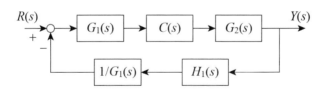

故可化為標準回授控制系統方塊圖如下

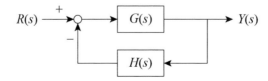

圖中 $G(s) = G_1(s)C(s)G_2(s)$，而 $H(s) = H_1(s)/G_1(s)$。

(2)接著加上兩條差一負號之單位回授路徑，則可得到

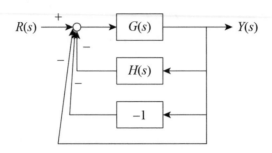

再合併 $H(s)$ 及 -1 兩條回授路徑，可得到

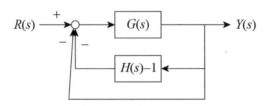

最後再合併 $H(s)-1$ 及 $G(s)$ 兩方塊，即可得到標準單位回授控制系統方塊如下

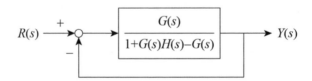

3-5 ›› 訊號流程圖

　　訊號流程圖(signal-flow graphs)為一種圖解法，用以描述一組線性聯立代數方程式各變數間的輸出與輸入關係。並顯示訊號在系統中之傳送關係。其組成包含兩個基本元素：

1. **節點**(node)：用以表示變數 x_i，以「。」表示。

2. **分支**(branch)：表示變數之因果關係，訊號只沿箭頭方向傳送。而線段上之符號代表單向放大作用之增益(gain)。

例如代數式為 $x_2 = a_{12}x_1$，則訊號流程圖簡單表為

而一組代數方程式如下

$$\begin{cases} x_2 = a_{12}x_1 + a_{32}x_3 \\ x_3 = a_{23}x_2 + a_{33}x_3 + a_{43}x_4 \\ x_4 = a_{24}x_2 + a_{34}x_3 \end{cases}$$

可以下列步驟畫出其訊號流程圖：

1. 先取 4 個節點，由左至右排列，依次代表 x_1, x_2, x_3 及 x_4。

2. 依序將每一個方程式之代數關係畫出，便可得完整之訊號流程圖。

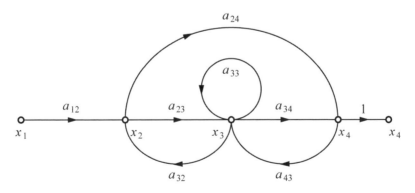

✿ 圖 3-6　訊號流程圖

有關訊號流程圖之名詞定義整理如下：

1. **輸入節點：**只有向外之分支的節點，又稱為源。例如圖 3-6 中代表 x_1 之節點。

2. **輸出節點：**只有流入之分支的節點，又稱為匯。例如圖 3-6 中以分支增益為 1 所多拉出之節點 x_4。

3. **路徑**(path)：單方向連接的一串分支，沿路每個節點只能通過一次，例如圖 3-6 中之 $x_1 \rightarrow x_2 \rightarrow x_3 \rightarrow x_4$，$x_2 \rightarrow x_3 \rightarrow x_4$ 等。

4. **前向路徑**(forward path)：由輸入節點至輸出節點之路徑，例如圖 3-6 中之 $x_1 \rightarrow x_2 \rightarrow x_3 \rightarrow x_4 \rightarrow x_4$ 及 $x_1 \rightarrow x_2 \rightarrow x_4 \rightarrow x_4$。

5. **迴路**(loop)：起點與終點相同之路徑，例如圖 3-6 中之 $x_2 \rightarrow x_3 \rightarrow x_2$，$x_3 \rightarrow x_4 \rightarrow x_3$，$x_2 \rightarrow x_3 \rightarrow x_4 \rightarrow x_2$ 等。

6. **路徑增益**(path gain)：路徑中各組成分支增益之連乘積。例如路徑 $x_2 \rightarrow x_3 \rightarrow x_4$ 之路徑增益為 $a_{23}a_{34}$。

7. **迴路增益**(loop gain)：迴路中各組成分支增益之連乘積。例如迴路 $x_2 \rightarrow x_3 \rightarrow x_2$ 之路徑增益為 $a_{23}a_{32}$。

8. **不接觸**(non-touching)：指無經過共同之節點而言。例如前向路徑 $x_1 \rightarrow x_2 \rightarrow x_4$ 與自迴路 $x_3 \rightarrow x_3$ 彼此不接觸。

3-6　梅森增益公式

Automatic Control

梅森增益公式(Mason's gain formula)是藉由觀察法來決定訊號流程圖中，輸入變數與輸出變數間的增益關係，此公式為

$$\frac{x_{out}}{x_{in}} = \frac{\displaystyle\sum_{i=1}^{n} P_i \Delta_i}{\Delta} \tag{3-17}$$

式中　n　為前向路徑之數目

　　　Δ　＝1－（每個迴路增益之總和）＋（所有可能組合之兩不接觸迴路增益乘積之總和）－（所有可能組合之三個不接觸迴路增益乘積之總和）＋……

　　　P_i　為第 i 個前向路徑增益。

　　　Δ_i　為所有迴路扣除與第 i 個前向路徑相接觸後所剩迴路，再以Δ方式計算所得之結果即為 Δ_i。

訊號流程圖如下圖所示

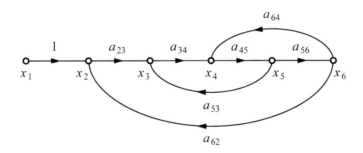

試求(1) $\dfrac{x_6}{x_1}$ ，(2) $\dfrac{x_6}{x_3}$

解

(1) 梅森公式只能應用於輸出節點與輸入節點間，而 x_1 雖為輸入節點，但 x_6 並非為輸出節點，故無法直接使用，但是我們可由 x_6 再引出一條增益為 1 之分支，則梅森公式便可使用，亦即

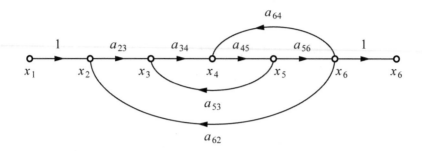

前向路徑：$x_1 \rightarrow x_2 \rightarrow x_3 \rightarrow x_4 \rightarrow x_5 \rightarrow x_6 \rightarrow x_6$

前向路徑增益 $P_1 = a_{23}a_{34}a_{45}a_{56}$

迴路：① $x_3 \rightarrow x_4 \rightarrow x_5 \rightarrow x_3$，迴路增益 $L_1 = a_{34}a_{45}a_{53}$

　　　② $x_4 \rightarrow x_5 \rightarrow x_6 \rightarrow x_4$，迴路增益 $L_2 = a_{45}a_{56}a_{64}$

　　　③ $x_2 \rightarrow x_3 \rightarrow x_4 \rightarrow x_5 \rightarrow x_6 \rightarrow x_2$，迴路增益 $L_3 = a_{23}a_{34}a_{45}a_{56}a_{62}$

$\Delta = 1-(L_1+L_2+L_3)+(0)-(0)+\cdots\cdots$

$\quad = 1-(a_{34}a_{45}a_{53}+a_{45}a_{56}a_{64}+a_{23}a_{34}a_{45}a_{56}a_{62})$

$\Delta_1 = 1$（因為所有迴路都與前向路徑接觸）

代入梅森公式可得

$$\frac{x_{out}}{x_{in}} = \frac{x_6}{x_1} = \frac{a_{23}a_{34}a_{45}a_{56}}{1-a_{34}a_{45}a_{53}-a_{45}a_{56}a_{64}-a_{23}a_{34}a_{45}a_{56}a_{62}}$$

(2)此時 x_3 並非輸入節點，所以無法直接應用梅森公式，此困難可以下列方式克服，亦即

$$\frac{x_6}{x_3} = \frac{x_6/x_1}{x_3/x_1}$$

而 $\dfrac{x_6}{x_1}$ 已於(1)中求得，此處得再求 $\dfrac{x_3}{x_1}$，利用(1)中之技巧，先從 x_3 之節點引出一條增益為 1 之分支，亦即

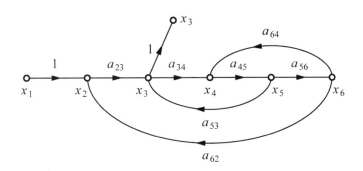

前向路徑：$x_1 \rightarrow x_2 \rightarrow x_3 \rightarrow x_3$

前向路徑增益為 $P_1 = a_{23}$

迴路狀況與(1)相同

Δ 與(1)相同

$\Delta_1 = 1 - (L_2) = 1 - a_{45}a_{56}a_{64}$

代入梅森公式

$$\frac{x_{out}}{x_{in}} = \frac{x_3}{x_1} = \frac{P_1\Delta_1}{\Delta} = \frac{a_{23}(1-a_{45}a_{56}a_{64})}{\Delta}$$

最後 $x_6 x_3$ 可求得如下

$$\frac{x_6}{x_3} = \frac{\dfrac{x_6}{x_1}}{\dfrac{x_3}{x_1}} = \frac{\dfrac{a_{23}a_{34}a_{45}a_{56}}{\Delta}}{\dfrac{a_{23}(1-a_{45}a_{56}a_{64})}{\Delta}} = \frac{a_{34}a_{45}a_{56}}{1-a_{45}a_{56}a_{64}}$$

例題 9

試將下圖系統之輸出 C 表為三項輸入之函數 $(C = ?)\,(15\%)$

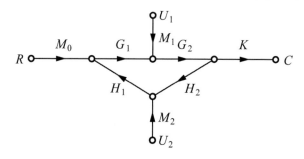

【80 年高考二級機械工程類自動控制試題】

此為線性系統,具有重疊性,故

$$C = C_R + C_{U1} + C_{U2}$$

其中 C_R 表當 $U_1 = U_2 = 0$ 時,輸入 R 所引起之輸出,由梅森公式可看出 C_R 應為

$$C_R = \frac{M_0 G_1 G_2 K}{1 - G_1 G_2 H_1 H_2} R$$

同理可得

$$C_{U1} = \frac{M_1 G_2 K}{1 - G_1 G_2 H_1 H_2} U_1 \,,\quad C_{U2} = \frac{M_2 H_1 G_1 G_2 K}{1 - G_1 G_2 H_1 H_2} U_2$$

所以

$$C = \frac{M_0 G_1 G_2 K}{1 - G_1 G_2 H_1 H_2} R + \frac{M_1 G_2 K}{1 - G_1 G_2 H_1 H_2} U_1 + \frac{M_2 H_1 G_1 G_2 K}{1 - G_1 G_2 H_1 H_2} U_2$$

Automatic Control

3-7 ›› 應用梅森增益公式求轉移函數

線性系統之方塊圖與訊號流程圖具有相似性，故方塊圖上之輸出與輸入關係，應可由梅森增益公式求得，但必須先繪得方塊圖之等效訊號流程圖，才能判定是否有接觸。

應用梅森增益公式求解方塊圖之轉移函數，可由下列兩個程序完成：

1. 先由方塊圖繪出等效訊號流程圖。

2. 應用梅森增益公式於等效訊號流程圖找出轉移函數。

例題 10

控制系統之方塊圖如下圖所示，試求系統轉移函數

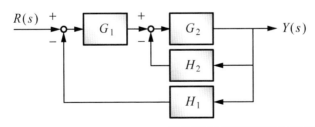

🔧 **解**

(1)先繪製等效訊號流程圖，首先將匯合點後之訊號分別以變數 x_1 及 x_2 標出

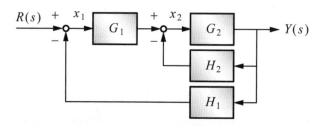

由圖中訊號傳送關係可寫出下列代數式

$$x_1 = R - H_1 Y$$
$$x_2 = G_1 x_1 - H_2 Y$$
$$Y = G_2 x_2$$

利用以上所得代數式，可繪得等效訊號流程圖如下

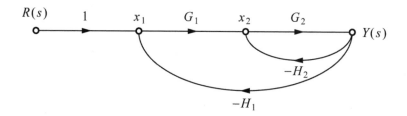

(2)應用梅森增益公式

　　前向路徑：$R \rightarrow x_1 \rightarrow x_2 \rightarrow Y$

　　前向路徑增益：$P_1 = 1 \times G_1 \times G_2 = G_1 G_2$

　　迴路：$x_1 \rightarrow x_2 \rightarrow Y \rightarrow x_1$

　　　　　$x_2 \rightarrow Y \rightarrow x_2$

　　迴路增益：$L_1 = G_1 \times G_2 \times (-H_1) = -G_1 G_2 H_1$

　　　　　　　$L_2 = G_2 \times (-H_2) = -G_2 H_2$

兩迴路 L_1 及 L_2 互相接觸，故

$$\Delta = 1 - (L_1 + L_2) + (0)$$
$$= 1 + G_1 G_2 H_1 + G_2 H_2$$

且兩迴路 L_1 及 L_2 均與前向路徑 P_1 接觸，故

$$\Delta_1 = 1 - (0) = 1$$

將以上結果代入梅森增益公式可得轉移函數為

$$T(s) = \frac{Y(s)}{R(s)} = \frac{P_1 \Delta_1}{\Delta} = \frac{G_1 G_2}{1 + G_1 G_2 H_1 + G_2 H_2}$$

例題 11

控制系統之方塊圖如下圖所示，試求轉移函數

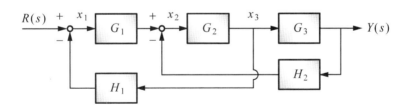

解

(1) 繪製等效訊號流程圖，實際應用時，通常可略去寫出代數式之過程，直接在方塊圖上標出所需之變數 x_i，並由方塊圖上之訊號關係直接繪出等效訊號流程圖。

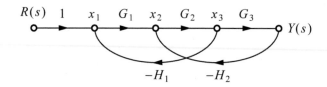

(2)應用梅森增益公式

前向路徑：$R \to x_1 \to x_2 \to x_3 \to Y$

前向路徑增益：$P_1 = G_1 G_2 G_3$

迴路：$x_1 \to x_2 \to x_3 \to x_1$

$\qquad x_2 \to x_3 \to Y \to x_2$

迴路增益：$L_1 = -G_1 G_2 H_1$

$\qquad\qquad L_2 = -G_2 G_3 H_2$

兩迴路 L_1 及 L_2 相接觸，故

$$\Delta = 1 - (L_1 + L_2) = 1 + G_1 G_2 H_1 + G_2 G_3 H_2$$

且兩迴路均與前向路徑相接觸，故

$$\Delta_1 = 1 - (0) = 1$$

將以上結果代入梅森增益公式可得轉移函數為

$$T(s) = \frac{Y(s)}{R(s)} = \frac{P_1 \Delta_1}{\Delta}$$

$$= \frac{G_1 G_2 G_3}{1 + G_1 G_2 H_1 + G_2 G_3 H_2}$$

Automatic Control

3-8 >>> 狀態方程式

考慮質量彈簧系統，如圖 3-7 所示，此系統之運動方程式可經由牛頓運動
定律推導出，表示為

$$M\ddot{y}(t) + Ky(t) = f(t) \tag{3-18}$$

式中 M 為質量，K 為彈簧之彈性係數，$y(t)$ 為物體在時間 t 時之位移，而 $f(t)$
為施加於物體上之外力。

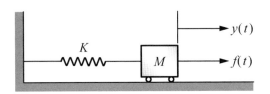

⚙ 圖 3-7　質量彈簧系統

對此系統而言，物體在時間 t 時之位移 $y(t)$ 及速度 $\dot{y}(t)$ 是我們所關心的狀態，
因此我們可定義兩個新的變數 $x_1(t)$ 及 $x_2(t)$ 分別代表物體之位移及速度，亦即

$$x_1(t) = y(t)$$
$$x_2(t) = \dot{x}_1(t) = \dot{y}_1(t)$$

這兩個變數 $x_1(t)$ 及 $x_2(t)$ 即稱為此系統之狀態變數(state variables)，則式(3-18)
可寫成下列形式

$$\begin{cases} \dot{x}_1(t) = x_2(t) \\ \dot{x}_2(t) = -\dfrac{K}{M}x_1(t) + \dfrac{1}{M}f(t) \end{cases} \tag{3-19}$$

式(3-19)則稱為此系統之狀態方程式(state equation)，又因為輸出 $y(t)$ 即為狀態變數 $x_1(t)$，故有

$$y(t) = x_1(t) \tag{3-20}$$

式(3-20)稱為此系統之輸出方程式(output equation)。而式(3-19)與(3-20)合稱為此系統之動態方程式(dynamic equation)。若以矩陣形式表示，此系統之動態方程式可表為

$$\begin{bmatrix} \dot{x}_1(t) \\ \dot{x}_2(t) \end{bmatrix} = \begin{bmatrix} 0 & 1 \\ -\dfrac{K}{M} & 0 \end{bmatrix} \begin{bmatrix} x_1(t) \\ x_2(t) \end{bmatrix} + \begin{bmatrix} 0 \\ \dfrac{1}{M} \end{bmatrix} f(t) \tag{3-21}$$

$$y(t) = \begin{bmatrix} 1 & 0 \end{bmatrix} \begin{bmatrix} x_1(t) \\ x_2(t) \end{bmatrix} \tag{3-22}$$

若物理系統之數學表示式為 n 階常係數微分方程式，型式如下

$$a_n y^{(n)}(t) + a_{n-1} y^{(n-1)}(t) + a_{n-2} y^{(n-2)}(t) + \cdots + a_1 \dot{y}(t) + a_0 y(t) = b_0 u(t) \tag{3-23}$$

其中 $y(t)$ 為輸出，$u(t)$ 為輸入，而 a_0，a_1，……，a_n 為常數，且 $y^{(i)}$ 表對時間 t 微分 i 次。若定義 n 個狀態變數(state variable)如下

$$x_1(t) = y(t)$$
$$x_2(t) = \dot{x}_1(t) = \dot{y}(t)$$
$$\vdots$$
$$\vdots$$
$$x_{n-1}(t) = \dot{x}_{n-2}(t) = y^{(n-2)}(t)$$
$$x_n(t) = \dot{x}_{n-1}(t) = y^{(n-1)}(t)$$

則式(3-23)可寫成

$$\begin{cases} \dot{x}_1(t) = x_2(t) \\ \dot{x}_2(t) = x_3(t) \\ \qquad \vdots \\ \dot{x}_{n-1}(t) = x_n(t) \\ \dot{x}_n(t) = -\dfrac{a_0}{a_n}x_1(t) - \dfrac{a_1}{a_n}x_2(t) - \cdots - \dfrac{a_{n-1}}{a_n}x_n(t) + \dfrac{b_0}{a_n}u(t) \end{cases} \qquad (3\text{-}24)$$

以上方程式可表示為矩陣形式之狀態方程式如下

$$\begin{bmatrix} \dot{x}_1 \\ \dot{x}_2 \\ \vdots \\ \dot{x}_{n-1} \\ \dot{x}_n \end{bmatrix} = \begin{bmatrix} 0 & 1 & 0 & \cdots & 0 \\ 0 & 0 & 1 & & 0 \\ \vdots & \vdots & \vdots & & \vdots \\ 0 & 0 & 0 & \cdots & 1 \\ -\dfrac{a_0}{a_n} & -\dfrac{a_1}{a_n} & -\dfrac{a_2}{a_n} & \cdots & -\dfrac{a_{n-1}}{a_n} \end{bmatrix} \begin{bmatrix} x_1 \\ x_2 \\ \vdots \\ x_{n-1} \\ x_n \end{bmatrix} + \begin{bmatrix} 0 \\ 0 \\ \vdots \\ 0 \\ \dfrac{b_0}{a_n} \end{bmatrix} u \qquad (3\text{-}25)$$

或簡單表示為

$$\dot{x} = Ax + Bu \qquad (3\text{-}26)$$

式中

$$x = \begin{bmatrix} x_1 \\ x_2 \\ \vdots \\ x_{n-1} \\ x_n \end{bmatrix} , \quad A = \begin{bmatrix} 0 & 1 & 0 & \cdots & 0 \\ 0 & 0 & 1 & \cdots & 0 \\ \vdots & \vdots & \vdots & & \vdots \\ 0 & 0 & 0 & \cdots & 1 \\ -\dfrac{a_0}{a_n} & -\dfrac{a_1}{a_n} & -\dfrac{a_2}{a_n} & \cdots & -\dfrac{a_{n-1}}{a_n} \end{bmatrix} , \quad B = \begin{bmatrix} 0 \\ 0 \\ \vdots \\ 0 \\ \dfrac{b_0}{a_n} \end{bmatrix}$$

而其輸出為 $x_1(t)$，故以矩陣表示之輸出方程式為

$$y = Cx \tag{3-27}$$

式中矩陣 $C = [1\,0\cdots0]$。因此系統之動態方程式可簡單表示為

$$\begin{cases} \dot{x} = Ax + Bu \\ y = Cx \end{cases} \tag{3-28}$$

式中矩陣 A、B、C 分別為適當階(order)之常係數矩陣。事實上，對於一般單輸入單輸出之線性非時變系統而言，若輸出 $y(t)$ 與輸入 $u(t)$ 有關，則其動態方程式為下列形式

$$\begin{cases} \dot{x} = Ax + Bu \\ y = Cx + Du \end{cases} \tag{3-29}$$

式中矩陣 A、B、C 及 D 分別為適當階之常係數矩陣。

例題 12

請寫出如圖 2-2 所示單擺之動態方程式

解

單擺之運動方程式，由式(2-4)知

$$\ddot{\theta}(t) + \frac{g}{l}\sin\theta(t) = 0$$

令　$x_1(t) = \theta(t)$

$x_2(t) = \dot{x}_1(t) = \dot{\theta}(t)$

則上式可寫成

$$\begin{cases} \dot{x}_1 = x_2 \\ \dot{x}_2 = -\dfrac{g}{l}\sin x_1 \end{cases}$$

令輸出為 $\theta(t)$，則

$$y(t) = x_1$$

故可得動態方程式為

$$\begin{bmatrix} \dot{x}_1 \\ \dot{x}_2 \end{bmatrix} = \begin{bmatrix} x_2 \\ -\dfrac{g}{l}\sin x_1 \end{bmatrix}$$

$$y(t) = x_1$$

例題 13

系統之運動方程式為

$$\ddot{\theta}(t) + 5\dot{\theta}(t) + 4\theta(t) = 2u(t)$$

而輸出為 $\theta(t)$，輸入為 $u(t)$，請寫出動態方程式。

解

令 $x_1(t) = \theta(t)$

$x_2(t) = \dot{x}_1(t) = \dot{\theta}(t)$

則狀態方程式為

$\dot{x}_1 = x_2$
$\dot{x}_2 = -5x_2 - 4x_1 + 2u(t)$

而輸出方程式為

$y(t) = x_1$

寫成矩陣形式，則動態方程式為

$$\begin{bmatrix} \dot{x}_1 \\ \dot{x}_2 \end{bmatrix} = \begin{bmatrix} 0 & 1 \\ -4 & -5 \end{bmatrix} \begin{bmatrix} x_1 \\ x_2 \end{bmatrix} + \begin{bmatrix} 0 \\ 2 \end{bmatrix} u$$

$$y(t) = \begin{bmatrix} 1 & 0 \end{bmatrix} \begin{bmatrix} x_1 \\ x_2 \end{bmatrix}$$

Automatic Control

3-9 ›› 狀態圖

狀態圖(state diagram)可連接與微分方程式及轉移函數三者之關係，由微分方程式或轉移函數可繪出狀態圖，而由狀態圖可得到動態方程式、轉移函數及狀態轉移方程式(state-transition equation)。並且狀態圖亦可作為計算機系統模擬之用。

　　狀態圖之基本元素與訊號流程圖類似，仍以節點代表變數，而以分支代表訊號放大及流向，例如

$$\frac{dx_1(t)}{dt}=ax_2 \tag{3-30}$$

取拉氏轉換可得

$$sX_1(s)-x_1(0)=aX_2(s)$$

亦即

$$X_1(s)=as^{-1}X_2(s)+s^{-1}x_1(0) \tag{3-31}$$

式(3-31)之變數關係，可以圖 3-8 或圖 3-9 之狀態圖來表示

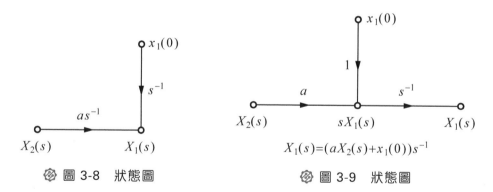

◎ 圖 3-8　狀態圖　　　　◎ 圖 3-9　狀態圖

圖 3-8 同義於圖 3-9，而圖中增益為 s^{-1} 之分支代表積分的作用，其後接之節點即代表狀態變數。而各種系統表示法之相互關係如圖 3-10 所示。

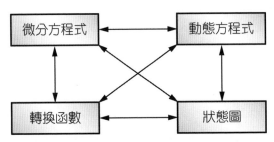

⚙ 圖 3-10 系統表示法之相互關係

3-10 ⟫ 由微分方程式繪出狀態圖

線性非時變系統之微分方程式表示為

$$\frac{d^n x(t)}{dt^n} + a_{n-1}\frac{d^{n-1} x(t)}{dt^{n-1}} + \cdots + a_1\frac{dx(t)}{dt} + a_0 x(t) = b_0 u(t) \tag{3-32}$$

若初值均為零，將式(3-32)兩邊取拉氏轉換，可得

$$s^n X(s) + a_{n-1}s^{n-1} X(s) + \cdots + a_1 s X(s) + a_0 X(s) = b_0 U(s) \tag{3-33}$$

式(3-33)移項後可寫成

$$s^n X(s) = b_0 U(s) - a_{n-1}s^{n-1} X(s) - a_{n-2}s^{n-2} X(s) - \cdots - a_1 s X(s) - a_0 X(s) \tag{3-34}$$

令 $X(s)$, $sX(s)$, $\cdots$, $s^{n-1}X(s)$ 為變數,分別以節點表示,並將節點間以增益為 s^{-1} 之分支連接,可繪得狀態圖如圖 3-11 所示。

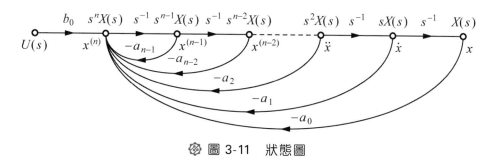

☆ 圖 3-11　狀態圖

例題 14

系統之微分方程式如下

$$\frac{d^2x(t)}{dt^2}+5\frac{dx(t)}{dt}+4x(t)=u(t)$$

試繪其狀態圖,並寫出動態方程式。

解

(1)取拉氏轉換,可得

$$s^2X(s)+5sX(s)+4X(s)=U(s)$$

移項後,上式可寫成

$$s^2X(s)=U(s)-5sX(s)-4X(s)$$

則狀態圖為

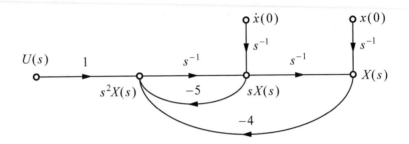

　若初值條件不為零，則利用圖 3-8 之觀念，直接加於積分器之輸出（後面的節點）便可得到完整之狀態圖。

(2) 狀態方程式可由狀態圖得到，首先去除初值條件及增益為 s^{-1} 之分支，並選擇代表狀態變數導數的節點為輸出節點，亦即

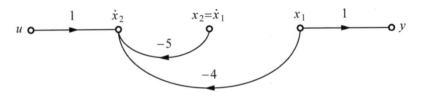

$$\dot{x}_1 = x_2$$
$$\dot{x}_2 = -4x_1 - 5x_2 + u$$

並選擇 x_1 為輸出，則有

$$y = x_1$$

寫成矩陣形成，則動態方程式為

$$\begin{bmatrix} \dot{x}_1(t) \\ \dot{x}_2(t) \end{bmatrix} = \begin{bmatrix} 0 & 1 \\ -4 & -5 \end{bmatrix} \begin{bmatrix} x_1(t) \\ x_2(t) \end{bmatrix} + \begin{bmatrix} 0 \\ 1 \end{bmatrix} u(t)$$

$$y(t) = \begin{bmatrix} 1 & 0 \end{bmatrix} \begin{bmatrix} x_1(t) \\ x_2(t) \end{bmatrix}$$

Automatic Control

3-11 ➤➤ 由轉移函數繪出狀態圖

由轉移函數繪出狀態圖的過程，稱為轉移函數分解(decomposition of transfer function)，一般有三種分解方法：

 一、直接展開法(direct decomposition)

假設轉移函數為

$$\frac{Y(s)}{U(s)} = \frac{b_2 s^2 + b_1 s + b_0}{s^2 + a_1 s + a_0} \tag{3-35}$$

進行步驟：

1. 將分子分母同除 s^2，並乘上虛變數 $X(s)$，可得

$$\frac{Y(s)}{U(s)} = \frac{(b_2 + b_1 s^{-1} + b_0 s^{-2}) X(s)}{(1 + a_1 s^{-1} + a_0 s^{-2}) X(s)} \tag{3-36}$$

2. 將轉移函數拆成二式

$$Y(s)=(b_2+b_1s^{-1}+b_0s^{-2})X(s) \tag{3-37}$$

$$U(s)=(1+a_1s^{-1}+a_0s^{-2})X(s) \tag{3-38}$$

3. 將(3-38)式改寫成

$$X(s)=U(s)-a_1s^{-1}X(s)-a_0s^{-2}X(s) \tag{3-39}$$

4. 選擇 $X(s)$ ， $s^{-1}X(s)$ 及 $s^{-2}X(s)$ 為變數，利用式(3-37)及(3-39)繪出狀態圖

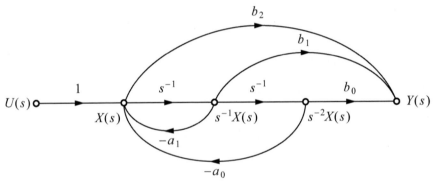

◈ 圖 3-12 狀態圖

例題 15

系統之轉移函數為

$$\frac{Y(s)}{U(s)}=\frac{s+1}{s^3+2s^2+3s+4}$$

試繪出狀態圖，並寫出動態方程式。

解

(1) $\dfrac{Y(s)}{U(s)} = \dfrac{(s^{-2}+s^{-3})X(s)}{(1+2s^{-1}+3s^{-2}+4s^{-3})X(s)}$

(2) $Y(s) = (s^{-2}+s^{-3})X(s)$

  $U(s) = (1+2s^{-1}+3s^{-2}+4s^{-3})X(s)$

(3) $Y(s) = (s^{-2}+s^{-3})X(s)$

  $X(s) = U(s) - 2s^{-1}X(s) - 3s^{-2}X(s) - 4s^{-3}X(s)$

(4)狀態圖如下

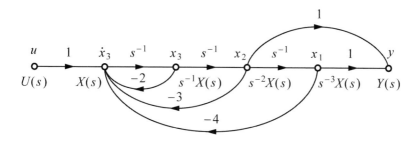

選擇積分器之輸出為狀態變數可得

  $\dot{x}_1 = x_2$

  $\dot{x}_2 = x_3$

  $\dot{x}_3 = -4x_1 - 3x_2 - 2x_3 + u$

  $y = x_1 + x_2$

矩陣形式動態方程式為

$$\begin{bmatrix} \dot{x}_1 \\ \dot{x}_2 \\ \dot{x}_3 \end{bmatrix} = \begin{bmatrix} 0 & 1 & 0 \\ 0 & 0 & 1 \\ -4 & -3 & -2 \end{bmatrix} \begin{bmatrix} x_1 \\ x_2 \\ x_3 \end{bmatrix} + \begin{bmatrix} 0 \\ 0 \\ 1 \end{bmatrix} u$$

$$y = \begin{bmatrix} 1 & 1 & 0 \end{bmatrix} \begin{bmatrix} x_1 \\ x_2 \\ x_3 \end{bmatrix}$$

 此狀態方程式之 A 矩陣具有特殊形式,此種狀態方程式稱為可控制性典型式(controllable canonical form)。

二、串聯展開法(series decomposition)

假設轉移函數能夠將分子及分母因式分解,可得以下型式

$$\begin{aligned} \frac{Y(s)}{U(s)} &= \frac{k(a_1 s + a_0)(s+z)}{(s^2 + b_1 s + b_0)(s+p)} \\ &= k \cdot \frac{a_1 s + a_0}{s^2 + b_1 s + b_0} \cdot \frac{s+z}{s+p} \\ &= k \cdot \frac{a_1 s^{-1} + a_0 s^{-2}}{1 + b_1 s^{-1} + b_0 s^{-2}} \cdot \frac{1 + s^{-1} z}{1 + s^{-1} p} \end{aligned} \tag{3-40}$$

由式(3-40)可繪出狀態圖如圖 3-13 所示

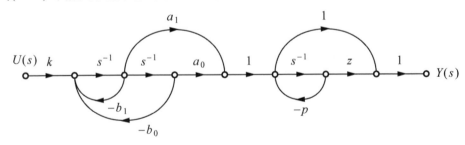

◎ 圖 3-13　狀態圖

例題 16

系統之轉移函數為

$$\frac{Y(s)}{U(s)} = \frac{s^2+3s+2}{2s^2+14s+24}$$

試以串聯展開法繪出狀態圖，並寫出動態方程式。

解

$$\frac{Y(s)}{U(s)} = \frac{1}{2} \frac{(s+1)(s+2)}{(s+3)(s+4)}$$

$$= \frac{1}{2} \cdot \frac{s+1}{s+3} \cdot \frac{s+2}{s+4}$$

$$= \frac{1}{2} \cdot \frac{1+s^{-1}}{1+3s^{-1}} \cdot \frac{1+2s^{-1}}{1+4s^{-1}}$$

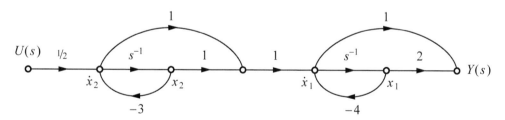

選擇積分器之輸出為狀態變數，則動態方程式為

$$\dot{x}_1 = -4x_1 + x_2 - 3x_2 + \frac{1}{2}u = -4x_1 - 2x_2 + \frac{1}{2}u$$

$$\dot{x}_2 = -3x_2 + \frac{1}{2}u$$

$$y = 2x_1 + \dot{x}_1 = 2x_1 - 4x_1 - 2x_2 + \frac{1}{2}u = -2x_1 - 2x_2 + \frac{1}{2}u$$

矩陣形式之動態方程式表示為

$$\begin{bmatrix} \dot{x}_1 \\ \dot{x}_2 \end{bmatrix} = \begin{bmatrix} -4 & -2 \\ 0 & -3 \end{bmatrix} \begin{bmatrix} x_1 \\ x_2 \end{bmatrix} + \begin{bmatrix} 1/2 \\ 1/2 \end{bmatrix} u$$

$$y = \begin{bmatrix} -2 & -2 \end{bmatrix} \begin{bmatrix} x_1 \\ x_2 \end{bmatrix} + \frac{1}{2} u$$

三、平行展開法(parallel decomposition)

假設轉移函數經部分分式展開後有以下型式

$$\frac{Y(s)}{U(s)} = \frac{a}{s+p_1} + \frac{b}{s+p_2} + \frac{c}{(s+p_2)^2} \tag{3-41}$$

由式(3-41)可繪出狀態圖如圖 3-14 所示。

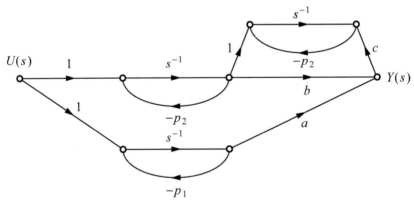

❀ 圖 3-14　狀態圖

例題 17

系統轉移函數為

$$\frac{Y(s)}{U(s)} = \frac{s^2}{s^3 + 4s^2 + 5s + 2}$$

試以平行展開法繪狀態圖,並寫出動態方程式。

解

$$\frac{Y(s)}{U(s)} = \frac{s^2}{(s+1)^2(s+2)}$$

$$= \frac{4}{(s+2)} + \frac{1}{(s+1)^2} + \frac{-3}{(s+1)}$$

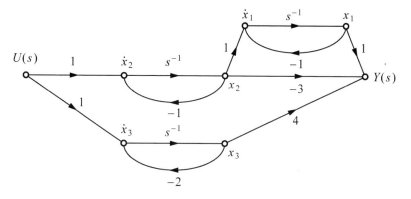

選擇積分器之輸出為狀態變數,可得

$$\dot{x}_1 = -x_1 + x_2$$
$$\dot{x}_2 = -x_2 + u$$
$$\dot{x}_3 = -2x_3 + u$$
$$y = x_1 - 3x_2 + 4x_3$$

矩陣型式之動態方程式為

$$\begin{bmatrix} \dot{x}_1(t) \\ \dot{x}_2(t) \\ \dot{x}_3(t) \end{bmatrix} = \begin{bmatrix} -1 & 1 & 0 \\ 0 & -1 & 0 \\ 0 & 0 & -2 \end{bmatrix} \begin{bmatrix} x_1(t) \\ x_2(t) \\ x_3(t) \end{bmatrix} + \begin{bmatrix} 0 \\ 1 \\ 1 \end{bmatrix} u(t)$$

$$y(t) = \begin{bmatrix} 1 & -3 & 4 \end{bmatrix} \begin{bmatrix} x_1(t) \\ x_2(t) \\ x_3(t) \end{bmatrix}$$

注意! 此狀態方程式之 A 矩陣為特殊形式,此種狀態方程式稱為喬頓典型式 (Jordan canonical form)。

3-12 ››› 由狀態圖找轉移函數

當狀態圖已經繪得,轉移函數可以由狀態圖中,令初值均為零,並利用訊號流程圖之梅森增益公式求得。

例題 18

系統之微分方程式為

$$\ddot{y}(t) + 3\dot{y}(t) + 2y(t) = 2u(t)$$

試求轉移函數。

解

【方法一】

將微分方程式兩邊取拉氏轉換，並令初值均為零，可得

$$s^2Y(s)+3sY(s)+2Y(s)=2U(s)$$
$$\Rightarrow (s^2+3s+2)Y(s)=2U(s)$$
$$\Rightarrow 轉移函數 G(s)=\frac{Y(s)}{U(s)}=\frac{2}{s^2+3s+2}$$

【方法二】

直接繪製狀態圖可得

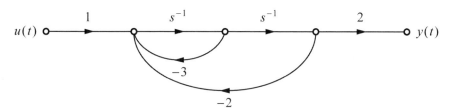

前向路徑： $P_1=1\times s^{-1}\times s^{-1}\times 2=2s^{-2}$

迴路： $L_1=-3\times s^{-1}=-3s^{-1}$

$\qquad L_2=-2\times s^{-1}\times s^{-1}=-2s^{-2}$

$\qquad \Delta=1-(L_1+L_2)=1+3s^{-1}+2s^{-2}$

$\qquad \Delta_1=1$

應用梅森公式

$$\frac{Y(s)}{U(s)}=\frac{2s^{-2}}{1+3s^{-1}+2s^{-2}}$$
$$=\frac{2}{s^2+3s+2}$$

習題三

3-1 試求下列微分方程式之系統轉移函數,其中 $y(t)$ 代表輸出,而 $r(t)$ 代表輸入。並寫出特性方程式。

(a) $\dfrac{d^3 y(t)}{dt^3} + 3\dfrac{d^2 y(t)}{dt^2} + 5\dfrac{dy(t)}{dt} + 4y(t) = 2\dfrac{dr(t)}{dt} + r(t)$

(b) $\dfrac{d^3 y(t)}{dt^3} + 2\dfrac{d^2 y(t)}{dt^2} + 3\dfrac{dy(t)}{dt} + 2\displaystyle\int_0^t y(\tau)d\tau = \dfrac{dr(t)}{dt} + 2r(t)$

(c) $\dfrac{d^2 y(t)}{dt^2} + \dfrac{dy(t)}{dt} + 2y(t) = 2r(t-1)$

3-2 利用方塊圖化簡法求出圖 P3-1 及圖 P3-2 之系統轉移函數。

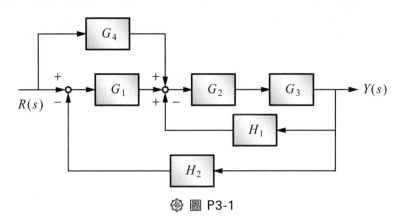

◎ 圖 P3-1

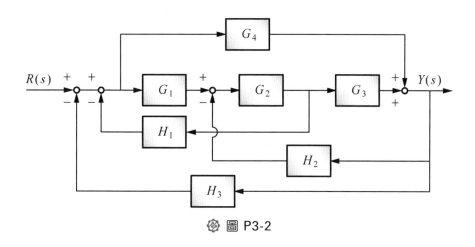

圖 P3-2

3-3 試繪出下列代數方程式組之訊號流程圖，並利用梅森增益公式求出 $\dfrac{y_5}{y_1}$ 的增益。

$y_2 = 5y_1 + 2y_3$
$y_3 = y_2 + 3y_4$
$y_4 = y_2 + y_3 + 2y_4$
$y_5 = 3y_2 + 7y_4$

3-4 試求圖 P3-3 及圖 P3-4 之訊號流程圖中 $\dfrac{Y_5}{Y_1}$ 之增益。

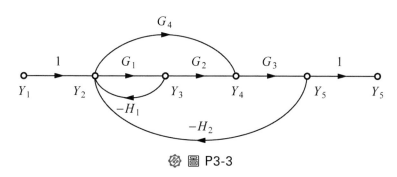

圖 P3-3

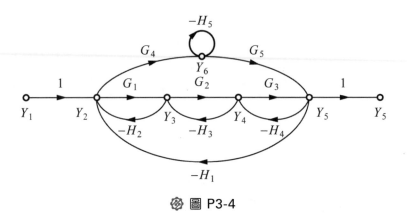

圖 P3-4

3-5 試繪出圖 P3-5 及圖 P3-6 中方塊圖所對應之訊號流程圖，並利用梅森增益公式求出系統轉移函數。

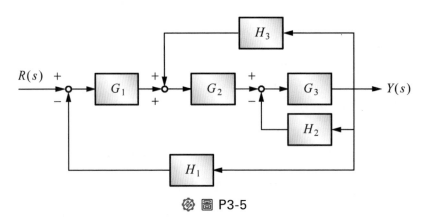

圖 P3-5

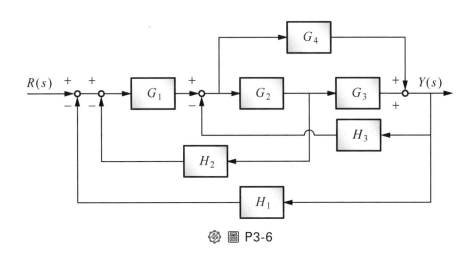

圖 P3-6

3-6 **試寫出下列微分方程式之動態方程式，並以矩陣形式表示。**

(a) $\dfrac{d^3 y(t)}{dt^3} + 10\dfrac{d^2 y(t)}{dt^2} + \dfrac{dy(t)}{dt} + 3y(t) = 2r(t)$

(b) $\dfrac{d^5 y(t)}{dt^5} + 2\dfrac{d^3 y(t)}{dt^3} + 3\dfrac{dy(t)}{dt} + y(t) = r(t)$

其中 $y(t)$ 代表系統之輸出，而 $r(t)$ 代表輸入。

3-7 **線性非時變系統之微分方程式為**

$\dfrac{d^3 y(t)}{dt^3} + 6\dfrac{d^2 y(t)}{dt^2} + 11\dfrac{dy(t)}{dt} + 6y(t) = 2r(t)$

其中 $y(t)$ 為輸出，而 $r(t)$ 為輸入，試回答下列問題：

(a) 繪出系統的狀態圖

(b) 由狀態圖寫出狀態方程式

(c) 由狀態圖找出系統轉移函數

(d) 找出特性方程式及特性根

3-8　以直接分解法繪出下列轉移函數之狀態圖，並寫出狀態方程式

(a)　$G(s) = \dfrac{5(s+1)}{(s+2)(s+3)}$

(b)　$G(s) = \dfrac{s+6}{(s+1)^2(s+2)}$

3-9　以串聯分解法重做習題 3-8。

3-10　以並聯分解法重做習題 3-8。

參考文獻
References

§ 3-2～3-3

1. Kuo, B. C. (1987). *Automatic Control Systems* (5th ed.). New Jersey: Prentice Hall, Eglewood Cliffs.

2. 王世綱。**自動控制**。中央圖書。

3. 黃燕文（78 年）。**自動控制**。新文京。

§ 3-4

4. Ogata, K. (1970). *Modern Control Engineering*. New Jersey: Prentice Hall, Eglewood Cliffs.

5. Nagrath, I. J., & Gopal, M. (1985). *Control Systems Engineering* (2nd ed.). Wiley Eastern Limited.

6. Bolton, W. (1992). *Control Engineering*. England: Longman Group UK Limited.

§ 3-5～3-7

7. Mason, S. J. (1953). *Feedback Theory-Some properties of Signal Flow Graphs. 41*(9). Proc., IRE, 1144-1156.

8. Mason, S. J. (1956). *Feedback Theory-Further Properties of Signal Flow Graphs. 44*(7). Proc., IRE, 920-926.

9. Kuo, B. C. (1987). *Automatic Control Systems* (5th ed.). New Jersey: Prentice Hall, Eglewood Cliffs.

10. Ogata, K. (1970). *Modern Control Engineering*. New Jersey: Prentice hall, Eglewood Cliffs.

§ 3-9～3-12

11. Kuo, B. C. (1987). *Automatic Control Systems* (5th ed.). New Jersey: Prentice Hall, Eglewood Cliffs.

12. Brogan, W. L. (1985). *Modern Control Theory* (2nd ed.). New Jersey: Prentice Hall, Eglewood Cliffs.

13. Kailath, T. (1980). *Linear Systems*. New Jersey: Prentice Hall, Eglewood Cliffs.

14. 喬偉。**控制系統應試手冊**。九功。

15. 丘世衡、沈勇全、李新濤、陳再萬（76年）。**自動控制**。高立。

Chapter

04 物理系統之數學模式

Automatic Control

4-1 ›› 前　言

　　系統之數學模式化(mathematic modeling)是控制系統分析與設計過程中最重要步驟，也就是如何將系統以一個數學模式(mathematic model)來表示，以利計算機之處理與求解。在第三章中已介紹了很多種數學模式之表示法，其中以轉移函數表示法及狀態方程式表示法最為常用。轉移函數法只能用以描述線性非時變系統，為古典控制理論所處理之對象。而狀態方程式可用以描述線性或非線性，時變或非時變之系統，為近代控制理論發展之基礎。

　　控制系統是由許多物理元件所組合而成，每個元件均具有一定的特性，且可能屬於不同的領域，例如機械、電機、電子或其他領域。因此欲了解系統之整體動態特性，就必須先對組成之每一元件的特性有所了解並能寫出每一個元件之數學表示式，進而整合各種元件之組成關係，推導出系統之數學模式。

　　本章將分別介紹與控制工程相關之不同領域中，各種元件之特性及數學表示法，並以許多例子來說明如何推導出系統之數學模式。

4-2 ›› 機械元件之特性

　　機械系統之基本組成元件，包含有慣性單元，彈簧單元及阻尼單元。而傳動元件常用者有齒輪，皮帶輪及槓桿。這些元件之特性，詳述如下：

1. **質量**(mass)：平移運動之慣性單元，具有儲存移動動能之特性，通常以符號 M 表示。

2. **旋轉慣性矩**(moment of inertia)：旋轉運動之慣性單元，具有儲存旋轉運動動能之特性，通常以符號 J 表示。圓柱體與細長桿件之旋轉慣性矩如圖 4-1 所示。

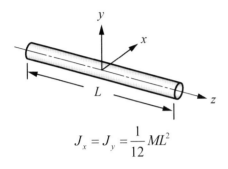

$$J_x = J_y = \frac{1}{12}ML^2$$

(a)細長桿件之旋轉慣性矩

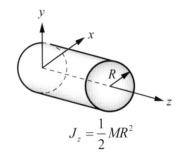

$$J_z = \frac{1}{2}MR^2$$

(b)圓柱體之旋轉慣性矩

圖 4-1

3. **線性彈簧**(linear spring)：彈簧在變形很小時，受力 F 與伸長量 δ 會有線性關係，亦即

$$F(t) = K_l\delta(t) \tag{4-1}$$

其中 K_l 為彈性係數。線性彈簧之特性如圖 4-2 所示。

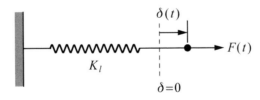

圖 4-2 線性彈簧之特性

4. **扭轉彈簧**(torsional spring)：扭轉彈簧如圖 4-3 所示。在變形很小時扭力 $T(t)$ 與彈簧之扭轉角 $\theta(t)$ 會有線性的關係，亦即

$$T(t) = K_s \theta(t) \tag{4-2}$$

其中 K_s 為扭轉彈簧之彈性係數。

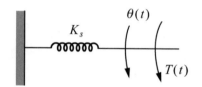

❖ 圖 4-3　扭轉彈簧之特性

5. **平移運動之阻尼器**(damper)：阻尼器是一種逸散能量的機構，為一種黏滯摩擦元件。通常由活塞與充油之圓筒容器所構成，如圖 4-4 所示。當外力作用使活塞與圓筒容器產生相對移動時，由於油之黏滯摩擦作用，會產生一阻尼力 $F(t)$，此阻尼力與相對移動速度$(v_B - v_A)$成正比，發生於阻止相對運動之方向。亦即

$$F(t) = B(v_B - v_A) \tag{4-3}$$

其中 B 為阻尼係數，單位為 $\dfrac{N \cdot \sec}{m}$ 。

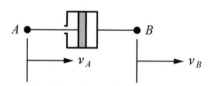

❖ 圖 4-4　平移運動之阻尼器

6. **旋轉運動之阻尼器**(damper)：旋轉運動之阻尼器如圖 4-5 所示。阻尼器所產生之旋轉阻力為扭矩 $T(t)$，此扭矩與相對角速度$(\omega_B - \omega_A)$成正比，發生在阻止相對轉動之方向。數學表示式為

$$T(t) = B(\omega_B - \omega_A) \tag{4-4}$$

其中 B 為阻尼係數，單位為 $\dfrac{N \cdot m \cdot \sec}{\text{rad}}$ ，而 ω 為角速度。

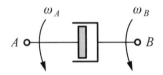

◎ 圖 4-5　旋轉運動之阻尼器

7. **齒輪系**(gear system)：齒輪系為機械系統之傳動單元，在理想情形下可忽略齒輪間隙及摩擦之影響，則兩接觸之齒輪 A 與 B，如圖 4-6 所示，具有下列傳動性質：

$$\frac{T_A}{T_B} = \frac{\theta_B}{\theta_A} = \frac{\omega_B}{\omega_A} = \frac{r_A}{r_B} = \frac{N_A}{N_B} \tag{4-5}$$

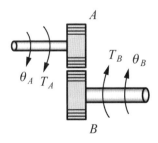

◎ 圖 4-6　齒輪系

式中 T 表扭力，θ 表角位移，ω 表角速度，r 表半徑，而 N 表齒數。式(4-5)可由下列三個性質得到：

(1) 齒數與半徑成正比，則有

$$\frac{r_A}{r_B} = \frac{N_A}{N_B} \tag{4-6}$$

(2) 理想化為純滾動，則有

$$r_A\theta_A = r_B\theta_B \tag{4-7}$$

(3) 假設無摩擦損失，功率傳送應守恆，亦即

$$T_A\omega_A = T_B\omega_B \tag{4-8}$$

8. **皮帶**(belt)：若皮帶與皮帶輪間無滑動，則式(4-5)亦適用。

9. **槓桿**(lever)：槓桿之特性是由幾何形狀所決定，如圖 4-7 所示之槓桿，其運動特性為

$$\frac{F_a}{F_b} = \frac{y_b}{y_a} = \frac{(a+b)}{a} \tag{4-9}$$

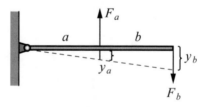

◎ 圖 4-7　槓桿

10. **庫倫摩擦力：** 為固定不變之摩擦阻力，與速度方向相反，如圖 4-8 所示。其數學表示式為

$$F_c(t) = -F\,\text{sign}(v(t)) \tag{4-10}$$

其中 F 為摩擦力之大小。

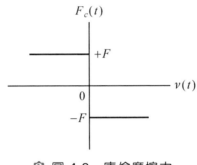

圖 4-8　庫倫摩擦力

4-3　機械動力系統

　　推導機械動力系統之數學模式，通常必須先繪出適當之分離體圖 (free-body diagram)，再利用物理定律列出描述運動之微分方程式，進而可求得轉移函數或狀態方程式。機械動力系統之數學模式推導主要是應用牛頓定律，依不同運動情形有以下兩種型式：

1. **平移運動之牛頓定律：** 若剛體所受外力之合力不為零，則將會沿合力方向產生加速度，此加速度之大小與合力成正比，但與剛體之質量成反比。數學表示式為

$$F = Ma \tag{4-11}$$

其中 F 為合力，M 為質量，而 a 為加速度。

2. **旋轉運動之牛頓定律**：剛體之旋轉可視為繞一固定軸之運動，若剛體所受外力對此軸之力矩和不為零，則此剛體將會繞此軸產生角加速度，此角加速度之大小與外力對此軸之力矩和成正比，但與剛體對此軸之旋轉慣性矩成反比。數學表示式為

$$T = J\alpha \tag{4-12}$$

其中 T 為外力對軸之力矩和，J 為旋轉慣性矩，而 α 為角加速度。

例題 I

質量彈簧阻尼系統，如下圖所示，圖中 m 為質量，k 為線性彈簧係數，b 為阻尼係數，$y(t)$ 為時間 t 時之位移，而 $f(t)$ 為施加於物體之外力。試求

(1)運動方程式

(2)狀態方程式

(3)轉移函數

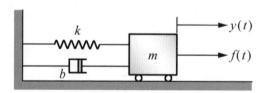

解

(1)先繪出分離體圖如下：

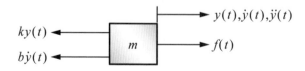

其中 $y(t)$ 為時間 t 時物體之位移， $\dot{y}(t)$ 為速度， $\ddot{y}$ 為加速度，而 $ky(t)$ 為彈簧恢復力，而 $b\dot{y}(t)$ 為阻尼器之阻力。利用平移運動之牛頓定律可得

$$f(t)-b\dot{y}(t)-ky(t)=m\ddot{y}(t)\cdots\cdots\cdots(a)$$

將式(a)移項後可得運動方程式為

$$m\ddot{y}(t)+b\dot{y}(t)+ky(t)=f(t)\cdots\cdots\cdots(b)$$

(2) 令狀態變數為

$$x_1(t)=y(t) \quad , \quad x_2(t)=\dot{x}_1(t)=\dot{y}(t)$$

則式(b)可寫成

$$\dot{x}_1(t)=x_2(t)$$
$$\dot{x}_2(t)=-\frac{k}{m}x_1(t)-\frac{b}{m}x_2(t)+\frac{1}{m}f(t)\cdots\cdots\cdots(c)$$

故可得以矩陣表示之狀態方程式為

$$\begin{bmatrix} \dot{x}_1(t) \\ \dot{x}_2(t) \end{bmatrix}=\begin{bmatrix} 0 & 1 \\ -\dfrac{k}{m} & -\dfrac{b}{m} \end{bmatrix}\begin{bmatrix} x_1(t) \\ x_2(t) \end{bmatrix}+\begin{bmatrix} 0 \\ \dfrac{1}{m} \end{bmatrix}f(t)\cdots\cdots\cdots(d)$$

(3) 將式(b)兩邊取拉氏轉換，並令初值均為零可得到

$$(ms^2+bs+k)Y(s)=F(s)\cdots\cdots\cdots(e)$$

故可得轉移函數 $G(s)$ 為

$$\frac{Y(s)}{F(s)}=G(s)=\frac{1}{ms^2+bs+k}\cdots\cdots\cdots(f)$$

旋轉系統如下圖所示

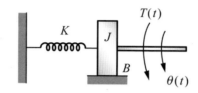

其中 K 為彈簧常數，B 為黏滯係數，而 J 為旋轉慣性矩。試求：

(1)運動方程式

(2)動態方程式

(3)轉移函數

(1)繪出分離體圖如下：

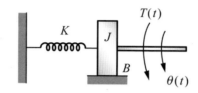

利用旋轉之牛頓定律可得

$$T(t) - B\dot{\theta}(t) - K\theta(t) = J\ddot{\theta}(t) \cdots\cdots\cdots (a)$$

式(a)移項後可得運動方程式為

$$J\ddot{\theta}(t) + B\dot{\theta}(t) + K\theta(t) = T(t) \cdots\cdots\cdots (b)$$

(2)令狀態變數為

$$x_1(t)=\theta(t) \, , \; x_2(t)=\dot{x}_1(t)=\dot{\theta}(t)$$

則運動方程式可寫成

$$\begin{cases} \dot{x}_1(t)=x_2(t) \\ \dot{x}_2(t)=-\dfrac{K}{J}x_1(t)-\dfrac{B}{J}x_2(t)+\dfrac{1}{J}T(t) \end{cases} \cdots\cdots\cdots(c)$$

選擇輸出 $y(t)$ 為 $\theta(t)$，則有

$$y(t)=x_1(t)$$

矩陣型式之動態程式為

$$\begin{cases} \begin{bmatrix} \dot{x}_1(t) \\ \dot{x}_2(t) \end{bmatrix} = \begin{bmatrix} 0 & 1 \\ -\dfrac{K}{J} & -\dfrac{B}{J} \end{bmatrix} \begin{bmatrix} x_1(t) \\ x_2(t) \end{bmatrix} + \begin{bmatrix} 0 \\ \dfrac{1}{J} \end{bmatrix} T(t) \\ y(t)=\begin{bmatrix} 1 & 0 \end{bmatrix} \begin{bmatrix} x_1(t) \\ x_2(t) \end{bmatrix} \end{cases} \cdots\cdots\cdots(d)$$

(3)將運動方程式兩邊取拉氏轉換，並令初值為零，可得

$$Js^2\Theta(s)+Bs\Theta(s)+K\Theta(s)=T(s)\cdots\cdots\cdots(e)$$

整理後可得轉移函數為

$$G(s)=\frac{\Theta(s)}{T(s)}=\frac{1}{Js^2+Bs+K}\cdots\cdots\cdots(f)$$

例題 3

試推導下圖機械系統之運動方程式：（20分）

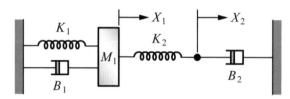

註：此題為 80 年高考二級自動控制試題。

 解

假設時間 t 時，其運動狀態 $X_2 > X_1$, $\dot{X}_2 > \dot{X}_1$，則可繪得兩個分離體圖如下：

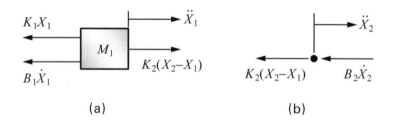

(a)

(b)

由圖(a)利用牛頓運動定律可得

$$K_2(X_2 - X_1) - K_1 X_1 - B_1 \dot{X}_1 = M_1 \ddot{X}_1 \cdots\cdots\cdots (a)$$

由圖(b)利用牛頓運動定律可得

$$-B_2 \dot{X}_2 - K_2(X_2 - X_1) = 0 \cdots\cdots\cdots (b)$$

整理式(a)及(b)可得運動方程式為

$$\begin{cases} M_1 \ddot{X}_1 + B_1 \dot{X}_1 + K_1 X_1 - K_2(X_2 - X_1) = 0 \\ B_2 \dot{X}_2 + K_2(X_2 - X_1) = 0 \end{cases} \cdots\cdots\cdots (c)$$

例題 4

齒輪系如下圖所示，試求其運動方程式。並寫出等效慣性矩 J_{eq} 及等效黏滯係數 B_{eq}。

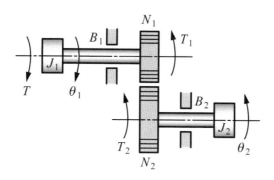

T = 外加扭矩	J_1, J_2 = 齒輪慣性矩
θ_1, θ_2 = 角位移	N_1, N_2 = 齒數
T_1, T_2 = 傳送至齒輪的扭矩	B_1, B_2 = 黏滯摩擦係數

 解

先由齒輪 2 應用牛頓定律可得

$$J_2\ddot{\theta}_2(t)+B_2\dot{\theta}_2(t)=T_2(t)\cdots\cdots\cdots(a)$$

再由齒輪 1 應用牛頓定律可得

$$J_1\ddot{\theta}_1(t)+B_1\dot{\theta}_1(t)=T(t)-T_1(t)\cdots\cdots\cdots(b)$$

由齒輪之傳動性質(4-5)知

$$\frac{T_1}{T_2}=\frac{N_1}{N_2}\cdots\cdots\cdots(c)$$

故將式(c)代入式(b)，再將式(a)代入式(b)整理可得

$$\left[J_1\ddot{\theta}_1(t)+\frac{N_1}{N_2}J_2\ddot{\theta}_2(t)\right]+\left[B_1\dot{\theta}_1(t)+\frac{N_1}{N_2}B_2\dot{\theta}_2(t)\right]=T(t)\cdots\cdots(d)$$

若齒輪系之輸入為扭矩 $T(t)$，而輸出為 $\theta_1(t)$，又由齒輪系之傳動性質知

$$\frac{\theta_1(t)}{\theta_2(t)}=\frac{N_2}{N_1}\cdots\cdots(e)$$

將式(e)代入式(d)可得運動方程式為

$$\left[J_1+\left(\frac{N_1}{N_2}\right)^2 J_2\right]\ddot{\theta}_1(t)+\left[B_1+\left(\frac{N_1}{N_2}\right)^2 B_2\right]\dot{\theta}_1(t)=T(t)\cdots\cdots(f)$$

我們可將齒輪系視為一集總元件，定義等效慣性矩 J_e 及等效黏滯係數 B_e 為

$$J_{eq}=\left[J_1+\left(\frac{N_1}{N_2}\right)^2 J_2\right]\quad,\quad B_{eq}=\left[B_1+\left(\frac{N_1}{N_2}\right)^2 B_2\right]\cdots\cdots(g)$$

則式(f)可表示為

$$J_{eq}\ddot{\theta}_1(t)+B_{eq}\dot{\theta}_1(t)=T(t)\cdots\cdots(h)$$

將式(h)兩邊取拉氏轉換，並令初值均為零，可得齒輪系之轉移函數為

$$\frac{\Theta_1(s)}{T(s)}=\frac{1}{J_{eq}s^2+B_{eq}s}\cdots\cdots(i)$$

4-4 ›› 熱力系統

熱力系統(thermal system)中含有熱量之傳送，亦即熱量由一物質傳送至另一物質，而熱量傳送的方式可分為三種型式：熱傳導、熱對流及熱輻射。熱力系統之分析可以熱阻及熱容量的觀念來進行，相關觀念介紹如下：

1. **熱阻**(thermal resistance)：定義為溫度差 ΔT 與熱流率 q 之比值，亦即

$$R_T = \frac{溫度差(\Delta T)}{熱流率(q)} \tag{4-13}$$

2. **熱傳導**：如圖 4-9 所示，穿過厚度為 Δx，表面溫度為 T_1 及 T_2 之熱流率 q 正比於溫度梯度 $\dfrac{(T_2 - T_1)}{\Delta x}$，亦即

$$q = kA\frac{\Delta T}{\Delta x} = kA\frac{(T_2 - T_1)}{\Delta x} \tag{4-14}$$

其中 q 為熱流率，k 為熱傳導係數，A 為面積，Δx 為厚度，而 ΔT 為溫度差，亦即($T_2 - T_1$)。

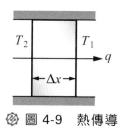

🏵 圖 4-9 熱傳導

而熱傳導之阻抗為

$$R_T = \frac{\Delta x}{kA} \tag{4-15}$$

3. **熱對流**：如圖 4-10 所示，熱流率 q 正比於流體流動方向之面積，亦即

$$q = kA(T_2 - T_1) \tag{4-16}$$

其中 k 為熱對流係數，而熱阻 R_T 為

$$R_T = \frac{1}{kA} \tag{4-17}$$

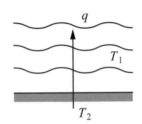

📎 圖 4-10　熱對流

4. **熱容量**(thermal capacitance)：定義為

$$C_t = \frac{熱流率(q)}{溫度變化率(dT/dt)} \tag{4-18}$$

物體之熱流量 q 等於

$$q = C\rho V \frac{dT}{dt} \tag{4-19}$$

式中 C 為比熱，ρ 為密度，V 為體積，而 dT/dt 為溫度變化率。
故熱容 C_t 等於

$$C_t = \frac{q}{dT/dt} = C\rho V \tag{4-20}$$

例題 5

加熱系統如右圖所示，設 ΔT 為系統與環境之溫差，q_i 為加熱器輸入之熱流率，q_0 為系統散失之熱流率，R_T 為系統熱傳損失之熱阻，C_t 為熱容，試求

(1) 熱平衡方程式

(2) 轉移函數 $\Delta T(s)/Q_i(s)$

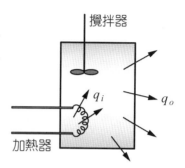

解

(1) 由系統之熱平衡知

$$q_i = q_o + C_t \frac{d\Delta T}{dt} \cdots\cdots\cdots (a)$$

又由熱阻之定義知

$$q_o = \frac{\Delta T}{R_t} \cdots\cdots\cdots (b)$$

將 (b) 代入 (a)，可得

$$C_t \frac{d\Delta T}{dt} + \frac{\Delta T}{R_t} = q_i \cdots\cdots\cdots (c)$$

整理後可得熱平衡方程式為

$$R_t C_t \frac{d\Delta T}{dt} + \Delta T = R_t q_i \cdots\cdots\cdots (d)$$

(2)設初值為 0，亦即系統初始溫度與環境相同，將式(d)取拉氏轉換，可得

$$R_t C_t s \Delta T(s) + \Delta T(s) = R_t Q_i(s) \cdots\cdots\cdots (e)$$

整理(e)可得轉移函數 $G(s)$ 為

$$G(s) = \frac{\Delta T(s)}{Q_i(s)} = \frac{R_t}{R_t C_t s + 1}$$

4-5 ››› 水位系統

　　分析流體流動之問題時，若流體為不可壓縮流體，且流動的方式為層流 (laminar flow)，則流體之動態特性可以線性常微分方程式來表示。類似於熱力系統之分析，水位系統(liquid-level system)可以流阻及水槽容量之觀念來進行分析，流阻與水槽容量觀念說明如下：

1. **流阻** R_l：連接兩水槽之水管內液體之流動，若假設為不可壓縮流體，且流動方式為層流（雷諾數＜2000），參考圖 4-11，對操作點之流阻定義為每單位流動率改變所引起水位高度之變化量，亦即操作點切線之斜率。可寫成

$$R_l = \frac{水位高度之改變量(h)}{流動率之變化量(q)} \qquad\qquad (4\text{-}21)$$

其中 H 為常態水位，而 Q 為常態流動率。

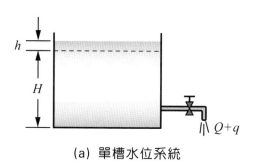

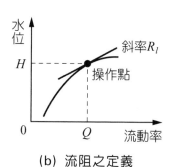

(a) 單槽水位系統　　　　　　　　(b) 流阻之定義

☺ 圖 4-11　單槽水位系統

2. **水槽之容量（流容）** C_v：引起單位水位高度變化所需儲量改變量，亦即

$$C_v = \frac{液體儲存量之變化量(qdt)}{水位高度差之變化量(dh)} \tag{4-22}$$

例題 6

雙水槽系統如圖所示，試求

(1)系統微分方程式

(2)轉移函數 $Q_0(s)/Q_i(s)$

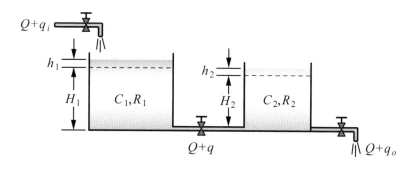

解

(1)系統常態流量 Q，H_1 及 H_2 為常態水位，而 q_i，q，q_0 為流量變化量，h_1 及 h_2 為水位高度變化量。由式(4-21)可得

$$q = \frac{h_1 - h_2}{R_1} \cdots\cdots\cdots \text{(a)}$$

$$q_o = \frac{h_2}{R_2} \cdots\cdots\cdots \text{(b)}$$

其中 R_1 及 R_2 為流阻，又由式(4-22)可寫出

$$C_1 = \frac{(q_i - q)dt}{dh_1} \cdots\cdots\cdots \text{(c)}$$

$$C_2 = \frac{(q - q_o)dt}{dh_2} \cdots\cdots\cdots \text{(d)}$$

其中 C_1 及 C_2 為水槽容量。式(c)及(d)又可寫成

$$C_1 \frac{dh_1}{dt} = q_i - q \cdots\cdots\cdots \text{(e)}$$

$$C_2 \frac{dh_2}{dt} = q - q_o \cdots\cdots\cdots \text{(f)}$$

為了得到系統方程式，必須消去 h_1, h_2 及 q，將式(b)代入式(f)消去 h_2 可得

$$R_2 C_2 \frac{dq_o}{dt} = q - q_o$$

亦即

$$q = R_2 C_2 \frac{dq_o}{dt} + q_o \cdots\cdots\cdots \text{(g)}$$

由式(a)可得

$$qR_1 = h_1 - h_2$$

亦即

$$h_1 = qR_1 + q_o R_2 \cdots\cdots (h)$$

再將式(h)代入(e)式消去 h_1 可得

$$C_1 R_1 \frac{dq}{dt} + C_1 R_2 \frac{dq_o}{dt} = q_i - q \cdots\cdots (i)$$

再將式(g)代入(i)式中進一步消去 q，可得

$$C_1 R_1 \left[R_2 C_2 \frac{d^2 q_o}{dt^2} + \frac{dq_0}{dt} \right] + C_1 R_2 \frac{dq_o}{dt}$$

$$= q_i - [R_2 C_2 \frac{dq_o}{dt} + q_o]$$

整理後可得系統微分方程式如下

$$R_1 R_2 C_1 C_2 \frac{d^2 q_o}{dt^2} + (R_1 C_1 + R_2 C_1 + R_2 C_2) \frac{dq_o}{dt} + q_o = q_i \cdots\cdots (j)$$

故知系統數學模式為二階微分方程式。

(2)將式(j)取拉氏轉換，並令初值均為零，可得

$$R_1 R_2 C_1 C_2 s^2 Q_o(s) + (R_1 C_1 + R_2 C_1 + R_2 C_2) s Q_o(s) + Q_o(s) = Q_i(s)$$

整理後可得系統轉移函數為

$$\frac{Q_o(s)}{Q_i(s)} = \frac{1}{R_1 R_2 C_1 C_2 s^2 + (R_1 C_1 + R_2 C_1 + R_2 C_2) s + 1}$$

4-6 >>> 壓力系統

　　壓力系統(pressure system)之分析亦類似於熱力系統及水位系統，可利用壓力之阻抗及容器容量之觀念推導系統微分方程式，進而導出轉移函數。壓力系統之阻抗及容器容量觀念，說明如下：

1. **氣流阻抗** R_p：定義為氣壓差之改變量與氣體流動率之改變量的比值，亦即

$$R_p = \frac{氣壓差之改變量(d\Delta p)}{氣體流動率之改變量(dq)} \tag{4-23}$$

式中 Δp 為壓力差，q 為流動率。

2. **容器之容量** C_p：定義為氣體儲存量之改變量與氣體壓力之改變量的比值，亦即

$$C_p = \frac{氣體儲存量之改變量(dw)}{氣體壓力之改變量(dp)} \tag{4-24}$$

式中 w 為容器中氣體之重量，p 為氣體壓力。

例題 7

壓力系統如圖所示，若 p_i 為輸入，p_o 為輸出，試求系統之轉移函數。

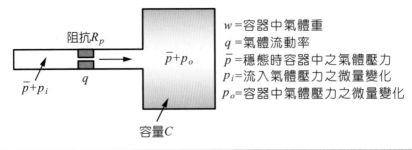

阻抗 R_p
q
$\bar{p}+p_i$
$\bar{p}+p_o$
容量 C

w ＝容器中氣體重
q ＝氣體流動率
$\bar{p}$ ＝穩態時容器中之氣體壓力
p_i ＝流入氣體壓力之微量變化
p_o ＝容器中氣體壓力之微量變化

解

由氣流阻抗 R_p 之觀念可寫出

$$R_p = \frac{p_i - p_o}{q} \cdots\cdots\cdots (a)$$

再由容器之容量定義可寫出

$$C_p = \frac{dw}{dp_o} \cdots\cdots\cdots (b)$$

而壓力變化量 dp_0 乘上容量 C_p 必須等於在 dt 秒內流入容器內之氣體重量 qdt，亦即

$$C_p dp_o = qdt \cdots\cdots\cdots (c)$$

移項可得

$$C_p \frac{dp_o}{dt} = q \cdots\cdots\cdots (d)$$

將式(a)代入式(d)整理可得系統微分方程式為

$$R_p C_p \frac{dp_o}{dt} + p_o = p_i \cdots\cdots\cdots (e)$$

再將式(e)兩邊取拉氏轉換，並令初值均為零，可得

$$R_p C_p s P_o(s) + P_o(s) = P_i(s) \cdots\cdots\cdots (f)$$

整理後可得轉移函數為

$$\frac{P_o(s)}{P_i(s)} = \frac{1}{R_p C_p s + 1}$$

4-7 電網路系統

電網路系統之組成元件可分為有源元件及無源元件兩大類，每種元件之特性分述如下：

1. 有源元件

(1) 交流電壓源，如圖 4-12(a)所示。

(2) 直流電壓源，如圖 4-12(b)所示。

(3) 電流源，如圖 4-12(c)所示。

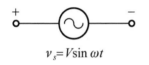

$v_s = V\sin\omega t$

(a) 交流電壓源

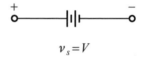

$v_s = V$

(b) 直流電壓源

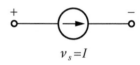

$v_s = I$

(c) 電流源

🏵 圖 4-12　有源元件

2. 無源元件

(1) 電阻 R，如圖 4-13(a)所示。

(2) 電感 L，如圖 4-13(b)所示。

(3) 電容 C，如圖 4-13(c)所示。

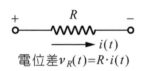

$i(t)$
電位差 $v_R(t) = R \cdot i(t)$

(a) 電阻

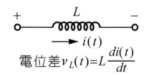

$i(t)$
電位差 $v_L(t) = L\dfrac{di(t)}{dt}$

(b) 電感

$i(t)$
電位差 $v_C(t) = \dfrac{\int_0^t i(t)dt}{C}$

(c) 電容

🏵 圖 4-13　無源元件

在電網路之分析中，最常用之基本定律有歐姆定律，克希荷夫電流定律及克希荷夫電壓定律，分別介紹如下：

1. **歐姆定律**：歐姆定律指出在電路中之電流大小 $i(t)$ 與作用在電路之電動勢 $v(t)$ 成正比，但與電路中之電阻 R 成反比，數學表示式為

$$v(t) = Ri(t) \tag{4-25}$$

2. **克希荷夫電流定律(KCL)**：在電路中任取一個節點(node)，若定義電流流入為正，而流出為負，則節點上電流之總和必須等於零。數學表示式為

$$\sum i(t) = 0 \tag{4-26}$$

若以拉氏轉換表示，應為

$$\sum I(s) = 0 \tag{4-27}$$

3. **克希荷夫電壓定律(KVL)**：在電路中任取一封閉迴路，則環繞此迴路的所有電壓降代數和必須等於零。數學表示式為

$$\sum v(t) = 0 \tag{4-28}$$

若以拉氏轉換表示，則為

$$\sum V(s) = 0 \tag{4-29}$$

實際上，在求電網路之轉移函數時，應用阻抗(impedance)之觀念，並配合克希荷夫定律，便能直接求得，而不必先寫出微分方程式。阻抗 Z 定義為電路中任二端之電壓的拉氏轉換 $V(s)$ 與流過之電流的拉氏轉換 $I(s)$ 之比值，亦即

$$Z(s) = \frac{V(s)}{I(s)} \tag{4-30}$$

則電阻、電感及電壓之阻抗分別為

1. **電阻阻抗** $Z_R(s)$：由式(4-25)取拉氏轉換可得

$$V(s)=RI(s) \tag{4-31}$$

故電阻阻抗 $Z_R(s)$ 為

$$Z_R(s)=\frac{V(s)}{I(s)}=R \tag{4-32}$$

2. **電感阻抗** $Z_L(s)$：電感之特性為

$$v(t)=L\frac{di(t)}{dt} \tag{4-33}$$

其中 L 為電感值，單位為亨利 (H)。將式(4-33)取拉氏轉換可得

$$V(s)=LsI(s) \tag{4-34}$$

故電感阻抗 $Z_L(s)$ 為

$$Z_L(s)=\frac{V(s)}{I(s)}=Ls \tag{4-35}$$

3. **電容阻抗** $Z_C(s)$：電容之特性為

$$v(t)=\frac{\int i(t)dt}{C} \tag{4-36}$$

其中 C 為電容值，單位為法拉 (F)。將式(4-35)取拉氏轉換可得

$$V(s)=\frac{1}{Cs}I(s) \tag{4-37}$$

故電容阻抗 $Z_C(s)$ 為

$$Z_C(s) = \frac{V(s)}{I(s)} = \frac{1}{Cs} \tag{4-38}$$

 8

RLC 電路如圖所示，試求轉移函數 $E_0(s)/E_i(s)$ 。

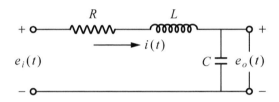

【方法一】

應用克希荷夫電壓定律於整個迴路可得

$$e_i(t) - Ri(t) - L\frac{di(t)}{dt} - \frac{1}{C}\int i(t)dt = 0 \quad \cdots\cdots\cdots (a)$$

又輸出電壓 $e_o(t)$ 為

$$e_o(t) = \frac{1}{C}\int i(t)dt \quad \cdots\cdots\cdots (b)$$

將式(a)及(b)拉氏轉換，可得

$$E_i(s)=\left(R+Ls+\frac{1}{Cs}\right)I(s)\cdots\cdots\cdots(c)$$

$$E_o(s)=\frac{1}{Cs}I(s)\cdots\cdots\cdots(d)$$

再將式(d)除以式(c)消去 $I(s)$ 可得轉移函數為

$$\frac{E_o(s)}{E_i(s)}=\frac{\dfrac{1}{Cs}}{\left(R+Ls+\dfrac{1}{Cs}\right)}=\frac{1}{LCs^2+RCs+1}$$

【方法二】

利用阻抗之觀念，此為串聯情形，故阻抗 $Z=Z_R+Z_L+Z_C$，所以可寫出

$$E_i(s)=(Z_R+Z_L+Z_C)I(s)\cdots\cdots\cdots\ (e)$$

又

$$E_o(s)=Z_C I(s)\cdots\cdots\cdots(f)$$

將式(f)除以式(e)可得轉移函數為

$$\frac{E_o(s)}{E_i(s)}=\frac{Z_C}{Z_R+Z_L+Z_C}$$

$$=\frac{\dfrac{1}{Cs}}{R+Ls+\dfrac{1}{Cs}}=\frac{1}{LCs^2+RCs+1}$$

試求圖示電路之轉移函數 $V_0(s)/V_i(s)$。

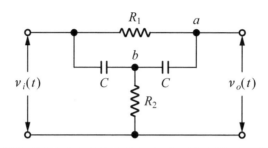

解

應用克希荷夫定律於節點 a，可得

$$\frac{V_i(s)-V_a}{R_1}+\frac{V_b-V_a}{1/Cs}=0 \cdots\cdots\cdots (a)$$

同理，應用於節點 b，可得

$$\frac{V_i(s)-V_b}{1/Cs}+\frac{0-V_b}{R_2}+\frac{V_a-V_b}{1/Cs}=0 \cdots\cdots\cdots (b)$$

又輸出電位 $V_o(s)=V_a$，故上兩式可改寫為

$$(V_i(s)-V_o(s))+R_1Cs(V_b-V_o(s))=0 \cdots\cdots\cdots (c)$$

$$R_2Cs(V_i(s)-V_b)-V_b+R_2Cs(V_o(s)-V_b)=0 \cdots\cdots\cdots (d)$$

由式(d)可解得 V_b 為

$$V_b = \frac{R_2 Cs(V_i(s)+V_o(s))}{1+2R_2 Cs} \cdots\cdots (e)$$

將式(e)代入式(c)可得

$$(V_i(s)-V_o(s))+R_1 Cs\left(\frac{R_2 Cs(V_i(s)+V_o(s))}{1+2R_2 Cs}-V_o(s)\right)=0 \cdots\cdots (f)$$

式(f)整理後可得

$$\left[1+\frac{R_1 R_2 C^2 s^2}{1+2R_2 Cs}\right]V_i(s)=\left[1+R_1 Cs-\frac{R_1 R_2 C^2 s^2}{1+2R_2 Cs}\right]V_o(s) \cdots\cdots (g)$$

故轉移函數為

$$\frac{V_o(s)}{V_i(s)}=\frac{1+2R_2 Cs+R_1 R_2 C^2 s^2}{1+2R_2 Cs+R_1 Cs+R_1 R_2 C^2 s^2}$$

4-8 ›› 電子式 PID 控制器

電子式 PID 控制器主要是由運算放大器(operational amplifier)，簡稱為 OPA，結合其他電路元件所組成。運算放大器如圖 4-14 所示，其特性為輸入端之阻抗為無窮大，因此電流 i 應等於零且電壓 v_1 應等於 v_2。依此特性，各種控制器之網路與分析得以進行。

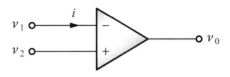

圖 4-14 運算放大器(OPA)

1. **比例控制器**：比例控制器之網路如圖 4-15 所示，應用克希荷夫電流定律於節點 a，可得

$$\frac{V_i(s)-V_a}{Z_i}+\frac{V_o(s)-V_a}{Z_o}=0 \tag{4-39}$$

式中 Z_i 為輸入端阻抗，而 Z_0 為輸出端阻抗，又因為正輸入端接地，因此 $V_a \cong 0$，故可得

$$\frac{V_o(s)}{V_i(s)}=-\frac{Z_o}{Z_i}=-\frac{R_o}{R_i}=K_P \tag{4-40}$$

由式(4-40)知此網路為比例控制器，其中 K_P 為增益常數，由 $\frac{R_o}{R_i}$ 所決定。當電阻值選擇 $R_i = R_0$ 時，$K_P = -1$，此時其功能相當於反向器。

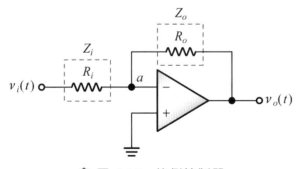

圖 4-15 比例控制器

2. **微分控制器**：微分控制器之網路如圖 4-16，應用克希荷夫電流定律於節點 a 可得

$$\frac{V_i(s)-V_a}{Z_i}+\frac{V_o(s)-V_a}{Z_o}=0 \tag{4-41}$$

又因 $Z_i = Z_C = 1/Cs$，而 $Z_o = Z_R = R$，且 $V_a \cong 0$，故由式(4-41)可得

$$\frac{V_o(s)}{V_i(s)}=-\frac{Z_o}{Z_i}=-\frac{R}{1/Cs}=-RCs=K_D s \tag{4-42}$$

由式(4-42)知此網路為微分控制器，其中 K_D 為增益常數，由 RC 所決定。

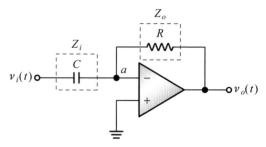

◈ 圖 4-16　微分控制器

3. **積分控制器**：積分控制器之網路如圖 4-17 所示，類似於比例控制器之分析，此時 $Z_i = R$，$Z_o = 1/Cs$，故可得

$$\frac{V_o(s)}{V_i(s)}=\frac{Z_o}{Z_i}=-\frac{1/Cs}{R}=-\frac{1}{RCs}=K_I / s \tag{4-43}$$

由式(4-43)知此網路為積分控制器，其中 K_I 為增益常數，由 $-1/RC$ 所決定。

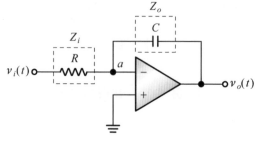

◈ 圖 4-17　積分控制器

4. **比例微分控制器**：比例微分控制器之網路如圖 4-18 所示，此時輸入端阻抗 Z_i 可由下式求得

$$\frac{1}{Z_i}=\frac{1}{Z_R}+\frac{1}{Z_C}$$

$$=\frac{1}{R_i}+\frac{1}{1/Cs} \tag{4-44}$$

故可求得

$$Z_i=\frac{R_i}{1+R_iCs} \tag{4-45}$$

又因 $Z_o = R_o$，所以

$$\frac{V_o(s)}{V_i(s)}=-\frac{Z_o}{Z_i}=-\frac{R_o}{R_i/(1+R_iCs)}$$

$$=-\frac{R_o}{R_i}(1+R_iCs)$$

$$=K_P(1+T_Ds) \tag{4-46}$$

由式(4-46)知此網路為比例微分控制器，其中 $K_P=-R_o/R_i$， $T_D=R_iC$ 。

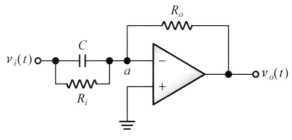

⌾ 圖 4-18　比例微分控制器

5. **比例積分控制器**：比例積分控制器的網路如圖 4-19 所示，此時輸入端阻抗 $Z_I = R_i$，而輸出端阻抗 Z_o 應為

$$Z_o = Z_R + Z_C = R_o + \frac{1}{Cs} = \frac{R_o Cs + 1}{Cs} \tag{4-47}$$

因此

$$\frac{V_o(s)}{V_i(s)} = -\frac{Z_o}{Z_i} = -\frac{\dfrac{R_o Cs + 1}{Cs}}{R_i} = -\frac{R_o}{R_i}\left(1 + \frac{1}{R_o Cs}\right)$$

$$= K_P\left(1 + \frac{1}{T_I s}\right) \tag{4-48}$$

由式(4-48)知此網路為比例積分控制器，其中 $K_P = -R_o / R_i$，$T_I = R_o C$。

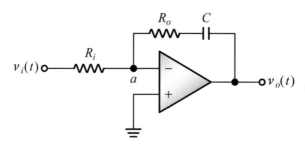

⚙ 圖 4-19　比例積分控制器

6. **比例積分微分控制器**：此控制器之網路如圖 4-20 所示，輸入端阻抗 Z_i 應為

$$\frac{1}{Z_i} = \frac{1}{Z_C} + \frac{1}{Z_R} = \frac{1}{1/C_i s} + \frac{1}{R_i} \tag{4-49}$$

可求得

$$Z_i = \frac{R_i}{1 + R_i C_i s} \tag{4-50}$$

而輸出阻抗 Z_o 為

$$Z_o = Z_R + Z_C = R_o + \frac{1}{C_o s} = \frac{1 + R_o C_o s}{C_o s} \tag{4-51}$$

因此

$$
\begin{aligned}
\frac{V_o(s)}{V_i(s)} &= -\frac{Z_o}{Z_i} = -\frac{\dfrac{1 + R_o C_o s}{C_o s}}{\dfrac{R_i}{1 + R_i C_i s}} \\
&= -\left(\frac{R_i C_i + R_o C_o}{R_i C_o} + \frac{1}{R_i C_o s} + R_o C_i s \right) \\
&= -\left(\frac{R_i C_i + R_o C_o}{R_i C_o} \right) \left[1 + \frac{1}{(R_i C_i + R_o C_o)s} + \frac{R_i C_o R_o C_i}{R_i C_i + R_o C_o} s \right] \\
&= K_P \left[1 + \frac{1}{T_I s} + T_D s \right] \tag{4-52}
\end{aligned}
$$

由式(4-52)知此網路為比例積分微分控制器，其中 $K_P = -(R_i C_i + R_o C_o)/R_i C_o$，$T_I = (R_i C_i + R_o C_o)$ 且 $T_D = (R_i C_i R_o C_o)/(R_i C_i + R_o C_o)$。

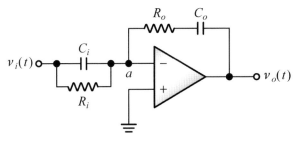

⚙ 圖 4-20 比例積分微分控制器

例題 10

運算放大器之電路如圖所示,試判別此電路是屬於何種元件?

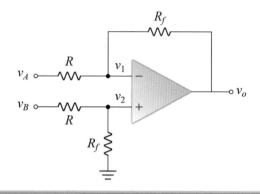

考慮節點 v_1,應用克希荷夫定律可得到

$$\frac{v_0 - v_1}{R_f} + \frac{v_A - v_1}{R} = 0$$

考慮節點 v_2,應用克希荷夫定律可得到

$$\frac{v_B - v_2}{R} + \frac{0 - v_2}{R_f} = 0$$

因為 $v_1 = v_2$,所以由式(1)及(2)消去 v_1 及 v_2,可解得

$$v_o = \frac{R_f}{R}(v_B - v_A)$$

由上式可看出此電路應為誤差檢測元件。若 $R_f = R$,則 $v_o = v_B - v_A$,故為一誤差檢測器(error detector)。

4-9 ›››› 電機系統

　　電機系統中動力來源主要是電動馬達，馬達的類型很多，本節只對較常使用於控制系統中的磁場控制式與電樞控制式直流馬達加以介紹。

1. **磁場控制式直流馬達**：磁場控制式直流馬達系統如圖 4-21 所示。

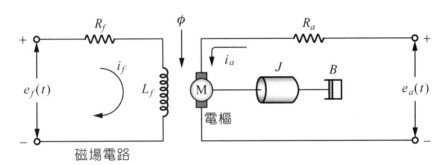

其中　　e_f 為磁場電壓　　　　　　ϕ 為磁通量

　　　　R_f 為磁場繞組電阻　　　　J 為馬達軸及負荷之慣性矩

　　　　L_f 為磁場繞組電感　　　　B 為黏滯係數

　　　　i_f 為磁場電流　　　　　　i_a 為電樞電流

⚙ 圖 4-21　磁場控制式直流馬達系統

馬達輸出扭矩 T 為

$$T = K_1 \phi i_a \tag{4-53}$$

又磁通量 ϕ 與磁場電流 i_f 成正比，故上式變為

$$T = K_1 K_2 i_f i_a \tag{4-54}$$

因為電樞電流 i_a 為定值，則有

$$T = K_t i_f \tag{4-55}$$

式中 $K_t = K_1 K_2 i_a$ 為馬達轉矩常數。再應用克荷希夫電壓定律於磁場迴路可得

$$e_f = L_f \frac{di_f}{dt} + R_f i_f \tag{4-56}$$

由牛頓定律知

$$T = J\ddot{\theta}(t) + B\dot{\theta}(t) \tag{4-57}$$

將式(4-55)至式(4-57)取拉氏轉換可得

$$E_f(s) = (L_f s + R_f) I_f(s) \tag{4-58}$$

$$T(s) = K_t I_f(s) \tag{4-59}$$

$$T(s) = (Js^2 + Bs)\Theta(s) \tag{4-60}$$

由式(4-58)至式(4-60)可繪出系統方塊圖如圖 4-22 所示。

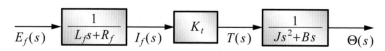

⚙ 圖 4-22　磁場控制式直流馬達系統之方塊圖

故轉移函數為

$$\frac{\Theta(s)}{E_f(s)} = \frac{K_m}{s(1 + \tau_m s)(1 + \tau_f s)} \tag{4-61}$$

其中　$K_m = \dfrac{K_t}{R_f B}$ 為馬達增益常數

　　　$\tau_m = \dfrac{J}{B}$ 為馬達的機械時間常數

　　　$\tau_f = \dfrac{L_f}{R_f}$ 為馬達的場電時間常數

一般而言，$\tau_m \gg \tau_f$，故式(4-61)可簡化為

$$\frac{\Theta(s)}{E_f(s)} = \frac{K_m}{s(1 + \tau_m s)} \tag{4-62}$$

2. **電樞控制式直流馬達：**電樞控制式直流馬達系統如圖 4-23 所示。

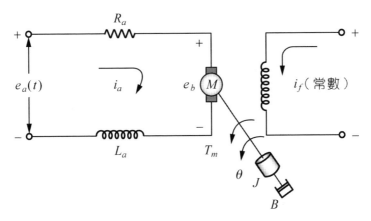

☸ 圖 4-23　電樞控制式直流馬達系統

由電樞迴路可得

$$e_a = L_a \frac{di_a}{dt} + R_a i_a + e_b \tag{4-63}$$

其中 e_b 為電樞反電動勢，與轉速 $\dot{\theta}$ 成正比，亦即

$$e_b = K_b \dot{\theta} \tag{4-64}$$

式中 K_b 為反電動勢常數，又馬達產生扭矩 T_m 等於

$$T_m = K_t i_a \qquad (4\text{-}65)$$

又由牛頓定律知

$$T_m = J\ddot{\theta} + B\dot{\theta} \qquad (4\text{-}66)$$

將式(4-63)至式(4-66)拉氏轉換可得

$$E_a(s) = (L_a s + R_a)I_a(s) + E_b(s) \qquad (4\text{-}67)$$

$$E_b(s) = K_b s\Theta(s) = K_b\Omega(s) \qquad (4\text{-}68)$$

$$T_m(s) = K_t I_a(s) \qquad (4\text{-}69)$$

$$T_m(s) = (Js^2 + Bs)\Theta(s) \qquad (4\text{-}70)$$

由式(4-67)至式(4-70)可繪得系統之方塊圖，如圖 4-24 所示。

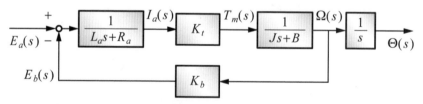

❖ 圖 4-24　電樞控制式直流馬達系統之方塊圖

故轉移函數為

$$\frac{\Theta(s)}{E_a(s)} = \frac{K_t}{s\left[(L_a s + R_a)(Js + B) + K_t K_b\right]} \qquad (4\text{-}71)$$

又因電樞電感值 L_a 通常很小，可以忽略，因此式(4-71)可簡化為

$$\frac{\Theta(s)}{E_a(s)}=\frac{K_m}{s(1+\tau_m s)} \tag{4-72}$$

式中 $K_m=\dfrac{K_t}{R_a B+K_b K_t}$ 為馬達增益常數

$\tau_m=\dfrac{R_a J}{R_a B+K_b K_t}$ 為馬達機械時間常數

4-10 ››› 轉換器

　　轉換器(transducer)是一種能將訊號轉換成另一種型式訊號之元件，例如將位移或轉角轉換成電位的電位計(potentiometer)，將轉速轉換為電位的轉速計(tachometer)，將加速度轉換成電位的加速計(accelerator)。又因知道這些元件之輸出電位，便能知道實際之轉角、轉速或加速度，因此這些元件又稱為感測器(sensor)，其特性分別介紹如下：

1. **電位計**：常用之電位計有二種型式，圖 4-25(a)所示者為旋轉式電位計，它是一種能將物體旋轉角度轉換為電位訊號的一種裝置，亦即利用輸出電位來顯示物體位置變化的元件。其數學關係式為

$$v(t)=K\theta(t) \tag{4-73}$$

式中 $v(t)$ 為輸出電位，$\theta(t)$ 為輸入角位移，而 K 為增益常數，其值等於

$$K=\frac{v_s}{\theta_{\max}} \tag{4-74}$$

式中 v_s 為電源電位，而 θ_{max} 為輸入角位移之最大值。另一種為直線式電位計，如圖 4-25(b)所示，其工作原理與旋轉式電位計相同。

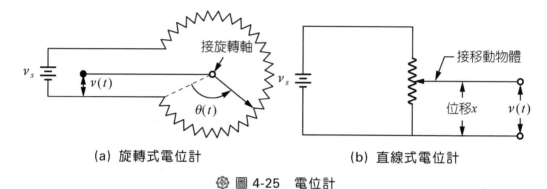

(a) 旋轉式電位計　　　　　(b) 直線式電位計

@ 圖 4-25　電位計

將式(4-73)取拉氏轉換可得此元件之轉移函數為

$$\frac{V(s)}{\Theta(s)} = G(s) = K \tag{4-75}$$

其方塊圖如圖 4-26 所示。

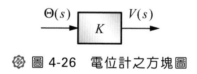

@ 圖 4-26　電位計之方塊圖

2. **誤差檢測器**(error detector)：誤差檢測器是用於將兩個不同的輸入訊號作比較，並產生一個輸出訊號，此輸出訊號正比於輸入訊號之差值，最常用者為電位計所組成之檢測器，如圖 4-27(a)及圖 4-27(b)所示。

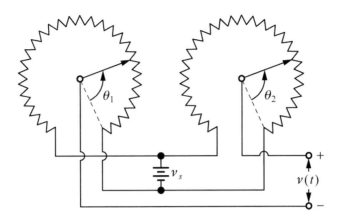

⊗ 圖 4-27(a)旋轉角誤差檢測器

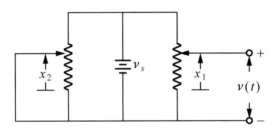

⊗ 圖 4-27(b)位移誤差檢測器

旋轉角誤差檢測器之數學關係式為

$$v(t)=K(\theta_1(t)-\theta_2(t)) \tag{4-76}$$

而位移誤差檢測器之數學關係式為

$$v(t)=K(x_1(t)-x_2(t)) \tag{4-77}$$

3. **轉速計**(tachometer)：轉速計是一種能將角速度轉換為電位的一種裝置，產生之電位正比於旋轉角速度，亦即

$$v(t)=K_T\dot{\theta}(t) \tag{4-78}$$

式中 K_T 為轉速計之增益常數。將式(4-78)取拉氏轉換可得轉移函數為

$$\frac{V(s)}{\Theta(s)} = K_T s \tag{4-79}$$

而方塊圖如圖 4-28 所示。

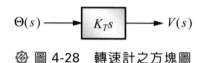

$\Theta(s) \longrightarrow \boxed{K_T s} \longrightarrow V(s)$

❀ 圖 4-28　轉速計之方塊圖

4. **加速計**(accelerator)：加速計是一種能將加速度轉換為電位的一種裝置，所產生之電位正比於加速度之大小，亦即

$$v(t) = K_a \ddot{x}(t) \tag{4-80}$$

式中 K_a 為加速計之增益常數。將式(4-80)取拉氏轉換可得轉移函數為

$$\frac{V(s)}{X(s)} = K_a s^2 \tag{4-81}$$

而方塊圖如圖 4-29 所示。

$X(s) \longrightarrow \boxed{K_a s^2} \longrightarrow V(s)$

❀ 圖 4-29　加速計之方塊圖

智題四

4-1 **機械動力系統分別如圖 P4-1(a)及圖 4-1(b)所示。**

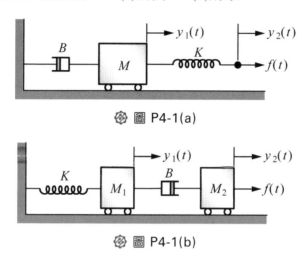

◎ 圖 P4-1(a)

◎ 圖 P4-1(b)

試推導運動方程式，並求出轉移函數 $\dfrac{Y_1(s)}{F(s)}$ 及 $\dfrac{Y_2(s)}{F(s)}$。

4-2 **機械動力系統分別如圖 P4-2(a)及圖 P4-2(b)，試推導運動方程式，並寫出轉移函數 $\dfrac{\Theta_1(s)}{T(s)}$ 及 $\dfrac{\Theta_2(s)}{T(s)}$。**

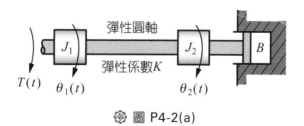

彈性圓軸
彈性係數K

$T(t)$ $\theta_1(t)$ $\theta_2(t)$

◎ 圖 P4-2(a)

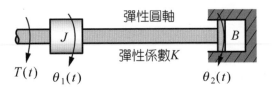

圖 P4-2(b)

4-3　簡單機械手系統模式如圖 P4-3 所示，試推導運動方程式，並求轉移函數
$\dfrac{\Theta(s)}{T(s)}$ 。

其中　J_m　為馬達慣量

B_m　為馬達黏滯摩擦係數

T　為馬達輸出扭矩

θ_1　為齒輪 1 之轉角

N_1　為齒輪 1 之齒數

J_1　為齒輪 1 之總慣量

N_2　為齒輪 2 之齒數

J_2　為齒輪 2 之總慣量

$\theta(t)$　為機械臂之旋轉角

J_a　為機械臂之慣量

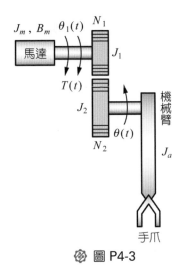

圖 P4-3

4-4　電網路系統分別如圖 P4-4(a)及圖 4-4(b)所示。

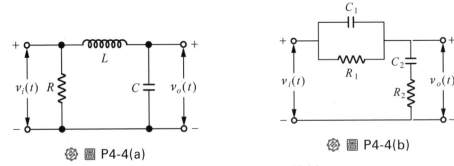

圖 P4-4(a)　　　　　　圖 P4-4(b)

試推導系統微分方程式，並求出轉移函數 $\dfrac{V_o(s)}{V_i(s)}$ 。

4-5 運算放大器之迴路如圖 P4-5 所示，試證明輸出 $v_0(t)$ 應等於

$$v_o(t) = k_1 v_1(t) + k_2 v_2(t) + k_3 v_3(t)$$

式中 $k_1 = -\dfrac{R}{R_1}$ ， $k_2 = -\dfrac{R}{R_2}$ ，而 $k_3 = -\dfrac{R}{R_3}$ 。

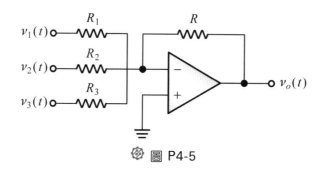

圖 P4-5

4-6 開迴路控制系統如圖 P4-6 所示，其中馬達為磁場控制式，轉矩常數為 K_m ，旋轉慣量為 J_m ，黏滯係數為 B_m ，且電樞電流 i_a 為常數。而發電機在等速度旋轉時有 $v_g = K_g i$ 。試繪出此系統之方塊圖，並求出轉移函數 $\dfrac{\Theta_L(s)}{V_f(s)}$ 。

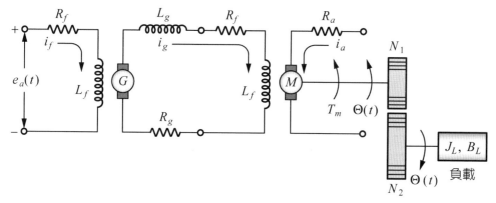

圖 P4-6

4-7 位置控制系統如圖 P4-7 所示，試繪出系統方塊圖，並求出系統轉移函數 $\dfrac{\Theta_L(s)}{\Theta_R(s)}$。

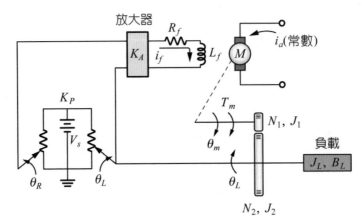

放大器

i_a(常數)

負載

⚙ 圖 P4-7

其中　K_p 為誤差檢測器增益常數

　　　R_f 為電阻

　　　K_A 為放大器增益

　　　L_f 為電感

參考文獻
References

§ 4-2～4-3

1. Bolton, W. (1992). *Control Engineering*. England: Longman Group UK Limited.

2. Kuo, B. C. (1987). *Automatic Copntrol Systems* (5th ed.). New Jersey: Prentice Hall, Eglewood Cliffs.

3. Ogata, K. (1970). *Modern control Engineering*. New Jersey: Prentice Hall, Eglewood Cliffs.

4. 喬偉。**控制系統應試手冊**。九功。

5. 黃燕文（78 年）。**自動控制**。新文京。

§ 4-4～4-6

6. Franklin, G. F., Powell, J. D., & Emami-Naeini, A. (1986). *Feedback Control of Dynamic System, Reading*. MA.: Addison-Wesley.

7. D'Souza, A. F. (1988). *Design of Control Systems*. New Jersey: Prentice Hall, Eglewood Cliffs.

8. Bolton, W. (1992). *Control Engineering*. England: Longman Group UK Limited.

9. Nagrath, I. J., & Gopal, M. (1985). *Control systems Engineering* (2nd ed.). Wiley Eastern Limited.

§ 4-7～4-8

10. Chen, C. T. (1987). *Control System Design: Conventional, Algebraic and Optimal Methods*. New York: Holt, Rinehart and Winston.

11. Bolton, W. (1992). *Control Engineering*. England: Longman group UK Limited.

12. 王錦銘（76 年）。**控制系統解析**。超級科技。

§ 4-9

13. Nagrath, I. J., & Gopal, M. (1985). *Control Systems Engineering* (2nd ed.). Wiley Eastern Limited.

14. Ogata, K. (1970). *Modern Control Engineering*. New Jersey: Prentice Hall, Eglewood Cliffs.

§ 4-10

15. Chen, C. T. (1987). *Control System Design: Conventional, Algebraic and Optimal Methods*. New York: Holt, Rinehart and Winston.

16. Kuo, B. C. (1987). *Automatic Control Systems* (5h ed.). New Jersey: Prentice Hall, Eglewood Cliffs.

Chapter

05

控制系統之時域分析

Automatic Control

5-1 ›› 前 言

　　控制系統問題中，系統性能之評估可區分為兩個領域：時域分析與頻域分析。而時域分析之性能規格有：

1. 上升時間(rise time)。

2. 最大超越量(maximum overshoot)。

3. 安定時間(settling time)。

4. 穩態誤差(steady state error)。

　　本章將對控制系統的時域性能規格進行分析，而頻域分析將於第八章介紹。

　　一般控制系統都以時間為自變數，而以時間描述之狀態變化及輸出行為，則稱為時間響應(time response)。控制系統之時間響應通常可分為兩部分：暫態響應(transient response)與穩態響應(steady state response)。若 $y(t)$ 表連續時間系統之時間響應，則 $y(t)$ 可寫成

$$y(t) = y_t(t) + y_s(t) \tag{5-1}$$

式中 $y_t(t)$ 為暫態響應，而 $y_s(t)$ 為穩態響應。

　　在控制系統中，當時間趨近於無窮大時，其時間響應趨於零之部分，定義為暫態響應，而暫態響應消失後所保留之時間響應，則定義為穩態響應。如果輸出之穩態響應不能與輸入完全一致，則稱此系統存在穩態誤差，而穩態誤差可利用拉氏轉換之終值定理求得。

Automatic Control

5-2 　››› 典型測試訊號

　　大部分實用控制系統之輸入訊號未必能事先知道，但通常是隨時間而改變。例如防空飛彈之雷達追蹤系統中，被追蹤之目標（敵機）位置和速度是不可預測的，因此無法完全以數學式來描述其動向。此導致控制系統設計上之困難，因為難以設計一種對於任何輸入訊號均能滿足性能規格之控制系統。因此為了設計與分析上之方便，必須選定一些可能的基本輸入訊號做為系統之典型測試訊號，來評估系統之性能規格。

　　一般常用的典型測試訊號均為簡單之時間函數，例如步階函數、斜坡函數、拋物線函數、正弦函數、脈衝函數。這些函數在第二章均已介紹過，本節重新整理如下所示。

1. **步階函數**(step function)：又稱為位置函數；此函數代表輸入訊號的瞬時改變，所代表之物理意義為瞬時位置改變，例如旋轉軸突然轉動一個角度或物體突然移動一個距離。而其數學式為

$$r(t) = \begin{cases} A, & t \geq 0 \\ 0, & t < 0 \end{cases} \tag{5-2}$$

式(5-2)亦可寫成

$$r(t) = Au_s(t) \tag{5-3}$$

其中 $u_s(t)$ 為單位步階函數。步階函數之拉氏轉換 $R(s)$ 為

$$R(s) = \frac{A}{s} \tag{5-4}$$

而其函數圖形如圖 5-1 所示。

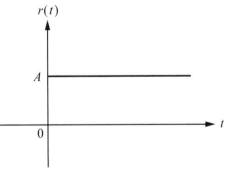

❖ 圖 5-1　步階函數

2. **斜坡函數**(ramp function)：又稱為速度函數；此函數代表輸入訊號對時間有一定值變化，其物理意義為等速度運動，例如使旋轉軸以等角速度旋轉。而其數學式為

$$r(t) = \begin{cases} At \ , \ t \geq 0 \\ 0 \ , \ t < 0 \end{cases} \tag{5-5}$$

式(5-5)亦可寫成

$$r(t) = At \, u_s(t) \tag{5-6}$$

斜坡函數之拉氏轉換 $R(s)$ 為

$$R(s) = \frac{A}{s^2} \tag{5-7}$$

其函數圖形如圖 5-2 所示。

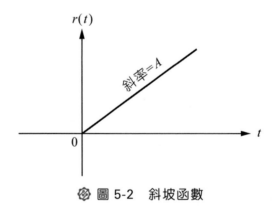

◈ 圖 5-2 斜坡函數

3. **拋物線函數**(parabolic function)：又稱為加速度函數；此函數代表比斜坡函數的大小變化快一階的函數，其物理意義為等加速度運動，例如使旋轉軸進行等角加速度旋轉，而其數學式為

$$r(t) = \begin{cases} \dfrac{A}{2}t^2 \, , \ t \geq 0 \\ 0 \, , \ t < 0 \end{cases}$$ (5-8)

式(5-8)亦可寫成

$$r(t) = \frac{A}{2}t^2 \, u_s(t)$$ (5-9)

拋物線函數之拉氏轉換 $R(s)$ 為

$$R(s) = \frac{A}{s^3}$$ (5-10)

其函數圖形如圖 5-3 所示。

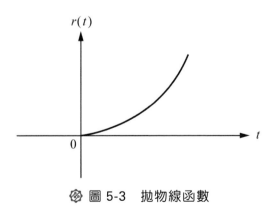

⚙ 圖 5-3　拋物線函數

4. **正弦函數**(sinusoidal function)：正弦函數訊號在頻域分析時常用，其數學式表示為

$$r(t) = \begin{cases} A \ \sin \ \omega t, \ t \geq 0 \\ 0 \qquad , \ t > 0 \end{cases} \qquad (5\text{-}11)$$

式中 A 及 ω 均為常數，正弦函數之拉氏轉換 $R(s)$ 為

$$R(s) = \frac{A\omega}{s^2 + \omega^2} \qquad (5\text{-}12)$$

其函數圖形如圖 5-4 所示。

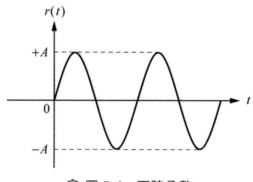

◎ 圖 5-4　正弦函數

5. **脈衝函數**(impulse function)：脈衝函數定義為

$$r(t) = \Delta(t)$$

$$= \begin{cases} \lim_{t \to 0} \dfrac{A}{\tau}, 0 < t < \tau \\ 0, t > \tau \text{或} t < 0 \end{cases} \qquad (5\text{-}13)$$

式中 A 為常數。脈衝函數 $\Delta(t)$ 之拉氏轉換 $R(s)$ 為

$$R(s) = A \tag{5-14}$$

其函數圖形如圖 5-5 所示。

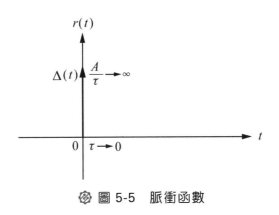

圖 5-5　脈衝函數

　　至於該使用何種測試訊號來評估控制系統之性能，則由系統在常態操作時，最常遭遇到的狀況而定，例如系統常遭受突加之干擾，則步階訊號較為適宜。

Automatic Control

5-3 ›› 單位回授系統之穩態誤差 (steady-state error)

　　物理系統中常因控制元件不良或老化，以及系統元件的非線性特性（摩擦力、齒輪間隙等）影響，使得輸出響應之穩態甚少與參考輸入一致，因此，穩態誤差之存在幾乎是不可避免的，實際上，穩態誤差常被視為系統精確度的性能指標。所以在控制系統的分析與設計中，如何使誤差值降低到最小或是低於某一可容忍的值，便成為一個重要的問題。穩態誤差值之大小，不只與系統本身特性有關，亦視測試訊號而定。以下將探討各種測試訊號所產生之穩態誤差。

單位回授控制系統之標準方塊圖，如圖 5-6 所示。

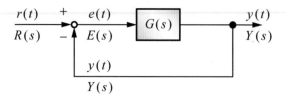

圖 5-6　單位回授控制系統之標準方塊圖

此系統之誤差 $e(t)$ 定義為輸入與回授訊號之差值，亦即

$$e(t) = r(t) - y(t) \tag{5-15}$$

其拉氏轉換關係為

$$E(s) = R(s) - Y(s) \tag{5-16}$$

$$= \frac{R(s)}{1 + G(s)} \tag{5-17}$$

而此系統之穩態誤差 e_{ss} 定義為

$$e_{ss} = \lim_{t \to \infty} e(t) \tag{5-18}$$

若 $sE(s)$ 之極點均落於 s 平面之左半面，則由終值定理知

$$e_{ss} = \lim_{s \to 0} sE(s) = \lim_{s \to 0} \frac{sR(s)}{1 + G(s)} \tag{5-19}$$

通常開迴路轉移函數 $G(s)$ 可因式分解，並表示為

$$G(s) = \frac{K(1 + \sigma_1 s)(1 + \sigma_2 s) \cdots (1 + \sigma_m s)}{s^j (1 + \tau_1 s)(1 + \tau_2 s) \cdots (1 + \tau_n s)} \tag{5-20}$$

其中 K 為常數，而 σ_i 及 τ_i 均為時間常數。此系統之閉迴路轉換函數的型式(type)定義為開迴路轉移函數 $G(s)$ 在原點之極點的階數(order)，故當 $j=0$ 時，則稱為零型系統，當 $j=1$ 時，則稱為一型式系統，依此類推。

為了方便計算系統對典型測試訊號之穩態誤差，先行定義三種誤差常數如下：

1. 位置誤差常數 K_P

$$K_p = \lim_{s \to 0} G(s) \tag{5-21}$$

2. 速度誤差常數 K_v

$$K_v = \lim_{s \to 0} sG(s) \tag{5-22}$$

3. 加速度誤差常數 K_a

$$K_a = \lim_{s \to 0} s^2 G(s) \tag{5-23}$$

而不同型式(type)系統之誤差常數如下

(1) **零型系統**：零型系統之開迴路轉移函數 $G(s)$ 為

$$G(s) = \frac{K(1+\sigma_1 s)(1+\sigma_2 s)\cdots\cdots(1+\sigma_m s)}{(1+\tau_1 s)(1+\tau_2 s)\cdots\cdots(1+\tau_n s)} \tag{5-24}$$

將式(5-24)代入式(5-21)可得位置誤差常數 K_P 為

$$K_P = \lim_{s \to 0} \frac{K(1+\sigma_1 s)(1+\sigma_2 s)\cdots\cdots(1+\sigma_m s)}{(1+\tau_1 s)(1+\tau_2 s)\cdots\cdots(1+\tau_n s)} = K \tag{5-25}$$

代入式(5-22)可得速度誤差常數 K_v 為

$$K_v = \lim_{s \to 0} \frac{Ks(1+\sigma_1 s)(1+\sigma_2 s)\cdots(1+\sigma_m s)}{(1+\tau_1 s)(1+\tau_2 s)\cdots(1+\tau_n s)} = 0 \tag{5-26}$$

代入式(5-23)可得加速度誤差常數 K_a 為

$$K_a = \lim_{s \to 0} \frac{Ks^2(1+\sigma_1 s)(1+\sigma_2 s)\cdots(1+\sigma_m s)}{(1+\tau_1 s)(1+\tau_2 s)\cdots(1+\tau_n s)} = 0 \tag{5-27}$$

(2) **1 型系統**：1 型系統之開迴路轉移函數 $G(s)$ 為

$$G(s) = \frac{K(1+\sigma_1 s)(1+\sigma_2 s)\cdots(1+\sigma_m s)}{s(1+\tau_1 s)(1+\tau_2 s)\cdots(1+\tau_n s)} \tag{5-28}$$

同理利用式(5-21)、(5-22)及(5-23)可求得 K_p、K_v 及 K_a 分別為

$$K_p = \lim_{s \to 0} \frac{K(1+\sigma_1 s)(1+\sigma_2 s)\cdots(1+\sigma_m s)}{s(1+\tau_1 s)(1+\tau_2 s)\cdots(1+\tau_n s)} = \infty \tag{5-29}$$

$$K_v = \lim_{s \to 0} \frac{K(1+\sigma_1 s)(1+\sigma_2 s)\cdots(1+\sigma_m s)}{(1+\tau_1 s)(1+\tau_2 s)\cdots(1+\tau_n s)} = K \tag{5-30}$$

$$K_a = \lim_{s \to 0} \frac{Ks(1+\sigma_1 s)(1+\sigma_2 s)\cdots(1+\sigma_m s)}{(1+\tau_1 s)(1+\tau_2 s)\cdots(1+\tau_n s)} = 0 \tag{5-31}$$

(3) **2 型系統**：2 型系統之開迴路轉移函數 $G(s)$ 為

$$G(s) = \frac{K(1+\sigma_1 s)(1+\sigma_2 s)\cdots(1+\sigma_m s)}{s^2(1+\tau_1 s)(1+\tau_2 s)\cdots(1+\tau_n s)} \tag{5-32}$$

其 K_p、K_v 及 K_a 分別為

$$K_p = \lim_{s \to 0} \frac{K(1+\sigma_1 s)(1+\sigma_2 s)\cdots\cdots(1+\sigma_m s)}{s^2(1+\tau_1 s)(1+\tau_2 s)\cdots\cdots(1+\tau_n s)} = \infty \qquad (5\text{-}33)$$

$$K_v = \lim_{s \to 0} \frac{K(1+\sigma_1 s)(1+\sigma_2 s)\cdots\cdots(1+\sigma_m s)}{s(1+\tau_1 s)(1+\tau_2 s)\cdots\cdots(1+\tau_n s)} = \infty \qquad (5\text{-}34)$$

$$K_a = \lim_{s \to 0} \frac{K(1+\sigma_1 s)(1+\sigma_2 s)\cdots\cdots(1+\sigma_m s)}{(1+\tau_1 s)(1+\tau_2 s)\cdots\cdots(1+\tau_n s)} = K \qquad (5\text{-}35)$$

(4) **3 型或更高型系統**：K_p、K_v 及 K_a 值，一樣利用式(5-21)～(5-23)，讀者可自行求得，其值均為無窮大。

最後，不同型式系統在各種典型測試訊號輸入時之穩態誤差可求得如下

1. **單位步階輸入**：$r(t) = u_s(t)$，亦即 $R(s) = \dfrac{1}{s}$，則有

$$
\begin{aligned}
e_{ss} &= \lim_{s \to 0} \frac{sR(s)}{1+G(s)} = \lim_{s \to 0} \frac{1}{1+G(s)} \\
&= \frac{1}{1+\lim\limits_{s \to 0} G(s)} = \frac{1}{1+K_p}
\end{aligned}
\qquad (5\text{-}36)
$$

(1) **零型系統**：$K_p = K$，則穩態誤差 e_{ss} 為

$$e_{ss} = \frac{1}{1+K_p} = \frac{1}{1+K} \qquad (5\text{-}37)$$

式(5-37)表示零型系統在單位步階輸入時會存在穩態誤差，如圖 5-7 所示，且當 K 值愈大時，穩態誤差將愈小。

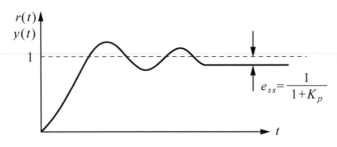

☆ 圖 5-7　單位步階輸入之穩態誤差

(2) **1 型及 1 型以上系統**：K_p 值均為無窮大，故穩態誤差均為 0，亦即

$$e_{ss} = \frac{1}{1+K_p} = \frac{1}{1+\infty} = 0 \tag{5-38}$$

式(5-38)表示 1 型及 1 型以上系統，均能完全跟隨(follow)單位步階輸入。

2. **單位斜坡輸入**：$r(t) = tu_s(t)$，亦即 $R(s) = \dfrac{1}{s^2}$，則有

$$\begin{aligned}
e_{ss} &= \lim_{s \to 0} \frac{sR(s)}{1+G(s)} = \lim_{s \to 0} \frac{1}{s+sG(s)} \\
&= \frac{1}{\displaystyle\lim_{s \to 0} sG(s)} = \frac{1}{K_v}
\end{aligned} \tag{5-39}$$

(1) **零型系統**：$K_v = 0$，則穩態誤差 e_{ss} 為

$$e_{ss} = \frac{1}{K_v} = \frac{1}{0} = \infty \tag{5-40}$$

式(5-40)表示零型系統無法跟隨斜坡訊號。

(2) **1 型系統：** $K_v = K$，則穩態誤差 e_{ss} 為

$$e_{ss} = \frac{1}{K_v} = \frac{1}{K} \tag{5-41}$$

式(5-41)表示 1 型系統在單位斜坡輸入時有存在穩態誤差，如圖 5-8 所示，且當 K 值愈大時，穩態誤差將愈小。

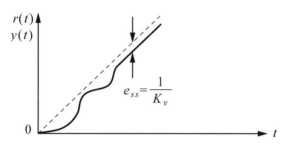

⚙ 圖 5-8　單位斜坡輸入之穩態誤差

(3) 2 型及 2 型以上系統：K_v 值均為 ∞，故穩態誤差均為 0，亦即

$$e_{ss} = \frac{1}{K_v} = \frac{1}{\infty} = 0 \tag{5-42}$$

式(5-42)表示 2 型及 2 型以上系統，均能完全跟隨單位斜坡輸入。

3. **單位拋物線輸入：** $r(t) = \frac{1}{2}t^2 u_s(t)$，亦即 $R(s) = \frac{1}{s^3}$，則有

$$
\begin{aligned}
e_{ss} &= \lim_{s \to 0} \frac{sR(s)}{1 + G(s)} = \lim_{s \to 0} \frac{1}{s^2 + s^2 G(s)} \\
&= \frac{1}{\lim_{s \to 0} s^2 G(s)} = \frac{1}{K_a}
\end{aligned}
\tag{5-43}
$$

(1) **零型及 1 型系統**：K_a 值均為 0，故穩態誤差為 ∞，亦即

$$e_{ss} = \frac{1}{K_a} = \frac{1}{0} = \infty \tag{5-44}$$

式(5-44)表示零型及 1 型系統無法跟隨單位拋物線輸入。

(2) **2 型系統**：$K_a = K$，則穩態誤差 e_{ss} 為

$$e_{ss} = \frac{1}{K_a} = \frac{1}{K} \tag{5-45}$$

式(5-45)表示 2 型系統在單位拋物線輸入時會存在穩態誤差，如圖 5-9 所示，且當 K 值愈大時，穩態誤差將愈小。

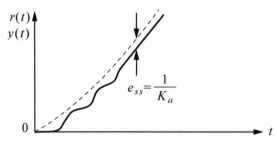

◈ 圖 5-9　單位拋物線輸入之穩態誤差

(3) **3 型及 3 型以上系統**：K_a 值均為 ∞，故穩態誤差為 0，亦即

$$e_{ss} = \frac{1}{K_a} = \frac{1}{\infty} = 0 \tag{5-46}$$

式(5-46)表示 3 型及 3 型以上系統均能完全跟隨單位拋物線輸入。

為了方便讀者進行比較與幫助記憶，各種系統型式之誤差常數與穩態誤差值整理於表 5-1 中，由表中可看出系統型式愈高，跟隨輸入訊號之能力愈佳。此外，有幾點必須注意：

☎ 表 5-1　不同輸入訊號與穩態誤差之關係

系統型式	誤差常數			單位步階輸入 e_{ss}	單位斜坡輸入 e_{ss}	單位拋物線輸入 e_{ss}
	K_p	K_v	K_a			
零　　型 $(j=0)$	K	0	0	$\dfrac{1}{1+K_p}$	∞	∞
一　　型 $(j=1)$	∞	K	0	0	$\dfrac{1}{K_v}$	∞
二　　型 $(j=2)$	∞	∞	K	0	0	$\dfrac{1}{K_a}$
三型以上 $(j \geq 3)$	∞	∞	∞	0	0	0

1. 若輸入 $r(t)$ 為三種典型測試訊號之組合，亦即

$$r(t) = at^2 + bt + c \tag{5-47}$$

則此時系統之穩態誤差為

$$e_{ss} = \frac{2a}{K_a} + \frac{b}{K_v} + \frac{c}{1+K_p} \tag{5-48}$$

2. 積分控制器會引入一個位於原點之極點，故能使系統型式增加 1，因而可使穩態誤差得以改善。

3. 以穩態誤差為訴求，則設計時以較高型式之系統為佳，但暫態響應與穩定性可能不滿足性能要求。

4. 對於非單位回授控制之系統而言，若系統之誤差仍定義為 $e(t) = r(t) - y(t)$，則穩態誤差可使用一般化的公式來求。亦即，可直接應用終值定理計算如下

$$e_{ss} = \lim_{t \to \infty} e(t) = \lim_{s \to 0} sE(s) = \lim_{s \to 0} s[R(s) - Y(s)] = \lim_{s \to 0} sR(s)\left(1 - \frac{Y(s)}{R(s)}\right)$$

$$\Rightarrow \quad e_{ss} = \lim_{s \to 0} sR(s)\left(1 - G_c(s)\right)$$

式中 $G_c(s) = Y(s)/R(s)$ 為閉迴路轉移函數。

注意！ 一般非單位回授控制系統之穩態誤差可應用以上公式來求，詳細使用方法參考例題 2。

例題 1

比例積分單位回授控制系統之方塊圖如下

$$V_d(s) \xrightarrow{\quad} \overset{+}{\underset{-}{\bigcirc}} \xrightarrow{E(s)} \boxed{G_1(s) = K_P + \frac{K_I}{s}} \xrightarrow{\quad} \boxed{G_2(s) = \frac{P}{\tau s + 1}} \xrightarrow{V(s)}$$

試求(1)誤差常數 K_p、K_v 及 K_a。

(2)單位步階輸入，單位斜坡輸入及單位拋物線輸入時之穩態誤差。

解

此為單位回授控制系統，開迴路轉移函數 $G(s)$ 為

$$G(s) = G_1(s)G_2(s)$$

$$= \frac{P(K_P s + K_I)}{s(\tau s + 1)} = \frac{PK_I(1 + \frac{K_P}{K_I}s)}{s(1 + \tau s)}$$

由 $G(s)$ 之型式知此為 1 型系統,則直接利用表 5-1 之結果便能求解,讀者亦可自行參考例題 1 重解此題。

(1)由表 5-1 知 K_p、K_v 及 K_a 分別為

$$K_p = \infty$$

$$K_v = PK_I$$

$$K_a = 0$$

(2)由表 5-1 知單位步階輸入之穩態誤差為

$$e_{ss} = \frac{1}{1+K_p} = \frac{1}{1+\infty} = 0$$

單位斜坡輸入之穩態誤差為

$$e_{ss} = \frac{1}{K_v} = \frac{1}{PK_I}$$

而單位拋物線輸入之穩態誤差為

$$e_{ss} = \frac{1}{K_a} = \frac{1}{0} = \infty$$

PD 位置控制系統如下圖所示,試求在單位步階函數輸入下之穩態誤差。

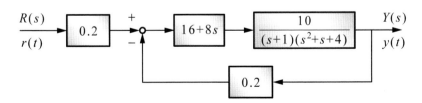

(1)先求閉迴路轉移函數 $G_c(s) = Y(s)/R(s)$

$$G_c(s) = 0.2 \times \cfrac{(16+8s) \times \cfrac{10}{(s+1)(s^2+s+4)}}{1+(16+8s) \times \cfrac{10}{(s+1)(s^2+s+4)} \times 0.2}$$

$$= \frac{16(s+2)}{s^3+2s^2+21s+36}$$

(2)輸入為單位步階函數，所以 $R(s) = 1/s$，應用求穩態誤差之一般化公式如下

$$e_{ss} = \lim_{s \to 0} sR(s)\left(1-G_c(s)\right)$$

$$= \lim_{s \to 0} s \times \frac{1}{s} \times \left(1 - \frac{16(s+2)}{s^3+2s^2+21s+36}\right)$$

$$= \lim_{s \to 0} \left(1 - \frac{16(s+2)}{s^3+2s^2+21s+36}\right)$$

$$= \left(1 - \frac{32}{36}\right) = \frac{1}{9} = 0.1111$$

$$= 11.11\%$$

5-4 ›› 系統之暫態響應

　　暫態響應為系統之時間響應中，當時間趨於很大時，趨近於零之部分。亦即當系統受外來干擾或目標值有所變動時，系統會離開原有平衡點，再經由一段過渡時期而達到新的平衡狀態，而此過渡時期內系統變化情形，即為系統之暫態響應(transient response)。而暫態響應之振幅大小及響應時間必須滿足實際上之要求。而其性能評估通常是以單位步階輸入來測試。

　　當輸入訊號 $r(t)$ 為單位步階函數時，此時控制系統之響應，我們稱之為單位步階響應(unit step response)，一般型式如圖 5-10 所示。參考單位步階響應，我們定義在時域分析常用之性能規格如下：

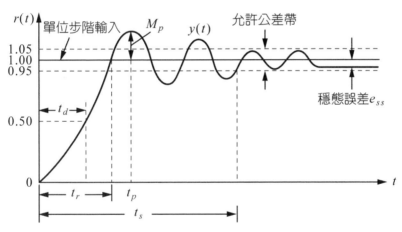

🏵 圖 5-10　單位步階響應曲線

1. **上升時間**(rising time)：上升時間代表初期響應速度之快慢，定義為單位步階響應上升至終值時所需時間。而對無振盪之過阻尼系統，則定義為從單位步階響應最終值之 0.1 上升至 0.9 所需之時間。

2. **延遲時間**(delay time)t_d：定義為單位步階響應上升至最終值之 0.5 所需時間。

3. **尖峰時間**(peak time)t_p：定義為單位步階響應至第一個高峰所需時間。

4. **最大超越量**(peak overshoot)M_p：定義為單位步階響應之最大偏移量，此與系統之相對穩定性有關，應避免太大。而最大超越量 M_p 通常以百分比表示為

$$百分最大超越量 = \frac{y_{max} - y(\infty)}{y(\infty)} \times 100\% \tag{5-49}$$

5. **安定時間**(setting time)t_s：定義為單位步階響應進入最終值的特定百分比範圍內所需時間。通常所使用之百分比為 5%或 2%。

5-5 >>> 一階系統之時間響應

　　一階系統為最簡單之系統，第四章中已接觸過許多實例，例如 RC 電路，單槽水位系統，加熱系統等均為一階系統，其微分方程式具有以下型式

$$\tau \frac{dy(t)}{dt} + y(t) = r(t) \tag{5-50}$$

式中 $y(t)$ 為輸出，$r(t)$ 為輸入，而 τ 為時間常數(time constant)。若 $\tau > 0$ 則系統為穩定系統，而系統轉移函數為

$$\frac{Y(s)}{R(s)} = \frac{1}{\tau s + 1} \tag{5-51}$$

且由上式可寫出特性方程式為

$$\tau s + 1 = 0 \tag{5-52}$$

一階系統對單位步階輸入及單位斜坡輸入之時間響應，計算如下：

1. **單位步階響應**(unit step response)：$r(t) = u_s(t)$，亦即 $R(s) = \dfrac{1}{s}$，則由式(5-51) 可得輸出 $Y(s)$ 為

$$Y(s) = \frac{1}{s(\tau s + 1)} = \frac{1}{s} - \frac{\tau}{\tau s + 1} \tag{5-53}$$

將式(5-53)取反拉氏轉換可得單位步階響應 $y(t)$ 為

$$y(t) = 1 - e^{-t/\tau}, \quad t \geq 0 \tag{5-54}$$

圖 5-11 為式(5-54)之時間響應圖，而圖 5-12 為不同時間常數之時間響應圖，觀察圖 5-11 及圖 5-12 可得下列結論：

(1) 單位步階響應之穩態誤差為 0。

(2) 時間常數 τ 為時間響應速度之指標，τ 愈小，反應較快。

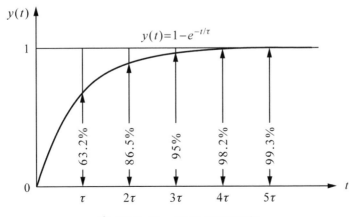

圖 5-11　單位步階響應

(3) 延遲時間 $t_d = 0.693\tau$

　　上升時間 $t_r = 2.197\tau$

　　最大超越量 $M_p = 0$

　　安定時間 $t_s = \begin{cases} 3\tau\,(\text{容許誤差範圍} \pm 5\%) \\ 4\tau\,(\text{容許誤差範圍} \pm 2\%) \end{cases}$

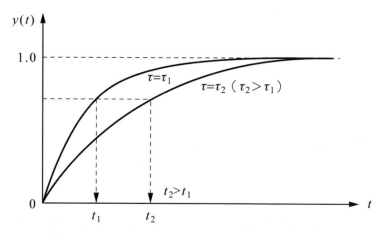

◈ 圖 5-12　時間常數 τ 對單位步階響應之影響

2. **單位斜坡響應**(unit ramp response)：$r(t) = t u_s(t)$，亦即 $R(s) = 1/s^2$，則由式(5-51) 可得輸出 $Y(s)$ 為

$$Y(s) = \frac{1}{s^2(\tau s+1)} = \frac{1}{s^2} - \frac{\tau}{s} + \frac{\tau^2}{\tau s+1} \tag{5-55}$$

將式(5-55)取反拉氏轉換可得單位斜坡響應 $y(t)$ 為

$$y(t) = t - \tau(1 - e^{-t/\tau})，\quad t \geq 0 \tag{5-56}$$

若將式(5-56)對時間 t 微分，可得對時間之變化率為

$$\dot{y}(t) = 1 - e^{-t/\tau}，\quad t \geq 0 \tag{5-57}$$

誤差訊號 $e(t)$為

$$e(t) = r(t) - y(t) = \tau(1 - e^{-t/\tau})$$ (5-58)

穩態誤差 e_{ss} 為

$$e_{ss} = \lim_{t \to \infty} e(t) = \lim_{t \to \infty} \tau(1 - e^{-t/\tau}) = \tau$$ (5-59)

圖 5-13 為式(5-56)之時間響應圖,由圖 5-13 可得下列結論:

(1) $\lim_{t \to \infty} \dot{y}(t) = 1$ 代表時間很久以後輸出將與輸入 $r(t)$ 同斜率。

(2) 穩態誤差恰為時間常數 τ,故時間常數愈小愈好。

(3) 一階系統之性能完全由時間常數 τ 決定。

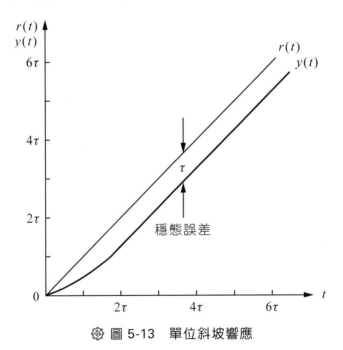

◎ 圖 5-13 單位斜坡響應

Automatic Control

5-6 ›› 二階系統之步階響應

　　二階系統之分析與設計在控制系統中是非常重要的，因為大部分控制系統可以二階系統來近似，所以深入了解二階系統之響應特性是控制工程師必須具備之基本能力，在第四章中，我們已經接觸過許多二階系統之實例，例如質量彈簧阻尼系統，RLC 電路，雙水槽水位控制系統等均為二階系統。

　　標準二階系統之方塊圖如圖 5-14 所示，此系統之閉迴路轉移函數為

$$\frac{Y(s)}{R(s)} = \frac{\omega_n^2}{s^2 + 2\zeta\omega_n s + \omega_n^2} \tag{5-60}$$

式中 ζ 稱阻尼比(damping ratio)，而 ω_n 稱為無阻尼自然頻率(natural undamped frequency)。

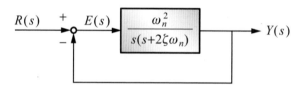

圖 5-14　標準二階系統之方塊圖

令式(5-60)之分母為零，可得閉迴路系統的特性方程式為

$$\Delta(s) = s^2 + 2\zeta\omega_n s + \omega_n^2 = 0 \tag{5-61}$$

若阻尼比 ζ 介於 $0 < \zeta < 1$，則可解得兩特性根為

$$s_1, s_2 = -\alpha \pm j\omega_d \tag{5-62}$$

式中 $\alpha = \zeta \omega_n$，$\omega_d = \omega_n \sqrt{1-\zeta^2}$。而 α 主控步階響應之上升與衰退率，亦即控制了系統阻尼，故稱為阻尼因子(damping factor)或阻尼常數(damping constant)，ω_d 稱為阻尼頻率。而 α, ζ, ω_n, ω_d 與特性根之關係如圖 5-15 所示。

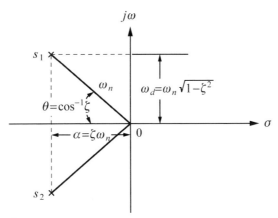

圖 5-15 特性根與 ζ, ω_n, α 及 ω_d 之關係

由圖 5-15 可看出以下關係：

1. 特性根與原點之距離

$$r = \sqrt{\alpha^2 + \omega_d^2} = \omega_n \tag{5-63}$$

2. 阻尼比 ζ 等於特性根與原點連線和負實軸之夾角 θ 之餘弦，亦即

$$\cos\theta = \frac{\alpha}{\omega_n} = \frac{\zeta \omega_n}{\omega_n} = \zeta \tag{5-64}$$

當系統之輸入 $r(t)$ 為單位步階函數 $u_s(t)$ 時，亦即 $R(s) = \dfrac{1}{s}$，由式(5-60)可求得系統輸出 $Y(s)$ 為

$$Y(s) = \frac{\omega_n^2}{s(s^2 + 2\zeta\omega_n s + \omega_n^2)} \tag{5-65}$$

將式(5-65)取反拉氏轉換應可得單位步階響應 $y(t)$，但其型態與特性根型式有關，亦即與阻尼比有關，分開討論如下：

1. **欠阻尼系統**(underdamped system)：阻尼比 ζ 在 $0 < \zeta < 1$ 之間，此時標準二階系統之特性根如式(5-62)所示，而單位步階響應 $y(t)$ 為

$$y(t) = 1 - \frac{e^{-\zeta\omega_n t}}{\sqrt{1-\zeta^2}} \sin\left(\omega_n\sqrt{1-\zeta^2}\,t + \cos^{-1}\zeta\right) \text{，} \quad t \geq 0 \tag{5-66}$$

且穩態值 $y_s(t)$ 為

$$y_s(t) = \lim_{t\to\infty} y(t) = 1 \tag{5-67}$$

由式(5-67)知標準二階系統之單位步階響應無穩態誤差存在。圖 5-16 為標準二階系統之欠阻尼單位步階響應，為一漸近衰退之正弦振盪函數。

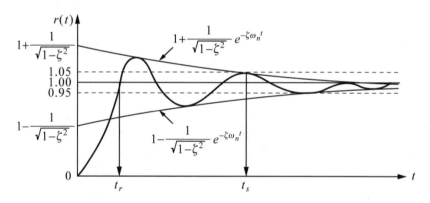

🏵️ 圖 5-16　標準二階系統之欠阻尼單位步階響應

2. **零阻尼系統**(zero damped system)：阻尼比 $\zeta = 0$ 之系統稱之。此時特性根可解得為純虛根，亦即

$$s_1, s_2 = \pm j\omega_n \tag{5-68}$$

直接將 $\zeta = 0$ 代入式(5-66)中可得單位步階響應 $y(t)$ 為

$$y(t) = 1 - \sin(\omega_n t + \pi/2)$$
$$= 1 - \cos\omega_n t , \quad t \geq 0 \tag{5-69}$$

由式(5-69)可知此時單位步階響應 $y(t)$ 呈無阻尼持續振盪之餘弦函數且極大值為 2，極小值為 0。

3. **臨界阻尼系統**(critically damped system)：阻尼比 $\zeta = 1$ 之系統稱之。此時特性根可解得為

$$s_1, s_2 = -\alpha , -\alpha \tag{5-70}$$

為重複實根，而單位步階響應 $y(t)$ 為

$$y(t) = 1 - e^{-\omega_n t}(1 + \omega_n t) \tag{5-71}$$

由上式可看出在臨界阻尼時，沒有正弦函數存在，故其單位步階響應不會有振盪之現象。

4. **過阻尼系統**(over damped system)：阻尼比 $\zeta > 1$ 之系統稱之。此時特性根可解得為

$$s_1, s_2 = -\zeta\omega_n \pm \omega_n\sqrt{\zeta^2-1} = \omega_n\left(-\zeta \pm \sqrt{\zeta^2-1}\right) \tag{5-72}$$

為相異實根。而單位步階響應 $y(t)$ 為

$$y(t) = 1 - \frac{\omega_n}{2\sqrt{\zeta^2-1}}\left[\frac{e^{-(\zeta+\sqrt{\zeta^2-1})\omega_n t}}{(\zeta+\sqrt{\zeta^2-1})\omega_n} - \frac{e^{-(\zeta-\sqrt{\zeta^2-1})\omega_n t}}{(\zeta-\sqrt{\zeta^2-1})\omega_n}\right] \tag{5-73}$$

由式(5-73)可看出兩指數項中必有一項衰退的快，故可忽略。因此過阻尼之二階系統響應應與一階系統相類似，應沒有振動現象且反應較遲緩。

　　由以上討論可知標準二階系統之步階響應與阻尼比 ζ 之大小有密切關係，各種不同阻尼比值之單位步階響應如圖 5-17 所示。

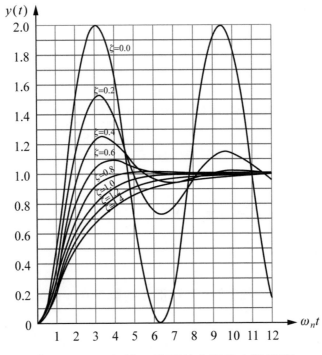

◈ 圖 5-17　標準二階系統之單位步階響應

　　事實上，系統之響應特性完全由特性根所決定，亦即特性根在 s 平面上之位置便決定了系統響應特性，標準二階系統之特性根與步階響應關係整理於表 5-2 中。

⚙ 表 5-2　特性根與步階響應之關係

阻尼分類	阻尼比	特性根 s_1, s_2	步階響應	穩定性
負阻尼	$\zeta < -1$	$-\zeta\omega_n \pm \omega_n\sqrt{\zeta^2-1}$	指數型式無振動上升	不穩定
負阻尼	$-1 < \zeta < 0$	$-\zeta\omega_n \pm j\omega_n\sqrt{1-\xi^2}$	指數型式振動上升	不穩定
無阻尼	$\zeta = 0$	$+j\omega_n, -j\omega_n$	持續正弦之振動	臨界穩定（不穩定）
欠阻尼	$0 < \zeta < 1$	$-\zeta\omega_n \pm j\omega_n\sqrt{1-\zeta^2}$	振動以指數型式衰減	穩定

📷 表 5-2　特性根與步階響應之關係（續）

阻尼分類	阻 尼 比	特性根 s_1, s_2	步 階 響 應	穩定性
臨界阻尼	$\zeta = 1$	$-\omega_n, -\omega_n$	指數型式上升，趨近於終值	穩定
過阻尼	$\zeta > 1$	$-\zeta\omega_n \pm \omega_n\sqrt{\zeta^2 - 1}$	不振動，安定時間較長	穩定

5-7 ▶▶ 二階系統性能規格之數學表示法

標準二階系統之性能規格是定義在單位步階響應上，假設此系統為欠阻尼系統($0 < \zeta < 1$)，則上升時間 t_r、尖峰時間 t_p、最大超越量 M_p 及安定時間 t_s 之數學表示法可推導如下：

1. **上升時間** t_r：由上升時間之定義，令 $y(t_r) = 1$，可得

$$y(t_r) = 1 = 1 - \frac{e^{-\zeta\omega_n t_r}}{\sqrt{1-\zeta^2}} \sin\left(\omega_n\sqrt{1-\zeta^2}\,t_r + \cos^{-1}\zeta\right) \tag{5-74}$$

因為 $e^{-\zeta\omega_n t_r}$ 恆大於 0，所以

$$\sin\left(\omega_n\sqrt{1-\zeta^2}t_r + \cos^{-1}\zeta\right) = 0 \tag{5-75}$$

由上式可得

$$\omega_n\sqrt{1-\zeta^2}t_r + \cos^{-1}\zeta = \pi \tag{5-76}$$

進而上升時間可解得為

$$t_r = \frac{\pi - \cos^{-1}\zeta}{\omega_n\sqrt{1-\zeta^2}} = \frac{\pi - \cos^{-1}\zeta}{\omega_d} \tag{5-77}$$

其中 $\omega_d = \omega_n\sqrt{1-\zeta^2}$ 。

2. **尖峰時間** t_p：尖峰時間 t_p 可由式(5-66)微分一次，並令其值為 0 求得，亦即由

$$\begin{aligned}\frac{dy(t)}{dt} &= \frac{\zeta\omega_n}{\sqrt{1-\zeta^2}}e^{-\zeta\omega_n t}\sin(\omega_d t + \theta) - \frac{\omega_d}{\sqrt{1-\xi^2}}e^{-\zeta\omega_n t}\cos(\omega_d t + \theta)\\ &= \frac{\omega_n}{\sqrt{1-\zeta^2}}e^{-\zeta\omega_n t}\left[\zeta\sin(\omega_d t + \theta) - \sqrt{1-\zeta^2}\cos(\omega_d t + \theta)\right] = 0\end{aligned} \tag{5-78}$$

式中 $\omega_d = \omega_n\sqrt{1-\zeta^2}$ ， $\theta = \cos^{-1}\zeta$ 。又由圖 5-15 可看出下列角度關係

$$\sin\theta = \frac{\omega_n\sqrt{1-\zeta^2}}{\omega_n} = \sqrt{1-\zeta^2} \tag{5-79}$$

因此式(5-78)可以寫成

$$\frac{dy(t)}{dt} = \frac{\omega_n}{\sqrt{1-\zeta^2}} e^{-\zeta\omega_n t}[\cos\theta \ \sin(\omega_d t + \theta) - \sin\theta\cos(\omega_d t + \theta)]$$

$$= \frac{\omega_n}{\sqrt{1-\zeta^2}} e^{-\zeta\omega_n t}\sin\omega_d t = 0 \tag{5-80}$$

又因 $\dfrac{\omega_n}{\sqrt{1-\zeta^2}} e^{-\zeta\omega_n t}$ 不會等於零，所以

$$\sin\omega_d t = 0 \tag{5-81}$$

滿足上式之條件為

$$\omega_d t = n\pi \ , \ n = 0,1,2,\cdots\cdots, \tag{5-82}$$

取 $n = 1$，可得尖峰時間 t_p 為

$$t_p = \frac{\pi}{\omega_d} = \frac{\pi}{\omega_d\sqrt{1-\zeta^2}} \tag{5-83}$$

由式(5-83)可知尖峰時間恰為阻尼振盪週期之一半時間。

3. **最大超越量** M_p：由定義知 M_p 發生於尖峰時間 t_p 時，亦即

$$M_p = y(t_p) - 1$$

$$= -\frac{e^{-\zeta\omega_n t_p}}{\sqrt{1-\zeta^2}}\sin\left(\omega_n\sqrt{1-\zeta^2}\ \frac{\pi}{\omega\sqrt{1-\zeta^2}} + \cos^{-1}\zeta\right)$$

$$= -\frac{e^{-\zeta\omega_n t_p}}{\sqrt{1-\zeta^2}}\sin(\pi + \cos^{-1}\zeta)$$

$$= \frac{e^{-\zeta\omega_n t_p}}{\sqrt{1-\zeta^2}}\sin(\cos^{-1}\zeta)$$

$$= \frac{e^{-\zeta\omega_n t_p}}{\sqrt{1-\xi^2}}\sqrt{1-\zeta^2} = e^{-\zeta\omega_n t_p}$$

$$= e^{-\frac{\zeta\pi}{\sqrt{1-\zeta^2}}} \tag{5-84}$$

而最大超越量百分比（百分超越量）為

$$M_p\% = 100e^{-\frac{\zeta}{\sqrt{1-\zeta^2}}\pi} \,(\%) \tag{5-85}$$

由式(5-85)可看出標準二階系統之單位步階響應的最大超越量 M_p 是阻尼比 ζ 之函數，圖 5-18 顯示最大超越量百分比與阻尼比之間的關係。

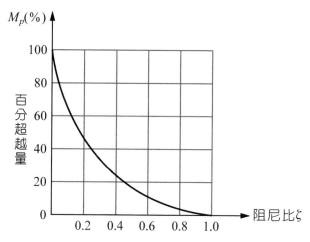

⚙ 圖 5-18　百分超越量與阻尼比之關係

4. **安定時間 t_s**：安定時間的正確分析比較困難，近似求法如圖 5-19 所示：

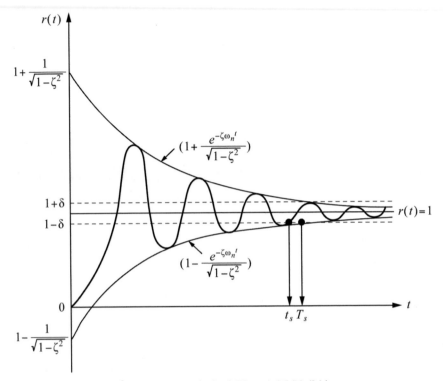

❀ 圖 5-19　安定時間 t_s 之近似求法

由圖 5-19 中可看出安定時間 t_s 可以 T_s 來近似，且

$$1 - \frac{e^{-\zeta\omega_n T_s}}{\sqrt{1-\zeta^2}} = 1 - \delta \tag{5-86}$$

亦即

$$\frac{e^{-\zeta\omega_n T_s}}{\sqrt{1-\zeta^2}} = \delta = \begin{cases} 0.05(5\%\text{允許誤差帶}) \\ 0.02(2\%\text{允許誤差帶}) \end{cases} \tag{5-87}$$

由式(5-87)可求得安定時間近似為

$$t_s \cong T_s \cong \begin{cases} \dfrac{3}{\zeta\omega_n} \text{(5\%允許誤差帶)} \\ \dfrac{4}{\zeta\omega_n} \text{(2\%允許誤差帶)} \end{cases} \tag{5-88}$$

又由圖 5-19 知單位步階響應 $y(t)$ 之包絡線為指數函數，其時間常數 τ 可定義為

$$\tau = \frac{1}{\zeta\omega_n} \tag{5-89}$$

則安定時間 t_s 亦可寫成

$$t_s \cong \begin{cases} 3\tau \text{ (5\%允許誤差帶)} \\ 4\tau \text{ (2\%允許誤差帶)} \end{cases} \tag{5-90}$$

為方便記憶及應用，將以上關係式整理於表 5-3 中。

表 5-3　標準二階系統性能規格之數學表示法

性能規格	數　學　表　示　法
上升時間 t_r	$\dfrac{\pi - \cos^{-1}\zeta}{\omega_d}$
尖峰時間 t_p	$\dfrac{\pi}{\omega_d}$
百分超越量 $M_p\%$	$100e^{-\frac{\zeta}{\sqrt{1-\zeta^2}}\pi}\%$
安定時間 t_s	$t_s \cong \begin{cases} 3\tau \text{ (5\%允許誤差帶)} \\ 4\tau \text{ (2\%允許誤差帶)} \end{cases}$
註：$\omega_d = \omega_n\sqrt{1-\zeta^2}$ $\tau = \dfrac{1}{\zeta\omega_n}$	ζ：阻尼比 ω_n：無阻尼自然頻率

例題 3

如圖 5-14 所示之標準二階系統,其中阻尼比 $\zeta = 0.707$,無阻尼自然頻率 ω_n = 5 rad/sec,試求單位步階輸入時之上升時間 t_r、尖峰時間 t_p、最大超越量 M_p、安定時間 t_s 及阻尼振動週期 $T_d = (2\pi / \omega_d)$,並概略繪出單位步階響應對時間之關係圖。

解

由已知之 $\zeta = 0.707$ 及 $\omega_n = 5$,可先求得阻尼振動頻率 ω_d 為

$$\omega_d = \omega_n \sqrt{1 - \zeta^2} = 3.536 \text{ rad / sec}$$

再參考表 5-3 可依序求得所有性能規格如下

(1) 上升時間 t_r

$$t_r = \frac{\pi - \cos^{-1} \zeta}{\omega_d} = \frac{\pi - \cos^{-1} 0.707}{3.536} = 0.67 \sec$$

(2) 尖峰時間 t_p

$$t_p = \frac{\pi}{\omega_d} = \frac{\pi}{3.536} = 0.89 \sec$$

(3) 最大超越量 M_p

$$M_p = e^{-\frac{\zeta}{\sqrt{1-\zeta^2}}\pi} = e^{-\frac{0.707}{\sqrt{1-0.707^2}}\pi} = 0.043$$

百分超越量 $= 4.3\%$

(4)安定時間 t_s

$$t_s \cong \begin{cases} \dfrac{3}{\zeta\omega_n} = \dfrac{3}{0.707 \times 5} = 0.85 \sec (5\%誤差) \\[3mm] \dfrac{4}{\zeta\omega_n} = \dfrac{4}{0.707 \times 5} = 1.13 \sec (2\%誤差) \end{cases}$$

(5)阻尼振動週期 T_d

$$T_d = 2\pi / \omega_d = 2\pi / 3.536 = 1.78 \sec$$

利用以上所求得之結果可概略繪出單位步階響應圖，如下所示。

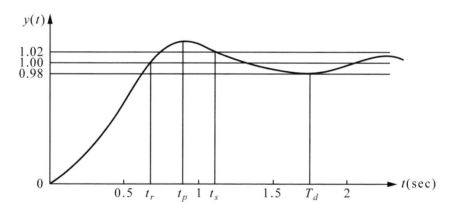

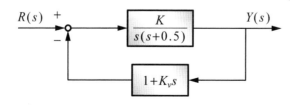

例題 4

伺服控制系統如下圖所示，試決定增益 K 與速度回授增益 K_v 之值，以滿足百分超越量為 20%，及上升時間為 1 秒之性能要求。

由圖可知

$$G(s) = \frac{K}{s(s+0.5)} \quad , \quad H(s) = 1 + K_v s$$

故閉迴路轉移函數為

$$\frac{Y(s)}{R(s)} = \frac{G(s)}{1 + G(s)H(s)} = \frac{\dfrac{K}{s(s+0.5)}}{1 + \dfrac{K}{s(s+0.5)} \cdot (1+K_v s)}$$

$$= \frac{K}{s^2 + (0.5 + KK_v)s + K}$$

令 $K = \omega_n^2$ 且 $(0.5 + KK_v) = 2\zeta\omega_n$，則閉迴路轉移函數可寫成

$$\frac{Y(s)}{R(s)} = \frac{\omega_n^2}{s^2 + 2\zeta\omega_n s + \omega_n^2}$$

故此系統為標準二階系統。又系統之性能要求百分超越量為 20%，故有

$$M_p = 0.2 = e^{-\frac{\zeta}{\sqrt{1-\zeta^2}}\pi}$$

將上式兩邊取 ln 可得

$$-1.609 = -\frac{\zeta}{\sqrt{1-\zeta^2}}\pi$$

由上式可解出 $\zeta = 0.456$。同時要求上升時間為 1 秒，所以

$$t_r = \frac{\pi - \cos^{-1} \zeta}{\omega_n \sqrt{1 - \zeta^2}} = 1$$

將 $\zeta = 0.456$ 代入上式可解得 ω_n 為

$$\omega_n = 2.297 \text{ rad / sec}$$

所以增益 K 值應為

$$K = \omega_n^2 = 2.297^2 = 5.276$$

而速度回授增益 K_v 可由下式求得

$$(0.5 + 5.276 \times K_v) = 2 \times 0.456 \times 2.297$$

亦即

$$K_v = 0.302$$

例題 5

假設步進馬達為一標準二階系統，當輸入為單位步階函數時，系統之輸出如下圖所示，試寫出此系統之閉迴路轉移函數。

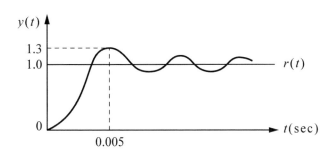

 解

步進馬達系統以標準二階系統近似，故其閉迴路轉移函數應為

$$\frac{Y(s)}{R(s)} = \frac{\omega_n^2}{s^2 + 2\zeta\omega_n s + \omega_n^2}$$

由圖中可看出單位步階響應之 $M_p = 0.3$ 且 $t_p = 0.005\,\text{sec}$，故可得

$$M_p = e^{-\frac{\zeta}{\sqrt{1-\zeta^2}}\pi} = 0.3$$

由上式可解得 $\zeta = 0.358$。又

$$t_p = \frac{\pi}{\omega_n\sqrt{1-\zeta^2}} = 0.005$$

將 $\zeta = 0.358$ 代入上式可解出 $\omega_n = 672.92\,\text{rad}/\text{sec}$。所以閉迴路轉移函數為

$$\frac{Y(s)}{R(s)} = \frac{672.92^2}{s^2 + 2 \times 0.358 \times 672.92s + 67292^2}$$

$$= \frac{452821.33}{s^2 + 481.81s + 452821.33}$$

5-8 ››› 二階系統之斜坡輸入響應

當標準二階系統之輸入 $r(t)$ 為單位斜坡函數時，亦即 $r(t) = tu_s(t)$ ，或 $R(s) = 1/s^2$ ，此時系統之輸出 $Y(s)$ 為

$$Y(s) = \frac{\omega_n^2}{s^2(s^2 + 2\zeta\omega_n s + \omega_n^2)} \tag{5-91}$$

將 $Y(s)$ 取反拉氏轉換，可得輸出時間響應 $y(t)$ 為

$$y(t) = t - \frac{2\zeta}{\omega_n} + \frac{e^{-\zeta\omega_n t}}{\omega_n\sqrt{1-\zeta^2}}\sin\left[\omega_n\sqrt{1-\zeta^2}\,t + 2\tan^{-1}\frac{\sqrt{1-\zeta^2}}{\zeta}\right] , \quad 0 < \zeta < 1 \tag{5-92}$$

而輸出 $y(t)$ 對 t 之關係如圖 5-20 所示。

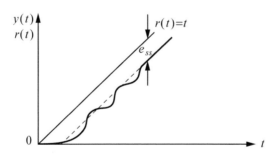

◈ 圖 5-20 標準二階系統之單位斜坡輸入響應

由圖 5-20 可看出與單位步階響應一樣，有振動的現象發生，而當時間較久時，會存在穩態誤差 e_{ss} ，其值可求得為

$$\begin{aligned}
e_{ss} &= \lim_{t\to\infty}[r(t) - y(t)] \\
&= \lim_{t\to\infty}[t - y(t)] \\
&= \frac{2\zeta}{\omega_n}
\end{aligned} \tag{5-93}$$

5-9 >>> 高階系統轉移函數之主要極點 (Dominant Poles)

高階系統是指三階以上之系統而言,此系統在設計與分析上較為困難,一般可先將其簡化,而以降階後之較低階系統來替代,而在降階時必須先確定主要極點之存在。假設高階系統之轉移函數 $G(s)$ 為

$$G(s) = \frac{Y(s)}{R(s)} = \frac{N(s)}{D(s)} \tag{5-94}$$

若將上式因式分解改寫成極點與零點表示之型式,則有

$$G(s) = \frac{K \prod_{i=1}^{m}(s+z_i)}{\prod_{i=1}^{n-2}(s+p_i)(s^2+2\zeta\omega_n s+\omega_n^2)} \tag{5-95}$$

假設系統(5-95)為穩定系統,亦即所有特性根之實部均為負值(全部落在 s-plane 之左半面)。若 $s^2+2\zeta\omega_n s+\omega_n^2$ 之一對共軛複數根$(-\zeta\omega_n \pm j\omega_n\sqrt{1-\zeta^2}\,)$之實部,均相對於其他特性根 $-p_i$ 實部小六倍以上,則因其接近虛軸,相對阻尼常數 α 較小,故將主控步階響應之暫態響應,此時高階系統得以使用以此對共軛複數根為特性根之二階系統來近似。因此,此對共軛複數根 $-\zeta\omega_n \pm j\omega_n\sqrt{1-\zeta^2}$ 稱為高階系統轉移函數之主要極點。主要極點與非主要極點之相對關係,如圖 5-21 所示。

有關主要極點之重要觀念說明如下：

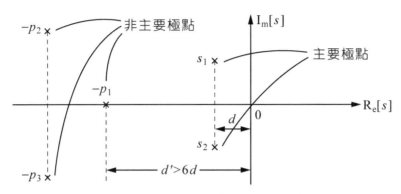

圖 5-21　主要極點與不重要極點之相對關係

1. $s^2 + 2\zeta\omega_n s + \omega_n^2 = 0$ 之特性根 s_1 及 s_2 若為主要極點則必須滿足二種條件：

   (1) 其他極點距虛軸之距離均為其距虛軸距離之六倍以上。

   (2) s_1 及 s_2 附近不能有零點(zeros)存在。

2. 此高階系統若能以 $s^2 + 2\zeta\omega_n s + \omega_n^2 = 0$ 之共軛複數根為極點之二階系統近似，則稱 ζ 為高階系統之相對阻尼比(relative damping ratio)，而稱 ω_n 為此高階系統之相對自然頻率(relative natural frequency)。

3. 高階系統之增益通常可以調整，使得主要極點得以存在，而一般主要極點均以共軛複數根之型式出現，且所希望之極點位置集中在 $\zeta = 0.707$ 線附近，圖示如下

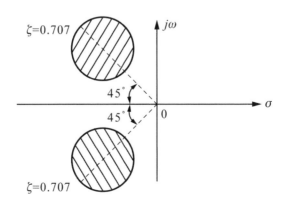

4. 從暫態的觀點，我們知道非主要極點是可以略去的，例如三階系統轉移函數具有以下型式

$$\frac{Y(s)}{R(s)} = \frac{\omega_n^2}{(s+p)(s^2+2\zeta\omega_n s+\omega_n^2)} \tag{5-96}$$

假設 $p \geq 6\zeta\omega_n$，此時極點 $-p$ 可以略去，但為了確保穩態時間響應不受此近似之影響，必須將式(5-96)改寫為

$$\frac{Y(s)}{R(s)} = \frac{\omega_n^2}{p\left(\dfrac{s}{p}+1\right)(s^2+2\zeta\omega_n s+\omega_n^2)} \tag{5-97}$$

之型式。當 $|s/p| \ll 1$ 時，則式(5-97)可近似為

$$\frac{Y(s)}{R(s)} = \frac{\omega_n^2}{p(s^2+2\zeta\omega_n s+\omega_n^2)} \tag{5-98}$$

則系統(5-98)即為可近似化系統(5-96)之降階系統。

考慮二階系統其轉移函數為 $G(s) = \dfrac{1}{(s+1)(s+100)}$，此系統是否可以一階的轉移函數來表示？理由為何？

(1)可以。

(2) 轉移函數之極點為 $s = -1$ 與 $s = -100$，因為極點 $s = -100$ 到虛軸之距離超過極點 $s = -1$ 到虛軸之距離的六倍以上，所以極點 $s = -1$ 為主要極點，而極點 $s = -100$ 則為非主要極點，可以忽略，方式如下

$$G(s) = \frac{1}{(s+1)(s+100)} = \frac{1}{100(s+1)(0.01s+1)} \cong \frac{0.01}{s+1} \quad (\text{一階})$$

例題 7

試分析下圖所示系統：

(1) 計算系統主複數根之阻尼比(damping ratio)

(2) 計算相對之自然頻率(undamped natural frequency)

(3) 計算系統穩態速度誤差常數 K_v。

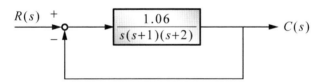

註：此例題為 80 年高考二級機械類自動控制之試題。

 解

系統之閉迴路轉移函數 $G_c(s)$ 為

$$G_c(s) = \frac{G(s)}{1+G(s)} = \frac{\dfrac{1.06}{s(s+1)(s+2)}}{1+\dfrac{1.06}{s(s+1)(s+2)}}$$

$$= \frac{1.06}{s^3+3s^2+2s+1.06}$$

其特性方程式為

$$s^3 + 3s^2 + 2s + 1.06 = 0$$

因式分解可得

$$(s + 2.34)(s^2 + 0.66s + 0.45) = 0$$

故極點為 -2.34，$-0.33 - j0.57$，$-0.33 + j0.57$，而極點 -2.34 距離虛軸為二共軛複數根距虛軸之 6 倍以上，故主要極點應為 $-0.33 - j0.57$ 及 $-0.33 + j0.57$。而極點 -2.34 可以忽略，所以轉移函數可以改寫為

$$G_c(s) = \frac{1.06}{(s+2.34)(s^2+0.66s+0.45)}$$

$$= \frac{1.06}{2.34(1+\dfrac{1}{2.34}s)(s^2+0.66s+0.45)}$$

$$= \frac{0.453}{(1+0.427s)(s^2+0.66s+0.45)}$$

因此降階後之二階近似系統為

$$G_c'(s) = \frac{0.453}{s^2+0.66s+0.45}$$

由上式知 $\omega_n^2 = 0.45$，故可解得 $\omega_n = 0.67 \text{rad/sec}$，又由 $2\zeta\omega_n = 0.66$ 及 $\omega_n = 0.67$ 可解出 $\zeta = 0.49$，所以

(1) 主複數根（主要極點）之阻尼比 $\zeta = 0.49$

(2) 相對之自然頻率 $\omega_n = 0.67 \text{rad/sec}$

(3) 穩態速度誤差常數 K_v 為

$$K_v = \lim_{s \to 0} sG(s) = \lim_{s \to 0} s \cdot \frac{1.06}{s(s+1)(s+2)}$$

$$= \lim_{s \to 0} \frac{1.06}{(s+1)(s+2)}$$

$$= 0.53$$

Automatic Control

5-10 ››› PID 控制器之特性

單位回授控制之方塊圖如圖 5-22 所示

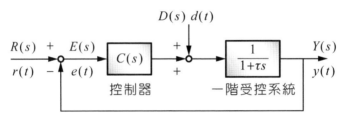

◎ 圖 5-22　單位回授控制系統

其中 $C(s)$ 為控制器之轉移函數，$D(s)$ 為干擾訊號。P 控制器，PD 控制器，PI 控制器與 PID 控制器對系統之影響分別討論如下：

 一、比例控制器(P-controller)

比例控制器之轉移函數為

$C(s) = K_P$，K_P 為設計參數 (5-99)

此時系統之轉移函數 $G_c(s)$ 為

$$G_c(s) = \frac{K_P \times \dfrac{1}{1+\tau s}}{1+K_P \times \dfrac{1}{1+\tau s}} = \frac{K_P}{\tau s + (1+K_P)} \tag{5-100}$$

1. 原一階系統為零型系統，加上 P 控制後仍保持為零型系統。
2. 對單位步階輸入之穩態誤差 e_{ss} 為

$$e_{ss} = \frac{1}{1+\lim\limits_{s \to 0} \dfrac{K_P}{1+\tau s}} = \frac{1}{1+K_P} \tag{5-101}$$

由式(5-101)中可看出穩態誤差不會等於零，但 K_P 值愈大，則穩態誤差愈小。

3. 系統之時間常數由 τ 改變為 $\dfrac{\tau}{1+K_P}$，因此 K_P 值愈大，時間常數愈小，故反應愈快。

4. 對單位步階輸入干擾 $d(t) = u_s(t)$ 之穩態誤差 e_{ss} 為

$$e_{ss} = \lim_{s \to 0} sD(s)\frac{Y(s)}{D(s)} = \lim_{s \to 0} s \frac{1}{s} \frac{\dfrac{1}{1+\tau s}}{1 + \dfrac{K_P}{1+\tau s}}$$

$$= \lim_{s \to 0} \frac{1}{\tau s + (1+K_P)} = \frac{1}{1+K_P} \tag{5-102}$$

由式(5-102)可看出若選擇較大的 K_P 值，則步階干擾之穩態誤差將可減少，但不能完全消除。

由以上分析可歸納出比例控制器之特性有
(1) 對系統之型式(type)沒影響。
(2) 會有較快的暫態響應。
(3) 可改善系統之穩定性。

(4) 可改善穩態誤差。

(5) 可減少干擾之影響。

 二、比例微分控制器(PD-controller)

比例微分控制器之轉移函數為

$$C(s) = K_P(1+K_D s) \quad , \quad K_P \text{ 及 } K_D \text{ 為設計參數} \tag{5-103}$$

此時系統之轉移函數 $G_c(s)$ 為

$$\frac{Y(s)}{R(s)} = \frac{K_P(1+K_D s)(\dfrac{1}{1+\tau s})}{1+K_P(1+K_D s)(\dfrac{1}{1+\tau s})}$$

$$= \frac{K_P(1+K_D s)}{(\tau+K_P K_D)s+(1+K_P)} \tag{5-104}$$

1. 系統仍然為零型。

2. 對單位步階輸入之穩態誤差 e_{ss}

$$e_{ss} = \frac{1}{1+\lim\limits_{s\to 0} K_P(1+K_D s)\dfrac{1}{(1+\tau s)}} = \frac{1}{1+K_P} \tag{5-105}$$

由式(5-105)可看出增加微分控制器對穩態誤差之改善，並無助益。

3. 對單位步階輸入干擾之穩態誤差 e_{ss}

$$e_{ss} = \lim\limits_{s\to 0} sD(s)\frac{Y(s)}{D(s)} = \lim\limits_{s\to 0} s\frac{1}{s}\frac{\dfrac{1}{1+\tau s}}{1+K_P(1+K_D s)\dfrac{1}{1+\tau s}} = \frac{1}{1+K_P} \tag{5-106}$$

由式(5-106)可看出增加微分控制器對步階輸入干擾之穩態誤差並無改善。由以上分析可歸納出 PD 控制器之特性有

(1) 不會改變系統之型式(type)。

(2) 穩態誤差改善之情形與 P 控制器相同。

(3) 由式(5-104)可看出 K_D 值愈大，愈會增加系統之時間常數，使暫態響應變慢。

(4) 會使系統之閉迴路轉移函數增加一個零點(zero)。

(5) PD 控制器對一階系統而言，不會比 P 控制器更好。

(6) 當誤差值保持常數時，微分控制器將無作用，一般很少單獨使用。

(7) 若誤差訊號變動太劇烈，或滲有雜訊，則微分控制器將引起過大之控制訊號，導致穩定性問題。

三、比例積分控制器(PI-controller)

比例積分控制器之轉移函數為

$$C(s) = K_P + \frac{K_I}{s} \quad , \quad K_P \ \text{及} \ K_I \ \text{為設計參數} \tag{5-107}$$

此時系統之轉移函數 $G_c(s)$ 為

$$\frac{Y(s)}{R(s)} = \frac{\left(K_P + \dfrac{K_I}{s}\right)\left(\dfrac{1}{1+\tau s}\right)}{1+\left(K_P + \dfrac{K_I}{s}\right)\left(\dfrac{1}{1+\tau s}\right)} = \frac{(K_P s + K_I)}{\tau s^2 + (1+K_P)s + K_I} \tag{5-108}$$

1. 對單位步階輸入之穩態誤差 e_{ss}

$$e_{ss} = \frac{1}{1+\lim\limits_{s \to 0}\left(K_P + \dfrac{K_I}{s}\right)(1+\tau s)} = 0 \tag{5-109}$$

2. 對單位步階輸入干擾之穩態誤差 e_{ss}

$$e_{ss} = \lim_{s \to 0} sD(s)\frac{Y(s)}{D(s)} = \lim_{s \to 0} s \cdot \frac{1}{s} \cdot \frac{\dfrac{1}{1+\tau s}}{1+\left(K_P + \dfrac{K_I}{s}\right)\left(\dfrac{1}{1+\tau s}\right)} = 0 \tag{5-110}$$

由以上分析可歸納出 PI 控制器之特性有
(1) 會使系統之型式(type)增加 1。
(2) 會改善系統之穩態誤差，使步階輸入之穩態誤差為零。
(3) 會使系統之暫態響應較慢，減低相對穩定性。
(4) 會增加系統階數，並引入一個零點。

 ## 四、比例積分微分控制器(PID-controller)

比例積分微分控制器之轉移函數為

$$C(s) = K_P + K_D s + \frac{K_I}{s} \;,\quad K_P \cdot K_I \text{ 及 } K_D \text{ 為設計參數} \tag{5-111}$$

此時系統之轉移函數 $G_c(s)$ 為

$$\frac{Y(s)}{R(s)} = \frac{\left(K_P + K_D s + \dfrac{K_I}{s}\right)\left(\dfrac{1}{1+\tau s}\right)}{1+\left(K_P + K_D s + \dfrac{K_I}{s}\right)\left(\dfrac{1}{1+\tau s}\right)} = \frac{(K_D s^2 + K_P s + K_I)}{(\tau + K_D)s^2 + (1+K_P)s + K_I} \tag{5-112}$$

1. 對單位步階輸入之穩態誤差 e_{ss} 為

$$e_{ss} = \frac{1}{1+\lim_{s \to 0}\left(K_P + K_D s + \dfrac{K_I}{s}\right)(1+\tau s)} = 0 \tag{5-113}$$

2. 對單位斜坡輸入之穩態誤差 e_{ss} 為

$$e_{ss} = \frac{1}{\lim\limits_{s \to 0} s \left(K_P + K_D s + \dfrac{K_I}{s} \right) \left(\dfrac{1}{1+\tau s} \right)} = \frac{1}{K_I} \tag{5-114}$$

3. 對單位步階輸入干擾之穩態誤差 e_{ss} 為

$$e_{ss} = \lim\limits_{s \to 0} s D(s) \frac{Y(s)}{D(s)} = \lim\limits_{s \to 0} s \frac{1}{s} \frac{\dfrac{1}{1+\tau s}}{\left(K_P + K_D s + \dfrac{K_I}{s} \right) \left(\dfrac{1}{1+\tau s} \right)} = 0 \tag{5-115}$$

由以上分析可歸納出 PID 控制器之特性有

(1) 會使系統之型式(type)增加 1。

(2) 會消除或改善穩態誤差（由 K_I 決定）。

(3) 會增加系統之階數，並引入二個零點。

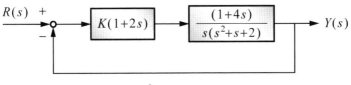

習題五

5-1 單位回授控制系統之開迴路轉移函數 $G(s)$ 分別為

(a) $G(s) = \dfrac{24}{(s+1)(s^2+4s+3)}$

(b) $G(s) = \dfrac{K}{s(s+1)(s^2+4s+100)}$

(c) $G(s) = \dfrac{K(s+1)(s+2)}{s^2(s^2+2s+5)}$

試求每一系統之誤差常數 K_P、K_v 及 K_a，並指出系統型式(type)。

5-2 單位回授控制系統如圖 P5-1 所示，試回答下列問題：

(a) 指出系統之型式(type)。

(b) 求出誤差常數 K_P、K_v 及 K_a。

(c) 求出在單位步階、單位斜坡、單位拋物線函數輸入時之穩態誤差。

$$R(s) \xrightarrow{\ +\ } \bigcirc \xrightarrow{\ -\ } \boxed{K(1+2s)} \longrightarrow \boxed{\dfrac{(1+4s)}{s(s^2+s+2)}} \longrightarrow Y(s)$$

圖 P5-1

5-3 二階系統之方塊圖如圖 P5-2 所示，試求：

(a) 閉迴路轉移函數 $Y(s)/R(s)$。

(b) 寫出特性方程式，並求出特性根。

(c) 系統之阻尼比 ζ 及無阻尼自然頻率 ω_n。

(d) 阻尼因子 α 及阻尼振盪頻率 ω_d。

(e) 上升時間 t_r。

(f) 尖峰時間 t_p。

(g) 最大超越量 M_P 及百分超越量 M_P %。

(h) 安定時間 t_s（5%允許誤差帶）。

(i) 繪出單位步階輸入之概略時間響應圖。

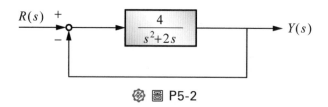

$R(s)$ +
−
$\dfrac{4}{s^2+2s}$
$Y(s)$

⊘ 圖 P5-2

5-4 伺服控制系統之方塊圖如圖 P5-3 所示，試決定增益 k_1, k_2 及 k_3 之值，以滿足穩態誤差為 5%，最大超越量為 20%，且尖峰時間為 1 秒之性能需求。

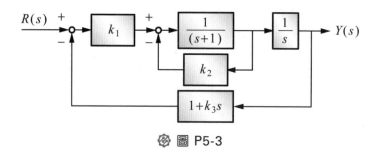

$R(s)$ +
−
k_1 +
−
$\dfrac{1}{(s+1)}$
$\dfrac{1}{s}$
$Y(s)$
k_2
$1+k_3 s$

⊘ 圖 P5-3

5-5 如圖 P5-4 所示之機械振動系統，在靜止時受到 100 牛頓的力量作用，此力量是以步階型式作用，而系統之時間響應如圖 P5-5 所示，且穩態誤差為零，試決定系統參數 M、B 及 K 之值。

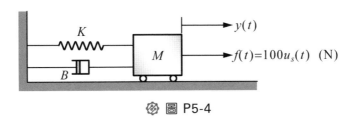

⊘ 圖 P5-4

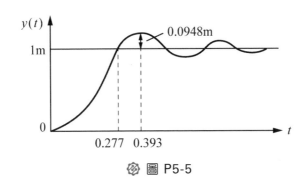

⊘ 圖 P5-5

5-6 **高階系統之閉迴路轉移函數 $G_c(s)$ 為**

(a) $G_c(s) = \dfrac{30}{(s+6)(s^2+2s+5)}$

(b) $G_c(s) = \dfrac{15}{(s^2+7s+15)(s^2+s+1)}$

試求降階後之近似二階閉迴路轉移函數,並寫出相對阻尼比 ζ 及相對無阻尼自然頻率 ω_n。

 參考文獻
References

§ 5-2

1. 喬偉。**控制系統應試手冊**。九功。

§ 5-3

2. Kuo, B. C. (1987). *Automatic Control Systems* (5th ed.). New Jersey: Prentice Hall, Eglewood Cliffs.

3. Dorf, R. C. (1992). *Modern Control Systems* (6th ed.). MA.: Addison-Wesley.

4. Bolton, W. (1992). *Control Engineering*. England: Longman Group UK Limited.

5. 黃燕文（78 年）。**自動控制**。新文京。

§ 5-4～5-5

6. D'Souza, A. F. (1988). *Design of Control Systems*. New Jersey: Prentice Hall, Englewood Cliffs.

7. Nagrath, I. J., & Gopal, M. (1985). *Control Systems Engineering* (2nd ed.). Wiley Eastern Limited.

§ 5-6～5-9

8. Ogata, K. (1970). *Nodern Control Engineering*. New Jersey: Prentice Hall, Eglewood Cliffs.

9. Kuo, B. C. (1987). *Automatic Control Systems* (5th ed.). New Jersey: Prentice Hall, Eglewood Cliffs.

10. Nagrath, I. J., & Gopal, M. (1985). *Control Systems Engineering* (2nd ed.). Wiley Eastern Limited.

11. 王世綱。**自動控制**。中央圖書。

§ 5-10

12. Bolton, W. (1992). *Control Engineering*. England: Longman Group UK Limited.

13. Ogata, K. (1970). *Modern Control Engineering*. New Jersey: Prentice Hall, Eglewood Cliffs.

14. 黃燕文（78 年）。**自動控制**。新文京。

Chapter

06 系統之穩定性與靈敏度

Automatic Control

6-1 ››› 前 言

　　在控制系統的設計中，有很多性能規格必須被滿足，其中最重要的條件是系統必須是穩定的，亦即系統必須具有穩定性(stability)，因為它不只影響系統之使用壽命，更會威脅到操作人員之生命安全。而所謂穩定性就是使系統的響應平穩或安定下來的能力，也就是說使系統響應呈現漸近收斂的作用。

　　事實上，系統穩定性之分析是絕對必要的，不穩定的系統一般而言是不能使用的。基於分析與設計上之考量，通常將控制系統的穩定性分為以下兩類：

(1) 絕對穩定性(absolute stability)：指出系統是否穩定，亦即判定系統具穩定或不穩定。

(2) 相對穩定性(relative stability)：若系統是穩定，則相對穩定性用以衡量系統穩定性之程度，亦即究竟系統有多穩定。

　　對線性非時變系統之穩定性，常用下列方法來判定：

(1) 路斯哈維次準則(Routh-Hurwitz criterion)。

(2) 根軌跡法(root locus method)。

(3) 奈奎士圖(Nyquist criterion)。

(4) 波德圖(Bode plot)。

其中(1)為代數法將於本章介紹，而(2)、(3)及(4)為圖解法，將於後面章節再行介紹。

6-2 ›› 有界輸入有界輸出穩定性

對於一個系統，若其輸出 $y(t)$ 在每一個有界的輸入 $u(t)$ 作用下是有界的，則稱此系統為 BIBO(bounded-input bounded-output)穩定，或簡稱為穩定 (stable)。而 BIBO 穩定性將與系統之極點在 s 平面上之位置有關。

線性非時變系統是有界輸入有界輸出穩定之充分必要條件為特性方程式的根（或轉移函數之極點）必須全部落在 s 平面之左半面。此充分必要條件同義於以下兩個推論：

1. 若系統之所有極點（或特性根）的實部均為負值，亦即所有極點（或特性根）均落在 s 平面之左半面，則此系統為 BIBO 穩定。

2. 若系統有一個或更多個極點（或特性根）之實部不為負值，亦即只要有極點（或特性根）落在 s 平面之右半面或虛軸上，則此系統為不穩定。

在實際應用上，若轉移函數中有極點落在虛軸上，而其他極點均落在左半面，此時根據 BIBO 穩定性之定義，此系統應為不穩定。但事實上，這類系統之輸出 $y(t)$ 是否為有界將與有界輸入 $r(t)$ 之型式有關，例如轉移函數如式(6-1)之系統，若輸入 $r(t) = a\sin\omega t$ 時，則輸出 $y(t)$ 將會隨時間變大而趨於無窮大，故不為 BIBO 穩定。但當輸入 $r(t) \neq a\sin\omega t$ 時，輸出 $y(t)$ 又會有界，此時為 BIBO 穩定。因此，我們也將極點落於虛軸上之系統稱為臨界穩定(marginal stable)。

$$G(s) = \frac{\omega}{s^2 + \omega^2} \tag{6-1}$$

圖 6-1 顯示出極點與系統穩定性之關係，圖中指出穩定極點、不穩定極點及臨界穩定極點在 s 平面之相對位置。

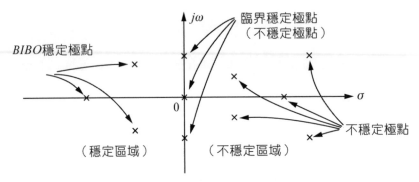

圖 6-1　極點與穩定性之關係

試說明下列系統之穩定性

(1) $G_1(s) = \dfrac{(s+5)}{(s+1)(s^2+3s+2)}$　　　　(2) $G_2(s) = \dfrac{s}{(s+1)(s^2+4)}$

(3) $G_3(s) = \dfrac{(s+3)}{(s+4)(s^2-s-2)}$

解

(1) $G_1(s) = \dfrac{(s+5)}{(s+1)(s+1)(s+2)}$

　　極點為 -1，-1，-2，全落於 s 平面之左半面，故為 BIBO 穩定。

(2) $G_2(s) = \dfrac{s}{(s+1)(s^2+4)}$

　　極點為 -1，$+j2$，$-j2$，有二個落在虛軸上，一個落在 s 平面之左半面，故為不穩定或臨界穩定。

(3) $G_3(s) = \dfrac{(s+3)}{(s+4)(s^2-s-2)} = \dfrac{(s+3)}{(s+4)(s-2)(s+1)}$

　　極點為 -4，$+2$，-1，其中有一個落於右半面，故為不穩定。

6-3 ››› 路斯哈維次準則

線性非時變系統之穩定性可以下列方法來判定：

1. **代數法：** 路斯哈維次準則(Routh-Hurwitz criterion)。

2. **圖解法：** ①奈奎士準則(Nyquist criterion)

②波德圖法(Bode plot)

③根軌跡作圖法(root locus method)

本節將介紹路斯哈維次準則，其他圖解法將於後面章節介紹。

回授控制系統之閉迴路轉移函數 $G_c(s)$ 為

$$G_c(s) = \frac{Y(s)}{R(s)} = \frac{G(s)}{1 + G(s)H(s)} \tag{6-2}$$

令 $G_c(s)$ 之分母為零可得特性方程式 $\Delta(s)$ 為

$$\Delta(s) = 1 + G(s)H(s) = 0 \tag{6-3}$$

將迴路轉移函數 $G(s)H(s)$ 寫成分子 $N(s)$ 及分母 $D(s)$ 之型式如下

$$G(s)H(s) = \frac{N(s)}{D(s)} \tag{6-4}$$

則特性方程式 $\Delta(s)$ 可寫成

$$\Delta(s) = 1 + \frac{N(s)}{D(s)} = \frac{N(s) + D(s)}{D(s)} = 0 \tag{6-5}$$

故特性方程式 $\Delta(s)$ 即為迴路轉移函數之分子與分母相加為零的方程式，亦即

$$\Delta(s) = N(s) + D(s) = 0 \tag{6-6}$$

將 $N(s)$ 及 $D(s)$ 以多項式代入後，可整理成以下型式

$$\Delta(s) = a_0 s^n + a_1 s^{n-1} + a_2\ s^{n-2} + \cdots\cdots + a_{n-1}s + a_n = 0 \tag{6-7}$$

或由式(6-2)直接整理可得

$$\frac{Y(s)}{R(s)} = G_c(s) = \frac{k \prod\limits_{i=1}^{m}(s+z_i)}{a_0 s^n + a_1 s^{n-1} + \cdots\cdots + a_{n-1}s + a_n} \tag{6-8}$$

亦可得到特性方程式 $\Delta(s) = a_0 s^n + a_1\ s^{n-1} + \cdots\cdots + a_{n-1}s + a_n = 0$。

系統之穩定性由特性方程式之特性根決定，路斯哈維次準則提供一個不需解特性方程式之特性根，便能判定系統穩定性的方法，主要原理在於找出是否系統之特性根皆落於 s 平面之左半面。幾種常用之判定準則如下：

1. **系統穩定之必要條件**（非充分條件）

　　①特性方程式之係數必須同號。

　　且②特性方程式不可有缺項。

2. **系統不穩定性之充分條件**（非必要條件）

　　①特性方程式之係數有異號發生。

　　或②特性方程式有缺項發生。

3. **路斯哈維次準則**(Routh-Hurwitz criterion)：首先定義路斯哈維次矩陣如下

s^n	a_0	a_2	a_4	a_6	a_8	$\cdots\cdots\cdots$
s^{n-1}	a_1	a_3	a_5	a_7	a_9	$\cdots\cdots\cdots$
s^{n-2}	b_1	b_2	b_3	b_4		
s^{n-3}	c_1	c_2	c_3	c_4		
s^{n-4}	d_1	d_2	d_3			
$\vdots$	$\vdots$	$\vdots$		$\vdots$		
s^0	a_n					

其中 a_i，$i = 0, 1, 2\cdots\cdots n$ 為特性方程式 $\Delta(s) = 0$ 之係數，而 b_i，c_i，d_i，$\cdots$等必須計算，計算方式如下：

$$b_1 = -\frac{\begin{vmatrix} a_0 & a_2 \\ a_1 & a_3 \end{vmatrix}}{a_1} \quad , \quad b_2 = -\frac{\begin{vmatrix} a_0 & a_4 \\ a_1 & a_5 \end{vmatrix}}{a_1} \quad , \cdots\cdots$$

$$c_1 = -\frac{\begin{vmatrix} a_1 & a_3 \\ b_1 & b_2 \end{vmatrix}}{b_1} \quad , \quad c_2 = -\frac{\begin{vmatrix} a_1 & a_5 \\ b_1 & b_3 \end{vmatrix}}{b_1} \quad , \cdots\cdots$$

$$d_1 = -\frac{\begin{vmatrix} b_1 & b_2 \\ c_1 & c_2 \end{vmatrix}}{c_1} \quad , \quad d_2 = -\frac{\begin{vmatrix} b_1 & b_3 \\ c_1 & c_3 \end{vmatrix}}{c_1} \quad , \cdots\cdots$$

$\vdots$

$\vdots$

當路斯矩陣計算完成後，特性根之位置可由第一行係數之變號情形判定，亦即

(1) 特性方程式之所有特性根全落於左半面之充分條件為路斯矩陣之第一行係數均為同號，亦即無變號發生。

(2) 若第一行係數有變號發生，則其正負號改變之次數即為特性根中落於 s 平面右半面之數目，其他特性根則落在 s 平面之左平面。

 例題 2

三階系統之特性方程式為
$$s^2 + a_1 s^2 + a_2 s + a_3 = 0 \quad , \quad a_i > 0$$
試求系統為 BIBO 穩定之充分必要條件。

 解

先計算路斯矩陣

s^3	1	a_2	0
s^2	a_1	a_3	0
s^1	$\dfrac{(a_1 a_2 - a_3)}{a_1}$	0	
s^0	a_3		

BIBO 穩定之充分條件為第一行係數不變號，因 $a_i > 0$，故充分必要條件為

$$a_1 a_2 - a_3 > 0$$

注意!

① 若第一行最後係數不為 a_3，則代表計算錯誤必須檢查。

② 若 $a_1 a_2 - a_3 = 0$，則無法判定，必須另行處理。

③ 若 $a_1 a_2 - a_3 < 0$，則第一行變號兩次，故特性根將有二個落在右半面，此時系統為不穩定。

6-4 >>> 路斯哈維次準則之應用

路斯哈維次準則在實際應用時，會面臨一些特殊情形，造成無法直接使用，必須另行處理，各種情形處理方式如下：

一、直接可以使用

直接計算完成路斯矩陣，以第一行係數變號情形判定。

例題 3

試判定增益值 K 之範圍，以使圖示之回授系統為 BIBO 穩定。

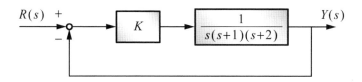

解

系統之閉迴路轉移函數 $G_c(s)$ 為

$$G_c(s) = \frac{\dfrac{K}{s(s+1)(s+2)}}{1 + \dfrac{K}{s(s+1)(s+2)}} = \frac{K}{s^3 + 3s^2 + 2s + K}$$

故特性方程式為

$$\Delta(s) = s^3 + 3s^2 + 2s + K = 0$$

計算路斯哈維次矩陣如下

s^3	1	2
s^2	3	K
s^1	$\dfrac{6-K}{3}$	0
s^0	K	

系統為 BIBO 穩定，其充分條件為第一次係數不變號，故要求

$$\frac{6-K}{3} > 0 \text{ 且 } K > 0$$

亦即 K 值必須在 0 至 6 之間（$0 < K < 6$）才能使系統為 BIBO 穩定。

例題 4

試判定下列特性方程式之特性根中，有幾個落在 s 平面之右半面。

$$\Delta(s) = s^4 + 3s^3 + s^2 + 5s + 6 = 0$$

解

計算路斯哈維次矩陣如下

s^4	1	1	6
s^3	3	5	
s^2	$-\dfrac{2}{3}$	6	
s^1	32		
s^0	6		

由路斯矩陣中第一行係數，可看出有二次變號（$3 \to -2/3$ 及 $-2/3 \to 32$），故此特性方程式應有兩個極點（特性根）落在 s 平面之右半部，而另二個則落於左半部。

 注意！

① 路斯矩陣計算時，若將一列同乘上一正值常數則其第一行係數之符號改變次數不受影響。

② 若路斯矩陣任一列出現符號改變，或有係數為零，則 $\Delta(s) = 0$ 必有不穩定之特性根，亦即系統必為不穩定。

 ## 二、任一列之第一個係數為零

當路斯哈維次矩陣中任一列係數之第一個係數為零，而其他不全為零時，有三種處理方式，以例題 5 說明之。

 例題 5

試判定以下特性方程式 $\Delta(s) = 0$ 之特性根在 s 平面上之分布情形。

$$\Delta(s) = s^4 + 2s^3 + s^2 + 2s + 2 = 0$$

解

計算路斯哈維次矩陣如下

s^4	1	1	2
s^3	2	2	0
s^2	0	2	← 此列第一個係數為 0，而其他係數不全為 0

此時路斯矩陣會有無窮大值出現，處理方法有三種。

【方法一】

將第一個 0 之係數以 ε 取代，ε 代表一個很小的數，再繼續計算完成路斯哈維次矩陣。

$$
\begin{array}{c|ccc}
s^4 & 1 & 1 & 2 \\
s^3 & 2 & 2 & 0 \\
s^2 & \varepsilon & 2 & \\
s^1 & \dfrac{2\varepsilon-4}{\varepsilon} & 0 & \\
s^0 & 2 & &
\end{array}
$$

考慮第一行係數之變號情形如下

	$\varepsilon > 0$	$\varepsilon < 0$
s^4	$+$	$+$
s^3	$+$	$+$
s^2	$+$	$-$
s^1	$-$	$+$
s^0	$+$	$+$

無論 $\varepsilon > 0$ 或 $\varepsilon < 0$ 時，均有二次變號，故有二個特性根落在右半面，而另二個則落於左半面。

 ① 若 $\varepsilon > 0$ 時之變號次數為 n，而 $\varepsilon < 0$ 時之變號次數為 m，當 $n \neq m$ 時，n 與 m 之差值即表落在虛軸上之特性根數目，而 n 與 m 之較小者表落在右半面之數目。

② 此方法之工作原理乃基於特性方程式若無落於虛軸上之特性根，則當係數有微小變化時，落於 s 平面兩個半面內之特性根數目應不變。

【方法二】

可將原式乘上 $(s+a)$，$a>0$，改以新的特性方程式來判定。

亦即可選擇 $(s+a)=(s+1)$，再令

$$\Delta'(s) = \Delta(s) \cdot (s+1)$$
$$= s^5 + 3s^4 + 3s^3 + 3s^2 + 4s + 2 = 0$$

路斯哈維次矩陣為

s^5	1	3	4
s^4	3	3	2
s^3	2	$\dfrac{10}{3}$	
s^2	-2	2	
s^1	$\dfrac{16}{3}$		
s^0	2		

由第一行係數變號 2 次可知 $\Delta'(s)$ 有 2 個特性根在右半面，而另三個則在左半面。又因 $\Delta'(s)$ 比 $\Delta(s)$ 多一個在左半面之根 $(s=-1)$，故可知 $\Delta(s)$ 應有二個特性根在右半面，另二個則在左半面。

【方法三】

將原式中之 s 以 $s=\dfrac{1}{x}$ 代入整理，改以 x 之多項式來判定

$$\Delta(s) = \Delta\left(\frac{1}{x}\right) = x^{-4} + 2x^{-3} + x^{-2} + 2x^{-1} + 2 = 0$$
$$\Rightarrow \Delta(x) = 2x^4 + 2x^3 + x^2 + 2x + 1 = 0$$

計算 $\Delta(x)=0$ 之路斯哈維次矩陣如下

x^4	2	1	1
x^3	2	2	0
x^2	-1	1	
x^1	4		
x^0	1		

第一行係數變號 2 次，故 $\Delta(x)=0$ 有二根落於右半面，另二根則落於左半面，又因

$$x = \frac{1}{s} = \frac{1}{\sigma+j\omega} = \frac{\sigma-j\omega}{(\sigma^2+\omega^2)}$$

故知 x 與 s 具有相同正負號之實部。因此 $\Delta(s)=0$ 亦應有 2 個落在 s 平面之右半面，而另二個則落在左半面。

 三、當路斯矩陣中整列均為零時

處理方式以例題 6 來說明。

例題 6

試判定以下特性方程式之特性根在 s 平面上之分布情形。

$$\Delta(s) = s^5 + 3s^4 + 5s^3 + 15s^2 + 4s + 12 = 0$$

解

路斯哈維次矩陣計算如下

$$
\begin{array}{c|ccc}
s^5 & 1 & 5 & 4 \\
s^4 & 3 & 15 & 12 \\
\hline
s^3 & 0 & 0 &
\end{array}
$$

s^3 之列出現全部係數均為零，此時必須先以上一列，即 s^4 列之係數構成輔助方程式(auxiliary equation)如下

$$A(s) = 3s^4 + 15s^2 + 12 = 0$$

將上式除以 3 可得

$$A(s) = s^4 + 5s^2 + 4 = 0$$

接著將輔助方程式微分一次可得

$$\frac{dA(s)}{ds} = 4s^3 + 10s = 0$$

再將 $\frac{dA(s)}{ds}$ 之係數作為 s^3 列之係數，繼續完成路斯哈維次矩陣，亦即

$$
\begin{array}{c|ccc}
s^5 & 1 & 5 & 4 \\
s^4 & 3 & 15 & 12 \\
\hline
s^3 & 4 & 10 & \\
s^2 & 7.5 & 12 & \\
s^1 & 3.6 & & \\
s^0 & 12 & &
\end{array}
$$

$\rightarrow$ 形成 $A(s) = 0$

$\leftarrow$ 由 $\frac{dA(s)}{ds} = 0$ 之係數代入

由第一行係數沒有變號知 $\Delta(s)=0$ 沒特性根落於 s 平面之右半面。又因輔助方程式 $A(s)=0$ 之根亦為 $\Delta(s)=0$ 之根，亦即

$$\Delta(s) = A(s)\delta(s) = 0$$

其中 $\delta(s)$ 也是多項式。而 $A(s)=0$ 之根可由因式分解求得，將 $A(s)=0$ 因式分解可得

$$
\begin{aligned}
A(s) &= s^4 + 5s^2 + 4 \\
&= (s^2+1)(s^2+4) = 0
\end{aligned}
$$

故輔助方程式之根為 $\pm j$, $\pm j2$，為二對純共軛虛根，所以 $\Delta(s)=0$ 之特性根分布應為

$$特性根總數\ (n) = 右半面數目\ (n^+) + 虛軸上數目\ (n°) + 左半面數目\ (n^-)$$

此時 $n=5$, $n°=4$, $n^+=0$，故 $n^- = n - n^+ - n° = 5 - 4 - 0 = 1$。

① 輔助方程式通常為偶次方，故其根必以大小相同，符號相反出現。
② 特性方程式中存在落於虛軸上之特性根的必要（非充分）條件為路斯矩陣中會有一列全為零之情形存在，或會有相鄰二列成比例出現。

例題 7

單位回授控制系統具有以下開迴路轉移函數

$$G(s) = \frac{a(s+1)}{s^3 + bs^2 + 2s + 1}$$

試決定 a 與 b 之值以使系統具有 3 rad/sec 之振盪頻率。

解

特性方程式為

$$\Delta(s) = s^3 + bs^2 + (2+a)s + (1+a) = 0$$

計算路斯哈維次矩陣如下

s^3	1	$2+a$
s^2	b	$1+a$
s^1	$\dfrac{(a+2)b-(a+1)}{b}$	
s^0	$1+a$	

因為系統不能是不穩定，所以特性方程式不能變號，因此可得到

$$\begin{cases} b > 0 \\ 2+a > 0 \\ 1+a > 0 \end{cases}$$

由路斯哈維次矩陣知當 $(a+2)b-(a+1)=0$ 時，輔助方程式則為 $A(s) = bs^2 + (1+a) = 0$。又因為系統要求之振盪頻率 $\omega = 3$ rad/sec，所以 $(1+a)/b = 9$。由 $(a+2)b-(a+1)=0$ 及 $(1+a)/b = 9$ 可解得 $b = 8/9$，$a = 7$。

6-5 >>> 相對穩定性分析 (relative stability analysis)

　　系統之特性根全落於 s 平面之左半面，這種穩定性稱為絕對穩定性 (absolute stability)。而路斯哈維次準則只能判定系統是否為絕對穩定性，而無法指出穩定性之程度，一種量測系統穩定性程度的方式是以穩定特性根相對於虛軸的距離遠近來比較穩定性程度。例如圖 6-2 中極點 p_2 相對於極點 p_1 來得穩定，此乃因 p_2 之實部 σ_2 比 p_1 之實部 σ_1 大，因此我們說 p_2 比 p_1 穩定。

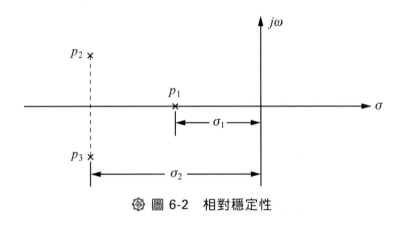

⚙ 圖 6-2　相對穩定性

　　而由暫態響應分析知 $\sigma = \zeta \omega_n$ 與安定時間 t_s 有關，σ 愈大則安定時間愈短，響應愈快。因此定義特性根與虛軸之距離的遠近程度為相對穩定性 (relative stability)，亦即特性根與特性根之間相對安定時間的長短。

　　系統相對穩定性由主要極點遠離虛軸的程度來度量，因此若將 s 平面之虛軸往左移動 σ^*，再利用路斯哈維次準則來判定特性根對平移後之虛軸分布情形，亦即令 $s = x - \sigma^*$ 代入 $\Delta(s) = 0$ 中，轉換成 $\Delta(x) = 0$，再對 x 判定，如圖 6-3 所示，則可知特性根距虛軸之遠近，進而判定系統之相對穩定性。

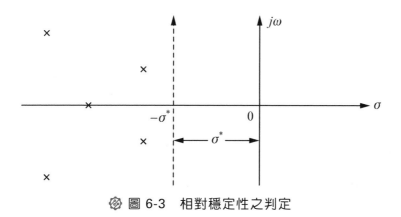

💠 圖 6-3 相對穩定性之判定

例題 8

回授控制系統如下圖所示

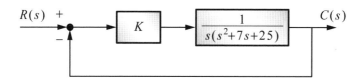

決定 K 值使得閉迴路轉移函數之所有極點與虛軸之距離至少為 1，亦即所有極點之實部均小於 -1。

解

系統之轉移函數 $G_c(s)$ 為

$$\frac{C(s)}{R(s)} = \frac{\dfrac{K}{s(s^2+7s+25)}}{1+\dfrac{K}{s(s^2+7s+25)}} = \frac{K}{s^3+7s^2+25s+K}$$

故特性方程式為

$$\Delta(s) = s^3 + 7s^2 + 25s + K = 0$$

令 $s = x - 1$ 代入上式可得

$$\Delta(x) = (x-1)^3 + 7(x-1)^2 + 25(x-1) + K$$
$$= x^3 + 4x^2 + 14x + (K-19) = 0$$

應用路斯哈維次矩陣

x^3	1	14
x^2	4	$K-19$
x^1	$\dfrac{75-K}{4}$	
x^0	$K-19$	

要沒有 s 之特性根落於 $s = -1$ 之右半面，則第一行元素不可變號，故 K 值必須滿足

$$\begin{cases} 75-K>0 \\ K-19>0 \end{cases}$$

所以允許 K 值範圍為 $19 < K < 75$。

6-6 ››› 系統之靈敏度 (sensitivity)

實際系統中，參數常會隨著環境與時間的改變而發生變動，為了探討參數變化對系統之影響，定義靈敏度 S 為

$$S_\alpha^T = \frac{系統轉移函數T(s)之變化率}{系統參數\alpha之變化率} \tag{6-9}$$

$$= \frac{\Delta T / T}{\Delta \alpha / \alpha} \tag{6-10}$$

若為微量變化，則式(6-10)可寫為

$$S_\alpha^T = \lim_{\Delta\alpha \to 0} \frac{\Delta T / T}{\Delta \alpha / \alpha} = \frac{\alpha}{T} \frac{\partial \mathrm{T}}{\partial \alpha} \tag{6-11}$$

對於開迴路系統，如圖 6-4 所示

$$R(s) \longrightarrow \boxed{G(s)} \longrightarrow C(s)$$

❷ 圖 6-4 開迴路系統

系統轉移函數 $T(s) = G(s)$，則轉移函數 $T(s)$ 對 $G(s)$ 變化之靈敏度 S_G^T 為

$$S_G^T = \frac{G}{T} \frac{\partial \mathrm{T}}{\partial G} = 1 \tag{6-12}$$

而輸出 $C(s)$ 對 $G(s)$ 之靈敏度為

$$S_G^C = \frac{G}{C} \frac{\partial C}{\partial G} = \frac{G}{C} R = 1 \tag{6-13}$$

　　由式(6-12)及(6-13)可知開迴路系統對參數變動之靈敏度為 100%，代表當參數發生變動時，系統之性能將會受到嚴重影響，這種現象是我們所不希望見到的。相對的，如圖 6-5 所示之閉迴路系統。

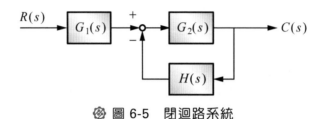

$R(s)$　$G_1(s)$　$+$　$G_2(s)$　$C(s)$
$-$
$H(s)$

◎ 圖 6-5　閉迴路系統

此系統之閉迴路轉移函數 $T(s)$ 為

$$T(s) = \frac{G_1(s)G_2(s)}{1 + G_2(s)H(s)} \tag{6-14}$$

則靈敏度分別為

$$S_{G_1}^T = \frac{G_1}{T} \frac{\partial T}{\partial G_1} = \frac{1 + G_2H}{G_2} \frac{G_2}{1 + G_2H} = 1 \tag{6-15}$$

$$S_{G_2}^T = \frac{G_2}{T} \frac{\partial T}{\partial G_2} = \frac{1 + G_2H}{G_1} \frac{G_1(1 + G_2H) - G_1G_2H}{(1 + G_2H)^2}$$

$$= \frac{1}{1 + G_2H} \cong \frac{1}{G_2H} \ll 1 \ \text{（當} |G_2H| \gg 1 \text{）} \tag{6-16}$$

$$S_H^T = \frac{H}{T} \cdot \frac{\partial T}{\partial H} = \frac{H(1 + G_2H)}{G_1G_2} \cdot \frac{-G_1G_2 \cdot G_2}{(1 + G_2H)^2}$$

$$= \frac{-G_2H}{1 + G_2H} \approx -1 \ \text{（當} |G_2H| \gg 1 \text{）}$$

由式(6-16)可看出若迴路增益 G_2H 值較大時，靈敏度 $S_{G_2}^T$ 愈小，代表回授行為對受控系統 $G_2(s)$ 之參數變動所造成之不良影響有抑制作用，此為閉迴路系統之一大優點。但對 $G_1(s)$ 及 $H(s)$ 之變動所造成之不良影響並無抑制之能力。

 例題 9

單位回授控制系統具有以下開迴路轉移函數

$$G(s) = \frac{K}{(s+1)(s+2)}, \quad K > 0$$

(1)試求穩態誤差 e_{ss} 對增益 K 之靈敏度 $S_K^{e_{ss}}$ 。

(2)決定增益 K 之值以使靈敏度 $S_K^{e_{ss}} \leq 10\%$ 。

解

(1)系統為零型(type 0)，故對單位步階輸入將存在穩態誤差 e_{ss} ，依定義知位置誤差常數 K_P 為

$$K_P = \lim_{s \to 0} G(s) = \lim_{s \to 0} \frac{K}{(s+1)(s+2)} = \frac{K}{2}$$

而穩態誤差 e_{ss} 為

$$e_{ss} = \frac{1}{1+K_P} = \frac{1}{1+\frac{K}{2}} = \frac{2}{K+2}$$

由靈敏度之定義知 $S_K^{e_{ss}}$ 為

$$S_K^{e_{ss}} = \frac{K}{e_{ss}} \cdot \frac{\partial e_{ss}}{\partial K} = \frac{K(K+2)}{2} \cdot \frac{0-2\times1}{(K+2)^2} = -\frac{K}{K+2}$$

(2)要求靈敏度 $S_K^{e_{ss}} \leq 10\%$，亦即

$$S_K^{e_{ss}} = \frac{K}{K+2} \leq 10\%$$

$$\Rightarrow \quad K \leq 0.1K + 0.2$$

$$\Rightarrow \quad K \leq \frac{2}{9}$$

習題六

6-1 繪出下列閉迴路轉移函數 $G_c(s)$ 之極點在 s 平面上之分布，並說明系統之穩定性。

(a) $G_c(s) = \dfrac{2s+K}{(s^2+2s+5)(s^2+4s+3)}$

(b) $G_c(s) = \dfrac{10(s+5)}{s^3-2s^2+9s-18}$

(c) $G_c(s) = \dfrac{K}{(s+1)(s^2+2s+2)}$

(d) $G_c(s) = \dfrac{2s+7}{(s^2+3s+2)(s^3+4s)}$

6-2 應用路斯哈維次準則，判定具有下列特性方程式之閉迴路系統的穩定性，並指出特性根在 s 平面上之分布情形。

(a) $3s^4+10s^3+5s^2+5s+2=0$

(b) $2s^5+s^4+7s^3+3s^2+4s+3/2=0$

(c) $s^4+5s^3+7s^2+5s+6=0$

(d) $s^4+s^3+4s^2+4s+5=0$

(e) $s^6+2s^5+8s^4+12s^3+20s^2+16s+16=0$

(f) $s^5+6s^4+12s^3+12s^2+11s+6=0$

6-3 試決定 K 值之範圍，使具有下列特性方程式之系統保持穩定。

(a) $s^3+5s^2+(K-6)s+K=0$

(b) $s^4+5s^3+5s^2+4s+K=0$

(c) $s^5+(2K+1)s^4+2(K+1)s^3+(K+3)s^2+(K+3)s+2=0$

6-4 回授控制系統如圖 P6-1 所示，試求使系統保持穩定之 K_P 及 K_D 值的範圍，並將此範圍繪於 K_P 對 K_D 的平面上。

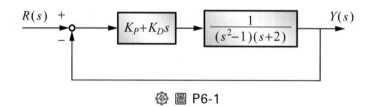

◈ 圖 P6-1

6-5 閉迴路控制系統之特性方程式 $\Delta(s)$ 為

$$\Delta(s) = s^4 + 26s^3 + 82s^2 + 92s + (K+35) = 0$$

試決定 K 值之範圍，使系統所有特性根均落於 $s = -1$ 之左半面。

§ 6-2

1. Kuo, B. C. (1987). *Automatic Control Systems* (5th ed.). New Jersey: Prentice Hall, Eglewood Cliffs.

§ 6-3～6-5

2. Nagrath, I. J., & Gopal, M. (1985). *Control Systems Engineering* (2nd ed.). Wiley Eastern Limited.

3. Bolton, W. (1992). *Control Engineering*. England: Longman, Group UK Limited.

4. Franklin, G. F., Powell, J. D., & Emami-Naeini, A. (1986). *Feedback Control of Dynamic System, Reading*. MA.: Addison-Wesley.

5. D'Souza, A. F. (1988). *Design of Control Systems*. New Jersey: Prentice Hall, Englewood Cliffs.

6. Dorf, R. C. (1992). *Modern Control Systems* (6th ed.). MA.: Addison-Wesley.

7. Brogan, W. L. (1985). *Modern Control Theory* (2nd ed.). New Jersey: Prentice Hall, Eglewood Cliffs.

8. Chen, C. T. (1987). *Control System Design: Conventional, Algebraic and Optimal Methods*. New York: Holt, Rinehart and Winston.

Chapter

07 根軌跡法

Automatic Control

7-1 ››› 前 言

　　線性控制系統之閉迴路轉移函數的極點,亦即特性方程式之根,由前面章節分析已知其為用以決定系統穩定性之重要依據,並與暫態響應之基本特性有關。因此,研究系統中一個或多個參數變化時,系統之特性方程式的根會如何變動,便成為一個相當重要之問題。

　　考慮如圖 7-1 所示之比例控制系統,其中 K_P 為可調整之比例增益,此系統之特性方程式很容易寫出為

$$\Delta(s) = 1 + K_P G(s) = 0 \tag{7-1}$$

　　由式(7-1)可知當 K_P 值變動時,此特性方程式之係數亦隨之變動,因此其特性根亦隨 K_P 值之變動而變動,所以我們可藉由調整 K_P 值的大小來改變系統極點的位置,以符合系統穩定性之要求。

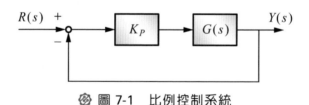

★ 圖 7-1　比例控制系統

　　實際應用時,欲求閉迴路系統之極點必須去解式(7-1),但是當特性方程式(7-1)為三次方以上時,特性根不易利用因式分解求得,而且當 K_P 值改變時,分解因式求特性根之步驟必須重覆,這將是相當麻煩之工作。W. R. Evans 在 1948 年提出了一種求解特性方程式的簡單方法,稱為根軌跡法,是一種很有用的圖解法,被廣泛地應用在控制工程上。此法將不同 K_P 值所對應之特性根均繪於 s 平面上;則當 K_P 值發生連續變化時,其對應之特性根位置也會連續

變化而形成移動軌跡，此軌跡稱為根軌跡(root locus)。而利用根軌跡來分析並判定系統穩定性的方法，稱之為根軌跡法(root locus technique)。

一般而言，閉迴路控制系統中，欲繪製單一參數 K 變化時之根軌跡所使用之特性方程式的標準型式如下

$$1 + KP(s)Q(s) = 0 \qquad\qquad (7\text{-}2)$$

任何單一參數變化之特性方程式若可化為式(7-2)之型式，則根軌跡可由 $P(s)$ $Q(s)$ 之極點與零點，以及根軌跡之基本特性，依一定程序繪出。

在控制系統中，基於不同的需求對根軌跡予以分類如下

1. **根軌跡**(root locus)：指參數 K 由 0 變動到 ∞ 時 $(0 < K < \infty)$，特性根之移動軌跡。

2. **互補根軌跡**(complementary root locus)：指參數 K 由 $-\infty$ 變動至 0 時 $(-\infty < K < 0)$，特性根之移動軌跡。

3. **完整根軌跡**(complete root locus)：指參數 K 由 $-\infty$ 變動至 ∞ 時 $(-\infty < K < \infty)$，特性根之移動軌跡。亦即由根軌跡與互補根軌跡所合成之移動軌跡。

Automatic Control

7-2 根軌跡之基本觀念

當閉迴路控制系統之階數較低時，單一參數變化之根軌跡可直接由求解特性根之討論過程予以繪出，詳見例題 1。

例題 1

試繪出如下圖所示之比例控制系統，當增益 K_P 變動時之根軌跡。

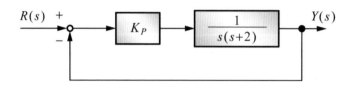

解

此系統之迴路轉移函數為

$$G(s)H(s) = \frac{K_P}{s(s+2)} \quad\text{………(a)}$$

閉迴路轉移函數為

$$\frac{Y(s)}{R(s)} = \frac{K_P}{s^2+2s+K_P} \quad\text{………(b)}$$

迴路轉移函數之極點為 $s=0$ 及 $s=-2$，而零點在 ∞, ∞。而閉迴路轉移函數之極點在

$$s_{1,2} = -1 \pm \sqrt{1-K_P} \quad\text{………(c)}$$

由式(c)知極點位置與 K 值有關，討論如下：

(1) 當 $K_P=0$ 時，$s_{1,2}=0, \ -2$，此時恰為迴路轉移函數之極點。

(2) 當 $0 < K_P < 1$ 時，$s_{1,2}=-1\pm\sqrt{1-K_P}$，此時特性根均為實數；且當 K_P 由 0 增加時，兩特性根分別由 0 及 -2 逼近點 $(-1,0)$。

(3) 當 $K_P = 1$ 時， $s_{1,2} = -1$ ， -1 ，此時為重根，亦即兩特性均落在點 $(-1,0)$ 。

(4) 當 $1 < K_P < \infty$ 時， $s_{1,2} = -1 \pm j\sqrt{K_P - 1}$ ，此時為共軛複數根。當 K_P 由 1 增加時，兩特性根在保持實部為 -1 之情形下，虛部各別逼近 $\pm\infty$ 。相當於當 K_P 值接近 ∞ 時，特性根逼近迴路轉移函數之零點。

綜合以上討論，可繪出根軌跡如下

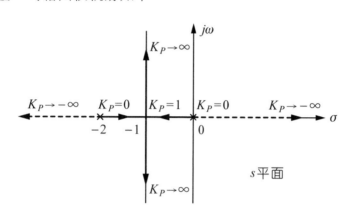

注意！ 粗實線為根軌跡 $(0 < K_P < \infty)$ ，而粗虛線為互補根軌跡 $(-\infty < K_P < 0)$ ，兩者組合稱之為完整根軌跡。

　　然而大部分控制系統並不像例題 1 那麼簡單，此時直接利用求解特性根來繪製根軌跡之方法將不可行。因此我們必須進一步探討根軌跡之基本性質。茲考慮圖 7-2 中之回授控制系統，其特性方程式為 $1 + G(s)H(s) = 0$ ，若其中只含單一可變參數 K ，經整理後，應可寫成下列型式

$$(s^n + a_{n-1}s^{n-1} + \cdots + a_1 s + a_0) + K(s^m + b_{m-1}s^{m-1} + \cdots + b_1 s + b_0) = 0 \tag{7-3}$$

式中 a_0 ， a_1 ， $\cdots$ ， a_{n-1} ， b_0 ， b_1 ， $\cdots$ ， b_{m-1} 均為常數。而式(7-3)可進一步改寫成

$$1 + K\frac{s^m + b_{m-1}s^{m-1} + \cdots + b_1 s + b_0}{s^n + a_{n-1}s^{n-1} + \cdots + a_1 s + a_0} = 0 \tag{7-4}$$

此時式(7-4)即為繪製根軌跡之標準型式。比較式(7-4)與式(7-2)可得

$$P(s)Q(s) = \frac{s^m + b_{m-1}s^{m-1} + \cdots\cdots + b_1 s + b_0}{s^n + a_{n-1}s^{n-1} + \cdots\cdots + a_1 s + a_0} \tag{7-5}$$

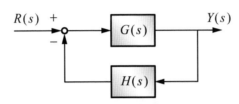

◎ 圖 7-2　回授控制系統

考慮標準型式(7-2)，將其改寫為

$$P(s)Q(s) = -\frac{1}{K} \tag{7-6}$$

因為 $P(s)Q(s)$ 為複變數 s 之函數，故應滿足下列兩項準則

1. **大小準則**(magnitude criterion)

$$\left| P(s)Q(s) \right| = \frac{1}{|K|} \ , \ \ -\infty < K < \infty \tag{7-7}$$

2. **角度準則**(angle criterion)

$$\angle P(s)Q(s) = (2k+1)\pi \ , \ \ K \geq 0$$
$$= 2k\pi \ \ \ \ \ \ , \ \ K < 0 \tag{7-8}$$

式中 $k = 0, \ \pm 1, \ \pm 2, \ \cdots\cdots$。

一般閉迴路控制系統之特性方程式均為多項式，因此寫成標準式(7-2)後，$P(s)Q(s)$ 應可因式分解而寫成

$$P(s)Q(s) = \frac{(s+z_1)(s+z_2)\cdots\cdots(s+z_m)}{(s+p_1)(s+p_2)\cdots\cdots(s+p_n)} \tag{7-9}$$

式中 $-z_i$，$i = 1, 2, \cdots, m$ 代表 $P(s)Q(s)$ 之零點，而 $-p_i$，$i = 1, 2, \cdots, n$ 則代表 $P(s)Q(s)$ 之極點。因此 s 若為閉迴路系統之特性根，則必須同時滿足式(7-7)及式(7-8)，將式(7-9)代入式(7-7)及式(7-8)可得

1. 大小準則

$$\frac{\prod\limits_{i=1}^{m}|s+z_i|}{\prod\limits_{j=1}^{n}|s+p_j|} = \frac{1}{|K|} \tag{7-10}$$

2. 角度準則

$$\sum_{i=1}^{m} \angle(s+z_i) - \sum_{j=1}^{n} \angle(s+p_j) = (2k+1)\pi \ , \quad K \geq 0$$
$$= 2k\pi \qquad , \quad K < 0 \tag{7-11}$$

式中 $k = 0, \pm1, \pm2, \cdots\cdots$。

應用式(7-10)及(7-11)時，必須注意。由複變數理論知 $|s+z_i| = |s-(-z_i)|$ 代表複變數 s 至零點 $-z_i$ 之距離，而 $|s+p_i|$ 即為複變數 s 至極點 $-p_i$ 之距離。角度準則中之 $\angle(s+z_i) = \angle(s-(-z_i))$ 代表由零點 $-z_i$ 至複變數 s 之連線與實軸之夾角，而 $\angle(s+p_j)$ 則表由極點 $-p_j$ 至複變數 s 之連線與實軸之夾角。此角度之量測，一律以正實軸方向為起始線，逆時針旋轉角度為正，詳見圖 7-3。

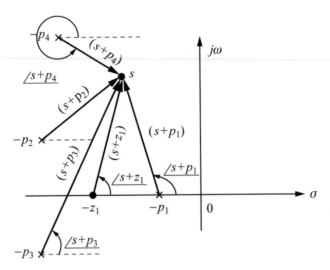

☸ 圖 7-3　　s 平面上大小與角度之量測

注意! ① 特性方程式 $1 + KP(s)Q(s) = 0$ 之根軌跡是由角度準則式(7-11)繪製。
　　　② 大小準則式(7-10)，則用以求根軌跡上一點 s_1 所對應之變數 K 值。

試繪出 $s(s+a) + K = 0$（$a > 0$，$0 < K < \infty$）之根軌跡，並求出 $s_1 = -\dfrac{a}{2} + j\dfrac{a}{2}$ 所對應之參數 K 值。

解

$s(s+a) + K = 0$ 可化為式 (7-2) 之標準型式，將原式等號兩邊均除以 $s(s+a)$，可得

$$1 + \frac{K}{s(s+a)} = 0 \cdots\cdots\cdots\cdots\cdots\cdots\cdots (a)$$

又可改寫成

$$P(s)Q(s) = \frac{1}{s(s+a)} = -\frac{1}{K} \cdots\cdots\cdots(b)$$

因為 $K > 0$，故由角度準則式(7-11)可得

$$-\underline{/\,s} - \underline{/\,(s+a)} = (2k+1)\pi \cdots\cdots(c)$$

由式(c)可繪得根軌跡如下圖所示。

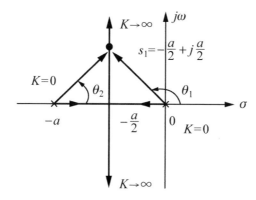

圖中 $s_1 = -\dfrac{a}{2} + j\dfrac{a}{2}$ 所構成之角度 θ_1 及 θ_2 之和恰為 $180°$，故 s_1 應在根軌跡上，利用大小準則式(7-10)可得

$$
\begin{aligned}
K &= |s_1||s_1 + a| \\
&= \left|-\frac{a}{2} + j\frac{a}{2}\right|\left|\frac{a}{2} + j\frac{a}{2}\right| \\
&= \frac{a^2}{2}
\end{aligned}
$$

7-3 ▸▸ 根軌跡之繪製法則

　　根軌跡之繪製目前有很多電腦軟體可以直接使用，但是為了深入了解根軌跡之特性，並能判斷計算機結果之正確性，因此對根軌跡之繪製程序必須相當了解。首先觀察特性方程式(7-12)之根軌跡圖，圖 7-4 即為其根軌跡圖。

$$\Delta(s) = 1 + KP(s)Q(s) = 1 + K\frac{(s+10)}{(s^4+12s^3+32s^2)} = 0 \tag{7-12}$$

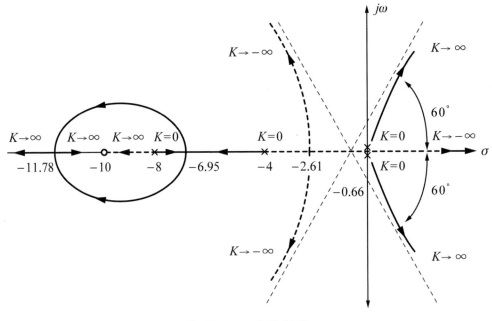

◎ 圖 7-4　根軌跡圖

　　根軌跡之繪製，可分為 11 個法則，在此以式(7-12)根軌跡之繪製為例，依序介紹如下：

1. 當 $K=0$ 時，特性根即是 $P(s)Q(s)$ 之極點，而當 $K=\pm\infty$ 時，特性值即為 $P(s)Q(s)$ 之零點。

   說明：由式(7-10)

   $$\frac{\displaystyle\prod_{i=1}^{m}|s+z_i|}{\displaystyle\prod_{j=1}^{n}|s+p_j|}=\frac{1}{|K|}=\left|P(s)Q(s)\right|$$

   知當 $K=0$ 時

   $$\left|P(s)Q(s)\right|=\infty$$

   故 s 應為 $P(s)Q(s)$ 之極點。而當 $K=\pm\infty$ 時

   $$\left|P(s)Q(s)\right|=0$$

   因此，此時 s 應為 $P(s)Q(s)$ 之零點。

   例如式(7-12)可寫成

   $$1+K\frac{(s+10)}{s^2(s+4)(s+8)}=1+KP(s)Q(s)=0 \tag{7-13}$$

   故 $P(s)Q(s)$ 之極點有 4 個，分別為 0, 0, −4及−8，因此 $K=0$ 時，特性根即落在此四點上。而有限零點只有一個為 −10，而其他三個落在 ∞，故當 $K\to\pm\infty$ 時，根軌跡均趨於 ∞ 遠，這些結果可由圖 7-4 中得到驗證。

2. **根軌跡之分支數**(number of branches)**等於特性方程式之階次。**

   說明：令 n_P 為 $P(s)Q(s)$ 之有限極點數目，而 n_z 為 $P(s)Q(s)$ 之有限零點數目。則根軌跡之分支數目由 n_P 及 n_z 中較大者決定。亦即分支數目 $=\max(n_P,n_z)$。

   例如式(7-12)，其 $n_P=4$，而 $n_z=1$，故圖 7-4 中之根軌跡分支數目為 4。

3. **根軌跡之對稱性**：完整根軌跡應對稱於實軸，且一般而言應對稱於 $P(s)Q(s)$ 之極點與零點的對稱軸。

　　說明：因特性方程式之係數均為實數，故特性根應為實根或共軛虛根，因此必然對稱實軸。而 $P(s)Q(s)$ 之極點與零點對稱軸，可視為線性座標轉換後之新實軸，故根軌跡對此軸也必須對稱。

　　由圖 7-4 可看出實軸確為對稱軸，而此例無極點與零點之對稱軸。

4. **實軸上之根軌跡**：完整根軌跡包含全部實軸，亦即

(1) 實軸上被極點與零點所分割之區段，若在此區段之右側實軸上，極點與零點總數為奇數時，則此區段為根軌跡之一部分。

(2) 實軸上被極點與零點所分割之區段，若在此區段之右側實軸上，極點與零點總數為偶數時，則此區段為互補根軌跡之一部分。

　　說明：由角度準則式(7-11)知

$$\sum_{i=1}^{m} \angle \overline{s+z_i} - \sum_{j=1}^{n} \angle \overline{(s+p_j)} = \begin{cases} (2k+1)\pi & \text{，當 } K \geq 0 \\ 2k\pi & \text{，當 } K < 0 \end{cases}$$

　　若區段右側實軸存在奇數個極點與零點總數，則因此區段上 s 點與左側之極點與零點均為 0°幅角，而與右側則有 180°之幅角，且共軛複數之極點與零點與 s 之幅角總和應為 0，由此知此區域幅角總和必為 $(2k+1)\pi$，故為根軌跡之所在。

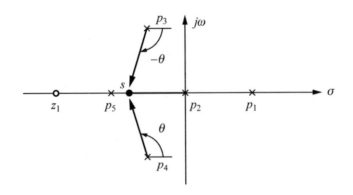

由此法則可推知圖 7-4 中，極點 −4 至極點 −8 之區段，及零點 −10 左側之區域均為根軌跡之一部。

5. **根軌跡之漸近線**(asymptotes)**為 s 趨於 $\pm\infty$ 時之軌跡，此軌跡近似為直線，故可以漸近線來描述。漸近線與實軸之夾角 θ_k 為**

$$\theta_k = \begin{cases} \dfrac{(2k+1)\pi}{n_p - n_z} & \text{，當 } K \geq 0 \text{ 時} \\[3mm] \dfrac{2k\pi}{n_p - n_z} & \text{，當 } K < 0 \text{ 時} \end{cases} \tag{7-14}$$

說明：①當 $n_p = n_z$ 時，此根軌跡沒有漸近線，所有根軌跡均終止於有限零點。

②若 $n_p \neq n_z$，則漸近線應有 $2\left|n_p - n_z\right|$ 條，亦即根軌跡與互補根軌跡各有 $\left|n_p - n_z\right|$ 條漸近線。

圖 7-4 中之漸近線，當 $K \geq 0$ 時之角度為 $60°$、$180°$ 及 $300°$，因為此時 $n_p = 4$，$n_z = 1$，所以

$$\theta_1 = \frac{\pi}{4-1} = 60°(k=0)$$

$$\theta_2 = \frac{3\pi}{4-1} = 180°(k=1)$$

$$\theta_3 = \frac{5\pi}{4-1} = 300°(k=2)或 = -60°(k=-1)$$

而 $K<0$ 時之漸近線角度為

$$\theta_1 = \frac{0}{4-1} = 0°(k=0)$$

$$\theta_2 = \frac{2\pi}{4-1} = 120°(k=1)$$

$$\theta_3 = \frac{4\pi}{4-1} = 240°(k=2)或 = -120°(k=-1)$$

共六條漸近線。而根軌跡與互補根軌跡各有三條。

6. **完整根軌跡的 $2|n_p - n_z|$ 條漸近線之交點落在 s 平面之實軸上，此交點又稱為重心**(centroid)，**座標為**$(\sigma_r, 0)$，其中

$$\sigma_r = \frac{P(s)Q(s)之有限極點總和 - P(s)Q(s)之有限零點總和}{n_p - n_z} \qquad (7\text{-}15)$$

所以圖 7-4 中之漸近線與實軸交點為$(\sigma_r, 0)$，而 σ_r 為

$$\sigma_r = \frac{(0+0+(-4)+(-8)) - (-10)}{4-1}$$

$$= -\frac{2}{3} = -0.666$$

7. **完整根軌跡之分叉點**(breakaway points)，**又稱為鞍點**(saddle points)。**對應於特性方程式之重根，亦即有二分支或二分支以上之根軌跡分離處，則稱之。而分叉點可由式(7-16)求得**

$$\frac{dK}{ds} = 0 \qquad (7\text{-}16)$$

但需注意下列事項：

(1) 式(7-16)只是必要條件，並非充分條件，因此分叉點必為其解，但其解未必為分叉點。

(2) 式(7-16)之解，如果也是特性方程式之根，則此解為分叉點。因此式(7-16)之實數解必為分叉點。

(3) 式(7-16)同義於式(7-17)。

$$\frac{d}{ds}P(s)Q(s) = 0 \tag{7-17}$$

利用式(7-17)可求得圖 7-4 中根軌跡之分叉點，亦即由

$$\frac{d}{ds}\left[\frac{(s+10)}{s^4+12s^3+32s^2}\right] = \frac{-(3s^4+64s^3+392s^2+640s)}{(s^4+12s^3+32s^2)^2} = 0$$

其解為 0，−2.61，−6.95 及 −11.78，均為實數解，故圖 7-4 中之完整根軌跡共有 4 個分叉點。

8. **完整根軌跡之分叉角**(breakaway angle)**與叉入角**(breakin angle)。分別定義為根軌跡到達及離開分叉點之角度，角度 θ_b 等於

$$\theta_b = \frac{180°}{n} \tag{7-18}$$

其中 n 為根軌跡到達或離開分叉點之分支數目。圖 7-4 中之分叉點 −6.95 的分叉角為

$$\theta_b = \frac{180°}{2} = 90°$$

而分叉點 −11.78 之叉入角也是 90°。

9. **完整根軌跡在極點之分離角**(angle of departure)**與在零點之到達角**(angle of arrival)，分別定義為根軌跡離開極點之角度 θ_d 及到達零點時之接近角度 θ_a，計算公式為

(1) $P(s)Q(s)$ 有 r 階極點 $-p_r$，則該極點之 r 條分支的分離角為

$$\theta_d = \frac{1}{r}\left[(2k+1)\pi + \underline{/(s+p_r)^r P(s)Q(s)\ |_{s\to -p_r}}\right]，當 K \geq 0 時$$

$$= \frac{1}{r}\left[2k\pi + \underline{/(s+p_r)^r P(s)Q(s)\ |_{s\to -p_r}}\right]，當 K < 0 時 \tag{7-19}$$

(2) 若 $P(s)Q(s)$ 有 r 階零點 $-z_i$，則該零點之 r 條分支的到達角 θ_a 為

$$\theta_a = \frac{1}{r}\left[(2k+1)\pi - \underline{/\left.\frac{P(s)Q(s)}{(s+z_r)^r}\right|_{s\to -z_r}}\right]，當 K \geq 0 時$$

$$= \frac{1}{r}\left[2k\pi - \underline{/\left.\frac{P(s)Q(s)}{(s+z_r)^r}\right|_{s\to -z_r}}\right]，當 K < 0 時 \tag{7-20}$$

圖 7-4 中，極點 0 為二階，故在極點 0 處之分離角 θ_d 可直接利用角度準則參考下圖來求，可不必利用公式(7-19)或(7-20)來求。

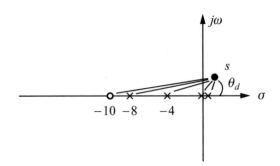

$$0 - 0 - 0 - 2\theta_d = (2k+1)\pi = -\pi\ (k = -1)$$

所以 $\theta_d = 90°$，因為對稱實軸，故分離角分別為 $90°$、$-90°$。亦可直接利用公式(7-19)來求 θ_d。另外，單階極點 -10 之到達角 θ_a 應為

$$\theta_a - \pi - \pi - 2\pi = (2k+1)\pi = 5\pi(k=2)$$

所以到達角為 $180°$

10. **根軌跡與虛軸之交點，必須先利用路斯哈維次準則求出對應於該點之 K 值（臨界穩定狀態），而輔助方程式之解，即為根軌跡與虛軸之交點。**
   由式(7-12)之特性方程式可整理得到

$$s^4 + 12s^3 + 32s^2 + Ks + 10K = 0$$

路斯矩陣為

$$
\begin{array}{cccc}
s^4 & 1 & 32 & 10K \\
s^3 & 12 & K & \\
s^2 & \dfrac{384-K}{12} & 10K & \\
\hline
s^1 & -\dfrac{(1056+K)}{(384-K)} & K & \\
s^0 & 5K & &
\end{array}
$$

當 $K=0$ 時，輔助方程式為 $32s^2 = 0$

所以與虛軸之交點有二個，均為原點 $s=0$。

11. **根軌跡上任一點 s 所對應之 K 值，可由式(7-8)或式(7-10)來求，亦即**

$$|K| = \frac{\prod\limits_{j=1}^{n} |s+p_j|}{\prod\limits_{i=1}^{m} |s+z_1|}$$

$$= \frac{\text{所有}P(s)Q(s)\text{之極點至該點}s\text{之向量長度的乘積}}{\text{所有}P(s)Q(s)\text{之零點至該點}s\text{之向量長度的乘積}} \tag{7-21}$$

以下圖為例，利用式(7-21)之關係，則 s 點之 K 值為

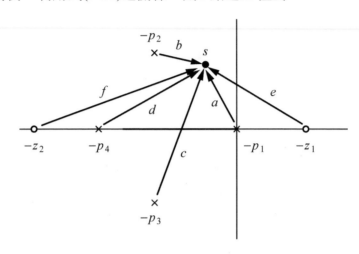

$$|K| = \frac{a \times b \times c \times d}{e \times f}$$

實際例子請參考例題 7-2。

7-4 ⟫⟫ 根軌跡之繪製

　　根軌跡之繪製可由§7-3所介紹之 11 個法則依序找出所需資料，再逐步繪得根軌跡圖。然在繪製根軌跡時若能對 $P(s)Q(s)$ 之極點與零點的分布組態與其對應之根軌跡型態有些概念，則對根軌跡之繪製將有所助益，表 7-1 中列出各種 $P(s)Q(s)$ 之極點與零點組態與其對應之根軌跡圖，以供讀者參考。

☎ 表 7-1 極點與零點組態及對應之根軌跡

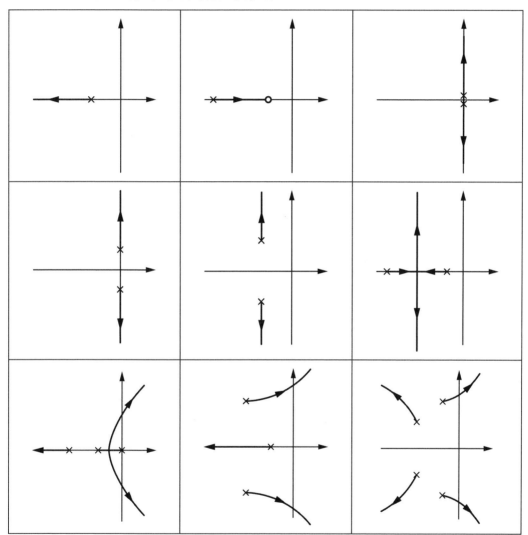

📷 表 7-1 極點與零點組態及對應之根軌跡（續）

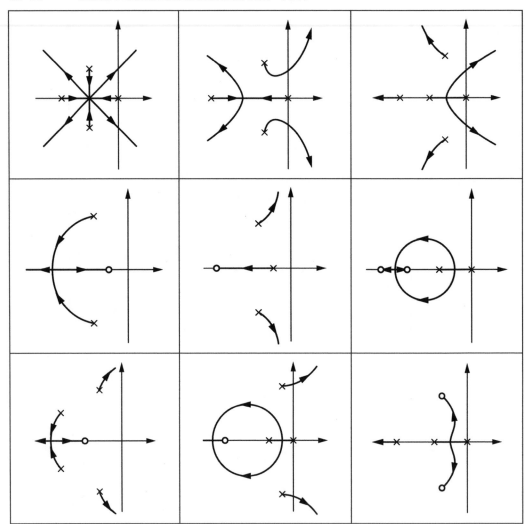

　　由表 7-1 中可看出一般根軌跡之圖形。若 $P(s)Q(s)$ 之有限極點數大於有限零點數三個或三個以上時（$n_p-n_z \geq 3$），則當參數 K 值增加，根軌跡將有分支會進入 s 平面之右半面，造成系統不穩定，此應注意。

對於如圖 7-2 所示之回授控制系統，若其迴路轉移函數 $G(s)H(s)$ 具有以下型式

$$G(s)H(s) = K \frac{(s+z_1)(s+z_2)\cdots\cdots(s+z_m)}{(s+p_1)(s+p_2)\cdots\cdots(s+p_n)} \tag{7-22}$$

則特性方程式為

$$1 + G(s)H(s) = 1 + K \frac{(s+z_1)(s+z_2)\cdots\cdots(s+z_m)}{(s+p_1)(s+p_2)\cdots\cdots(s+p_n)} = 0 \tag{7-23}$$

式(7-23)已經是繪製根軌跡之標準型式，比較式(7-23)與式(7-2)可知此時 $P(s)Q(s)$ 與 $G(s)H(s)$ 具有以下關係

$$G(s)H(s) = K \frac{(s+z_1)(s+z_2)\cdots\cdots(s+z_m)}{(s+p_1)(s+p_2)\cdots\cdots(s+p_n)} = KP(s)Q(s) \tag{7-24}$$

由式(7-24)可看出 $P(s)Q(s)$ 與 $G(s)H(s)$ 擁有完全相同之極點與零點，且根軌跡之繪製可直接將所有法則應用在去除參數 K 值後之迴路轉移函數 $G(s)H(s)$ 上，此乃因為去除參數 K 後之 $G(s)H(s)$ 即為繪製根軌跡之 $P(s)Q(s)$。

例題 3

回授控制系統之迴路轉移函數 $G(s)H(s)$ 為

$$G(s)H(s) = \frac{K}{s(s+1)(s+2)}$$

試繪出參數 K 由 0 變化到 ∞ 時之根軌跡，並探討 K 值變化對系統穩定性之影響。

解

　　根軌跡之繪製可由前述法則依序求出所需之繪圖資料。當問題較簡單時，有些程序可以省略。由迴路轉移函數 $G(s)H(s)$ 可知特性方程式應為

$$\Delta(s) = 1 + G(s)H(s) = 1 + K \frac{1}{s(s+1)(s+2)} = 0$$

故繪製根軌跡之 $P(s)Q(s)$ 應為

$$P(s)Q(s) = \frac{1}{s(s+1)(s+2)} = \frac{1}{K} G(s)H(s)$$

繪圖程序如下：

(1) $K=0$ 時特性根即為 $P(s)Q(s)$ 之極點，亦即 $G(s)H(s)$ 之極點 0, -1, -2。
$K=\infty$ 時特性根應為 $P(s)Q(s)$ 之零點，而 $P(s)Q(s)$ 之零點應有三個，均於無窮遠處。

(2) 特性方程式為三階，故根軌跡將有三條分支。

(3) 根軌跡對稱於實軸。

(4) 實軸上之根軌跡為 0 至 -1，-2 至 $-\infty$。

(5) 根軌跡應有 $|n_p - n_z|$ 條漸近線，因 $n_p = 3$ 且 $n_z = 0$，故漸近線應有 3 條，漸近線角度計算公式為

$$\theta_k = \frac{(2k+1)\pi}{(n_p - n_z)} \quad , \quad k = 0, 1, 2$$

故三條漸近線之夾角分別為

$$\theta_1 = \frac{(2 \times 0 + 1)\pi}{3 - 0} = 60°$$

$$\theta_2 = \frac{(2 \times 1 + 1)\pi}{3 - 0} = 180°$$

$$\theta_3 = \frac{(2 \times 2 + 1)\pi}{3 - 0} = 300° \text{ 或 } -60°$$

(6) 三條漸近線與實軸之交點為$(\sigma_r, 0)$，而 σ_r 等於

$$\sigma_r = \frac{\text{有限極點和} - \text{有限零點和}}{n_p - n_z}$$

$$= \frac{(0) + (-1) + (-2) - 0}{3 - 0} = -1$$

故漸近線交點為$(-1, 0)$

(7) 分叉點可由下式求得

$$\frac{d}{ds}[P(s)Q(s)] = \frac{d}{ds}\left[\frac{1}{s(s+1)(s+2)}\right]$$

$$= \frac{-(3s^2 + 6s + 2)}{s^2(s+1)^2(s+2)^2} = 0$$

由上式可解出

$$s = -0.423, \quad -1.577$$

因為 $s = -0.423$ 落在實軸之根軌跡上，故為分叉點。同理，$s = -1.577$ 應為互補根軌跡之分叉點。

(8) 因分叉點 $s = -0.423$ 有二條分支離開，故分叉角 θ_b 為

$$\theta_b = \frac{180°}{2} = 90°$$

又因實軸對稱，故另一分叉 $\theta_b = -90°$。

(9) 分離角與到達角不必求。

(10) 根軌跡與虛軸之交點可由路斯哈維次準則來求，系統之特性方程式為

$$1 + K \frac{1}{s(s+1)(s+2)} = 0$$

將上式通分可得到

$$s^3 + 3s^2 + 2s + K = 0$$

路斯矩陣為

$$
\begin{array}{ccc}
s^3 & 1 & 2 \\
s^2 & 3 & K \\
s^1 & \dfrac{6-K}{3} & \\
s^0 & K &
\end{array}
$$

$\longrightarrow$ 令 $\dfrac{6-K}{3} = 0$，則 $K = 6$

當 $K = 6$ 時 s^1 全列為 0，故輔助方程式為

$$3s^2 + K = 3s^2 + 6 = 0$$

輔助方程式之解為 $s = \pm j\sqrt{2}$，此解即為根軌跡與虛軸之交點，對應之 K 值為 6。

　　最後，根軌跡可由以上程序所得資料繪出，如下圖所示。由圖中可看出當 K 值大於 6 時，根軌跡會進入 s 平面之右半面，造成系統之特性根落在 s 平面之右半面，使得系統不穩定。因此使系統保持穩定之 K 值範圍為

$$0 < K < 6$$

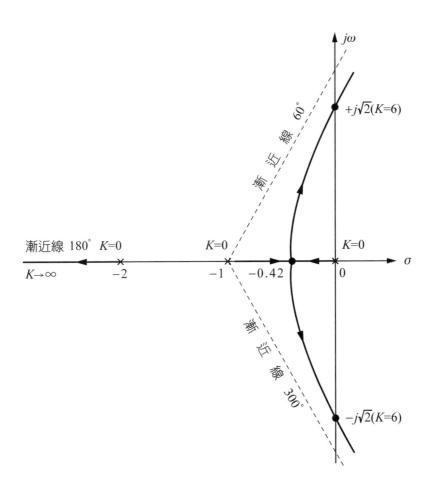

　　回授控制系統之方塊圖如下圖所示，試繪出系統參數 K 變動時之根軌跡，並求出使系統阻尼比為 0.5 之 K 值。

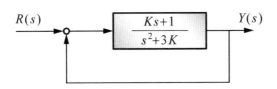

解

系統之閉迴路轉移函數 $G_c(s)$ 為

$$G_c(s) = \frac{\dfrac{Ks+1}{s^2+3K}}{1+\dfrac{Ks+1}{s^2+3K}} = \frac{Ks+1}{s^2+3K+Ks+1}$$

令 $G_c(s)$ 之分母為零可得特性方程式為

$$\Delta(s) = s^2 + 3K + Ks + 1 = 0$$

整理後，$\Delta(s)$ 可寫成

$$\Delta(s) = (s^2+1) + K(s+3) = 0$$

進而改寫為標準式型式如下

$$\Delta(s) = 1 + K\frac{(s+3)}{(s^2+1)} = 0$$

所以繪製根軌跡之 $P(s)Q(s)$ 為

$$P(s)Q(s) = \frac{(s+3)}{(s^2+1)}$$

根軌跡繪製程序如下：
(1) $K=0$ 時，特性根在 $P(s)Q(s)$ 之極點 $\pm j$。

　　$K=\infty$ 時，特性根一個在 $P(s)Q(s)$ 之零點 $s=-3$，而另一個在無窮遠處。
(2) 特性方程式為二階，故有二條分支。
(3) 根軌跡對稱實軸。

(4) 實軸上之根軌跡為 -3 至 $-\infty$ 區段。

(5) 漸近線應有 $|2-1|=1$ 條 ($n_P=2$，$n_Z=1$)，漸近線角度 θ 為

$$\theta = \frac{(2 \times 0+1)\pi}{2-1} = 180°$$

(6) 漸近線與實軸交點為 (σ_r，0)，σ_r 為

$$\sigma_r = \frac{(+j)+(-j)-(-3)}{2-1} = 3$$

故交點為 (3，0)

(7) 叉入點可由下式求得

$$\frac{d}{ds}\left[\frac{(s+3)}{(s^2+1)}\right] = \frac{-s^2-6s+1}{(s^2+1)^2} = 0$$

其解為 $s=-6.16$，-0.16，而 $s=-6.16$ 落在實軸根軌跡上，所以叉入點為 $s=-6.16$。

(8) 叉入點有二條分支，故叉入角 θ_b 為

$$\theta_b = \frac{180°}{2} = 90°$$

因實軸對稱，故另一叉入角為 $-90°$。

(9) 根軌跡離開 $s=+j$ 之分離角 θ_d 可以角度準則來求。假設 s_1 在根軌跡上，且緊鄰 $s=+j$，由下圖之幾何關係及角度準則知

$$\underline{/s_1+3} - \underline{/s_1-j} - \underline{/s_1+j} = (2k+1)\pi$$

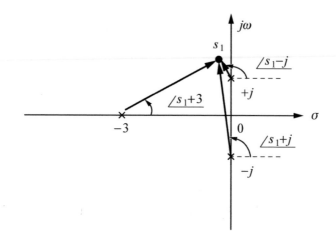

又 s_1 緊鄰 $s = +j$，故 $\angle s_1 - j$ 即為分離角 θ_d，且 s_1 可以 $+j$ 來近似，所以

$$\angle (+j)+3 - \theta_d - \angle (+j)+j = (2k+1)\pi$$

又因

$$\angle (+j)+3 = \tan^{-1}\frac{1}{3} = 18.43°$$

$$\angle (+j)+j = \tan^{-1}\frac{2}{0} = 90°$$

令 $k = -1$，則分離角 θ_d 為

$$\theta_d = 18.43° - 90° + 180° = 108.43°$$

(10) 根軌跡與虛軸之交點應只有 $\pm j$，亦即當 $K = 0$ 時，根軌跡由 $\pm j$ 出發，以分離角為 $\pm 108.43°$ 向左半面移動，不再與虛軸相交。

　　系統之根軌跡可由以上資料繪製，如下圖所示。最後，使系統阻尼比為 0.5 之 K 值，可利用大小準則來求。由 $\zeta = 0.5$ 知

$$\theta = \cos^{-1} \zeta = 60°$$

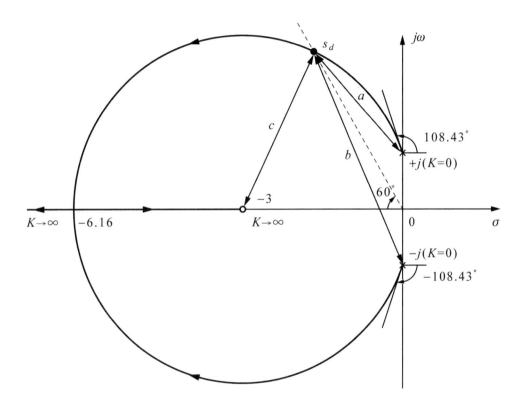

　　由原點出發作一直線與負實軸夾 60°交根軌跡於 s_d，對應於點 s_d 之 K 值應為

$$|K| = \frac{|s_d - j||s_d + j|}{|s_d + 3|} = \frac{a \times b}{c}$$

$$\cong \frac{2.5 \times 4.2}{3.2}$$

$$\cong 3.3$$

7-5 ›››› 根軌跡之重要特性

由表 7-1 中可看出迴路轉移函數 $G(s)H(s)$ 之極點與零點組態，可提供根軌跡之一般型式。而本節將進一步探討在迴路轉移函數中，若多加入極點或零點，則此系統之根軌跡將會如何變化。

一、增加極點之影響

考慮閉迴路系統之特性方程式如下：

$$1+\frac{K}{(s+p_1)(s+p_2)}=0 \tag{7-25}$$

若迴路轉移函數中增加左側極點，則特性方程式變為

$$1+\frac{K}{(s+p_1)(s+p_2)(s+p_3)}=0 \tag{7-26}$$

此時根軌跡變化情形如圖 7-5 所示

其中粗虛線為原特性方程式之根軌跡，而粗實線為加入左側極點 $-p_3$ 後之根軌跡，由此可看出：

1. 加入左側極點，將使根軌跡之共軛複根分支受到朝右半面排擠，將會降低系統之相對穩定性。

2. 系統暫態響應之安定時間將會加長。

3. 若加入左側極點愈多，則系統更易趨於不穩定。

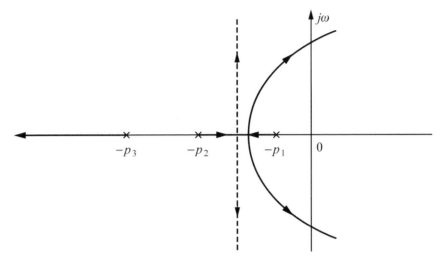

圖 7-5　增加極點對根軌跡之影響

 ## 二、增加零點之影響

考慮閉迴路系統之特性方程式如式(7-25)所示，若在迴路轉移函數中增加左側零點，亦即特性方程式變為

$$1 + K \frac{(s+z)}{(s+p_1)(s+p_2)} = 0 \tag{7-27}$$

此時根軌跡變化情形如圖 7-6 所示，其中粗虛線為原特性方程式(7-25)之根軌跡，而粗實線為加入左側零點 $-z$ 後之根軌跡，由圖 7-6 可看出：

1. 零點對根軌跡有某種牽引作用，加入左半面之零點，會有將根軌跡向左側拉伸之效果，可增加系統之相對穩定度。

2. 主要極點將會左移，加快暫態響應，使安定時間變短。

3. 加入左半面之零點愈多，將使系統穩定性愈好。

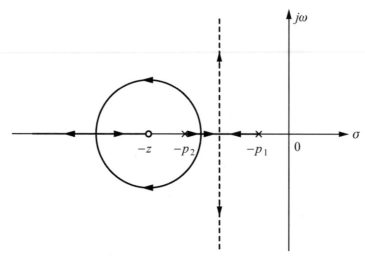

圖 7-6 增加零點對根軌跡之影響

7-6 >>> 根廓線

　　控制系統之設計問題中，有時會面臨兩個或兩個以上的可變參數，當這些參數由 $-\infty$ 至 $+\infty$ 變化時，此種根軌跡稱為**根廓線**(root contour)。而根廓線之繪製，可先令其中一個參數變化，而其他參數為定值，此時可應用根軌跡之繪圖技巧進行根廓線之繪製。

　　考慮具有兩個可變參數 K_1 及 K_2 之系統特性方程式如下

$$D(s) + K_1 N_1(s) + K_2 N_2(s) = 0 \tag{7-28}$$

其中 $D(s)$，$N_1(s)$ 及 $N_2(s)$ 均為 s 之多項式。其根廓線繪製步驟如下：

1. **先令 $K_2 = 0$**，則式(7-28)變為

$$D(s) + K_1 N_1(s) = 0 \qquad\qquad (7\text{-}29)$$

亦即可寫成

$$1 + K_1 \frac{N_1(s)}{D(s)} = 0 \qquad\qquad (7\text{-}30)$$

而式(7-30)之根軌跡可由根軌跡法則，以 K_1 為可變參數繪得。

2. **再令 K_1 為某一已知常數，視 K_2 為可變參數**，則式(7-28)可寫成

$$1 + K_2 \frac{N_2(s)}{D(s) + K_1 N_1(s)} = 0 \qquad\qquad (7\text{-}31)$$

式(7-31)之根軌跡在令 K_1 為選定常數，而視 K_2 為可變參數下，可由根軌跡法則依序將不同 K_1 值之根軌跡繪出，而得根廓圖。

 在繪製式(7-31)之根軌跡時，必須視 $D(s) + K_1 N_1(s) = 0$ 之根為相當於 $P(s)Q(s)$ 之極點，而 $D(s) + K_1 N_1(s) = 0$ 恰為式(7-30)，故式(7-31)之繪製所需極點應在式(7-30)之根軌跡上，亦即式(7-31)之根軌跡應由式(7-30)之根軌跡出發。

閉迴路控制系統之方塊圖如下：

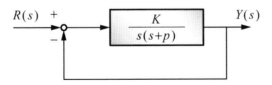

其中 K 及 p 為可變參數，試繪出此系統之根廓線。

解

系統之閉迴路轉移函數為

$$\frac{Y(s)}{R(s)} = \frac{K}{s^2 + ps + K}$$

故特性方程式為

$$s^2 + ps + K = 0$$

(1) 先令 $p = 0$，視 K 為可變參數，可
得特性方程式為

$$s^2 + K = 0 \Rightarrow 1 + K\frac{1}{s^2} = 0$$

則其根軌跡如右

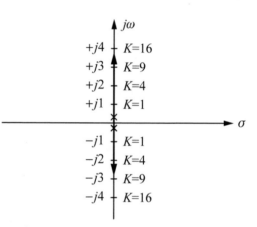

(2) 再分別令 $K_1 = 1, 4, 9$ 及 16，視 p 為可變參數，則特性方程式可寫成

$$1 + p\frac{s}{s^2 + K} = 0$$

當 $K = 1$ 時，則特性方程式為

$$1 + p \cdot \frac{s}{s^2 + 1} = 0$$

其根軌跡可繪得。同理 $K = 4$，9 及 16 時之根軌跡可分別繪出，故其根
廓線為

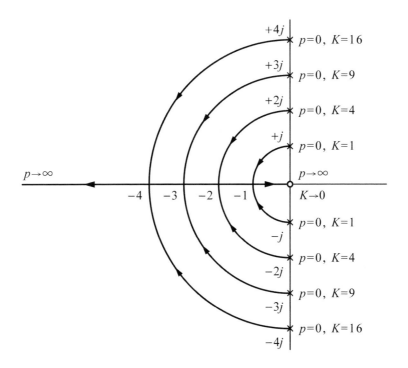

 由系統之根廓線中,可看出當 p 及 K 值均大於零時,系統之根軌跡全落在 s 平面之左半面,此時系統為穩定,亦即此系統穩定性之條件為

$$p > 0 \text{ 且 } K > 0$$

習題七

7-1 試求迴路轉移函數 $G(s)H(s) = \dfrac{(s+3)}{s(s+1)(s+2)}$ 在下列諸點的幅量及相位。

(a) $s = +j2$

(b) $s = -3$

(c) $s = -1 + j\sqrt{3}$

(d) $s = 3 - j2$

7-2 試概略繪出下列各種迴路轉移函數極點與零點組態之根軌跡圖

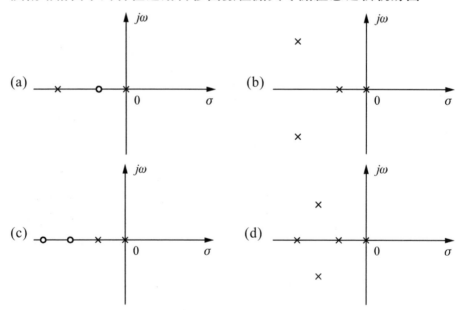

7-3 試繪出下列各迴路轉移函數之根軌跡（ $K \geq 0$ ）

(a) $G(s)H(s) = \dfrac{K(s+3)}{(s^2+2s+2)}$

(b) $G(s)H(s) = \dfrac{Ks(s+1)}{(s+2)(s+3)}$

(c) $G(s)H(s) = \dfrac{K}{s^2(s+1)(s+2)}$

(d) $G(s)H(s) = \dfrac{K}{s(s+3)(s^2+3s+15)}$

7-4 回授控制系統之方塊圖如圖 P7-1 所示，試繪其根軌跡圖，並決定使系統保持穩定性之 K 值範圍

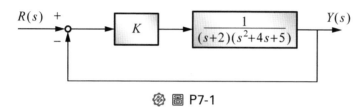

$R(s)$ ＋ K $\dfrac{1}{(s+2)(s^2+4s+5)}$ $Y(s)$ －

❀ 圖 P7-1

7-5 試繪出下列迴路轉移函數之完整根軌跡 $(-\infty < K < \infty)$

(a) $G(s)H(s) = \dfrac{K}{s(s^2+2s+2)}$

(b) $G(s)H(s) = \dfrac{K(s+4)}{s(s+2)}$

(c) $G(s)H(s) = \dfrac{K(s+6)}{s(s+2)(s+4)}$

7-6 回授控制系統之方塊圖如圖 P7-2 所示，試繪其根軌跡 $(0 < K < \infty)$，並求閉迴路阻尼比 $\zeta = 0.5$ 之共軛複數極點所對應的 K 值。

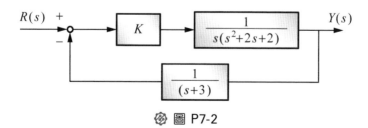

$R(s)$ ＋ K $\dfrac{1}{s(s^2+2s+2)}$ $Y(s)$ － $\dfrac{1}{(s+3)}$

❀ 圖 P7-2

7-7　回授控制系統之方塊圖如圖 P7-3 所示，試繪其根廓圖。

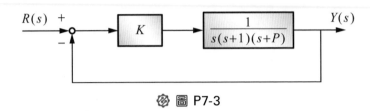

圖 P7-3

7-8　比例微分控制系統之方塊圖如圖 P7-4 所示，試回答下列問題：

(a) 若單位斜坡輸入系統之穩態誤差 e_{ss} 為 0.2%，試求 K_P 值。

(b) 在(a)之要求下，設計適當之 K_P 值後，再以 K_D 為參數，試繪出 K_D 由零至無窮大之根軌跡。並求出使閉迴路阻尼比 $\zeta = 0.707$ 之 K_D 值。

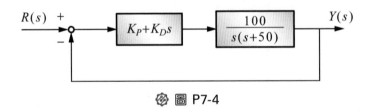

圖 P7-4

參考文獻
References

§ 7-1～7-4

1. Bolton, W. (1992). *Control Engineering*. England: Longman Group UK Limited.

2. Ogata, K. (1970). *Modern Control Engineering*. New Jersey: Prentice Hall, Englewood Cliffs.

3. Nagrath, I. J., & Gopal, M. (1985). *Control Systems Engineering* (2nd ed.). Wiley Eastern Limited.

4. D'Souza, A. F. (1988). *Design of Control Systems*. New Jersey: Prentice Hall, Englewood Cliffs.

§ 7-5

5. Kuo, B. C. (1987). *Automatic Control Systems* (5th, ed.). New Jersey: Prentice Hall, Englewood Cliffs.

6. Franklin, G. F., Powell, J. D., & Emami-Naeini, A. (1986). *Feedback Control of Dynamic System, Reading*. MA.: Addison-Wesley.

§ 7-6

7. Ogata, K. (1970). *Modern Control Engineering*. New Jersey: Prentice Hall, Englewood Cliffs.

8. Nagrath, I. J., & Gopal, M. (1985). *Control Systems Engineering* (2nd, ed.). Wiley Eastern Limited.

Chapter

08

頻率響應法

Automatic Control

8-1 ›› 前 言

　　控制系統之穩定性可利用根軌跡法或時域響應分析來決定,同時也可獲得一些暫態特性,然而這些分析法必須事先知道系統之閉迴路轉移函數,但是實際上當面臨處理較高階的複雜系統時,轉移函數通常無法事先求得,因此造成分析上之困難。此時頻率響應分析就顯得相當重要。在工業應用上,頻率響應法(frequency response method)是設計回授控制系統最常使用的方法,因為它具有下列優點:

1. 不必先知道系統轉移函數,只需以不同頻率正弦波進行測試,便能了解系統穩定性及一些動態特性,亦即轉移函數可直接由實驗上獲得。

2. 有很多相當簡便且有效的圖解法可資應用。

3. 對干擾及系統不準度之影響較不靈敏。

4. 與系統之複雜程度較無直接關係。

　　頻率響應是指一個控制系統對正弦波函數輸入時之穩態響應,進行頻域分析時,是以迴路轉移函數 $G(s)H(s)$ 的頻域圖作為分析之依據,常用之頻域圖有下列幾種:

1. 波德圖(Bode plot)。

2. 極座標圖(Polar plot)。

3. 奈奎士圖(Nyquist plot)。

4. 尼可士圖(Nichols chart)。

　　本章將詳細介紹控制系統頻率響應的特性,並說明各種常用頻域圖形之繪製原理與方法,而頻域穩定性分析將於下一章再行介紹。

Automatic Control

8-2 ›› 線性非時變系統之頻率響應 (frequency response)

系統對正弦波函數輸入時之穩態響應,稱為頻率響應。控制系統在使用頻率響應分析時,常在某一頻率範圍內,改變輸入正弦訊號之頻率,並研究系統因輸入頻率改變後輸出所受之影響。

對於 BIBO 穩定之線性非時變系統,轉移函數 $G_c(s)$ 之極點全部落在 s 平面之左半面,如圖 8-1 所示。

$$R(s)$$
$$r(t)=A \sin \omega t$$

$G_c(s)$
BIBO穩定之線性非時變系統

$$Y(s)$$
$$y(t)$$

◎ 圖 8-1　線性非時變系統

假設輸入 $r(t)$ 為正弦波函數,亦即

$$r(t) = A\sin \omega t \tag{8-1}$$

其拉氏轉換 $R(s)$ 為

$$R(s) = \frac{A\omega}{s^2 + \omega^2} \tag{8-2}$$

而轉移函數 $G_c(s)$ 可寫成

$$G_c(s) = \frac{N(s)}{(s+p_1)(s+p_2)\cdots\cdots(s+p_n)} \tag{8-3}$$

此時輸出之拉氏轉換 $Y(s)$ 為

$$
\begin{aligned}
Y(s) &= G_c(s)R(s) \\
&= \frac{A\omega N(s)}{(s^2+\omega^2)(s+p_1)(s+p_2)\cdots(s+p_n)} \\
&= \frac{\alpha_1}{(s+j\omega)} + \frac{\alpha_2}{(s-j\omega)} + （\,G_c(s)\,之極點所展開之其他項）
\end{aligned}
\tag{8-4}
$$

式中　　$\alpha_1 = \left.\frac{A\omega G_c(s)}{s-j\omega}\right|_{s\to-j\omega} = \frac{-AG_c(-j\omega)}{2j}$

$\alpha_2 = \left.\frac{A\omega G_c(s)}{s+j\omega}\right|_{s\to j\omega} = \frac{AG_c(j\omega)}{2j}$

　　因為系統為 BIBO 穩定，且吾人有興趣的只限於穩態響應，所以式(8-4)之反拉氏轉換，亦即時間響應，在系統達穩態時，除前二項外均將趨於零，故此時系統之穩態響應 $y_s(t)$ 為

$$
\begin{aligned}
y_s(t) &= \lim_{t\to\infty} y(t) \\
&= L^{-1}\left[\frac{\alpha_1}{s+j\omega} + \frac{\alpha_2}{s-j\omega}\right] \\
&= -\frac{AG_c(-j\omega)}{2j}e^{-j\omega t} + \frac{AG_c(j\omega)}{2j}e^{j\omega t}
\end{aligned}
\tag{8-5}
$$

又因 $G_c(j\omega)$ 為複變數函數，可寫成下列形式

$$
G_c(j\omega) = |G_c(j\omega)|e^{j\phi}
\tag{8-6}
$$

其中 $|G_c(j\omega)|$ 稱為 $G_c(j\omega)$ 之幅量，而 ϕ 為 $G_c(j\omega)$ 之相位，其值為

$$
\phi = \underline{/G_c(j\omega)} = \tan^{-1}\frac{\operatorname{Im}G_c(j\omega)}{\operatorname{Re}G_c(j\omega)}
\tag{8-7}
$$

同理，$G_c(-j\omega)$ 可寫成

$$G_c(-j\omega) = \left|G_c(-j\omega)\right|e^{-j\phi} = \left|G_c(j\omega)\right|e^{-j\phi} \tag{8-8}$$

將式(8-6)及(8-8)代入式(8-5)可得

$$y_s(t) = A\left|G_c(j\omega)\right|\frac{e^{j(\omega t+\phi)} - e^{-j(\omega t+\phi)}}{2j}$$

$$= A\left|G_c(j\omega)\right|\sin(\omega t+\phi) \tag{8-9}$$

由式(8-9)可看出線性非時變系統在正弦波輸入時穩態響應有以下特性：

1. 輸出之穩態響應亦為正弦波函數，且與輸入之正弦波的頻率相同。

2. 穩態輸出響應之大小為輸入正弦波數之大小 A，乘上 $\left|G_c(j\omega)\right|$，此 $\left|G_c(j\omega)\right|$ 稱為幅量比(amplitude ratio)。

3. 穩態輸出響應與輸入之正弦波函數，會存在相位差 ϕ，亦即 $\angle G_c(j\omega)$。

4. $G_c(j\omega)$ 稱為頻率響應函數(frequency response function)，若此函數未知，通常很容易由實驗獲得。

5. 式(8-9)可進一步寫成

$$y_s(t) = Y_s\sin(\omega t+\phi) \tag{8-10}$$

因此，線性非時變系統對正弦波輸入的響應特性可直接以 $s = j\omega$ 代入轉移函數 $G_c(s)$ 中得到

$$G_c(j\omega) = G_c(s)\big|_{s\to j\omega} = \frac{Y(j\omega)}{R(j\omega)} \tag{8-11}$$

若系統之閉迴路轉移函數 $G_c(s)$ 為

$$G_c(s) = \frac{1}{(\tau s + 1)}$$

試求此系統對於正弦波輸入 $r(t) = A \sin \omega t$ 之穩態響應。

解

將 $G_c(s)$ 中之 s 以 $j\omega$ 代入，則有

$$G_c(j\omega) = \frac{1}{j\tau\omega + 1} = \frac{1 - j\tau\omega}{(1 + \tau^2\omega^2)}$$

$$\Rightarrow \quad |G_c(j\omega)| = \frac{1}{\sqrt{1 + \tau^2\omega^2}}$$

且

$$\angle G_c(j\omega) = 0 - \tan^{-1}\frac{\tau\omega}{1} = -\tan^{-1}\tau\omega$$

所以穩態輸出 $y_s(t)$ 應為

$$y_s(t) = \frac{A}{\sqrt{1 + \tau^2\omega^2}}\sin(\omega t - \tan^{-1}\tau\omega)$$

例題 2

考慮一控制系統之閉迴路轉移函數如下

$$G(s) = \frac{s-1}{s^2 + 2s + 2}$$

試求此系統在輸入 $u(t) = 1 + \sin 2t$ 時之穩態響應 $y_{ss}(t)$。

解

因為系統為線性非時變，所以具有重疊性，因此輸入 $u(t)$ 所引起之穩態響應可分為兩部分來計算，亦即

$$u(t) = u_1(t) + u_2(t),\ u_1(t) = 1,\ u_2(t) = \sin 2t$$

$$u_1(t) = 1$$

$$y_1 = \lim_{s \to 0} s Y_1(s) = \lim_{s \to 0} s G(s) U_1(s) = \lim_{s \to 0} s \frac{s-1}{s^2 + 2s + 2} \frac{1}{s} = -\frac{1}{2} = -0.5$$

$$u_2(t) = \sin 2t$$

$$G(j\omega) = \frac{j\omega - 1}{(j\omega)^2 + 2j\omega + 2}$$

$$= \frac{\sqrt{\omega^2 + 1}}{\sqrt{(2-\omega^2)^2 + 4\omega^2}} \angle \left(\tan^{-1}\frac{\omega}{-1} - \tan^{-1}\frac{2\omega}{2-\omega^2} \right)$$

$$\Rightarrow \ \left| G(j2) \right| = \frac{\sqrt{5}}{\sqrt{20}} = 0.5, \quad \angle G(j2) = \tan^{-1}\frac{2}{-1} - \tan^{-1}\frac{4}{-2} = 0°$$

所以穩態響應為

$$y_2 = 1 \times 0.5\sin(2t + 0°) = 0.5\sin 2t$$

由以上結果知在輸入 $u(t) = 1 + \sin 2t$ 下，系統之穩態響應 $y_{ss}(t)$ 為

$$\begin{aligned} y_{ss}(t) &= y_1(t) + y_2(t) \\ &= -0.5 + 0.5\sin 2t \end{aligned}$$

8-3 ››› 頻域分析之性能規格 (performance specifications)

Automatic Control

標準回授控制系統之轉移函數為

$$G_c(s) = \frac{Y(s)}{R(s)} = \frac{G(s)}{1 + G(s)H(s)} \tag{8-12}$$

對正弦波輸入之穩態下，令 $s = j\omega$ 代入可得

$$\begin{aligned} \frac{Y(j\omega)}{R(j\omega)} = G_c(j\omega) &= \frac{G(j\omega)}{1 + G(j\omega)H(j\omega)} \\ &= \left| G_c(j\omega) \right| \underline{/\, G_c(j\omega)} \end{aligned} \tag{8-13}$$

其中幅量 $\left| G_c(j\omega) \right|$ 為

$$\left| G_c(j\omega) \right| = \left| \frac{G(j\omega)}{1 + G(j\omega)H(j\omega)} \right| \tag{8-14}$$

相位 $\angle G_c(j\omega)$ 為

$$\angle G_c(j\omega) = \tan^{-1}\frac{\text{Im}[G_c(j\omega)]}{\text{Re}[G_c(j\omega)]} \tag{8-15}$$

$$= \angle G(j\omega) - \angle 1 + G(j\omega)H(j\omega) \tag{8-16}$$

由式(8-14)可繪得回授控制系統的典型幅量曲線，如圖 8-2 所示。在頻域分析設計時，實際上經常使用四種性能規格，用以描述系統性能，這些規格定義如下：

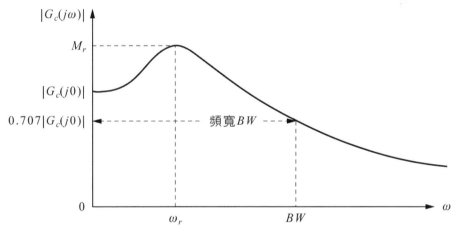

圖 8-2 典型系統幅量曲線

1. 尖峰共振值 M_r (peak resonance value)

M_r 定義為式(8-14)中 $|G_c(j\omega)|$ 之最大值。M_r 可用以衡量閉迴路系統的相對穩定性。一般而言，在步階響應時，較大的 M_r 值，會對應於較大的最大超越量。因此一般設計時所使用之 M_r 值常介於 1.1 與 1.5 之間。

2. **共振頻率** ω_r (resonant frequency)

ω_r 定義為發生尖峰共振值 M_r 時之頻率,可用以衡量暫態響應之速度。

3. **頻率寬度 BW** (bandwidth)

BW 定義為當 $|G_c(j\omega)|$ 降至零頻率值的 0.707 或降至比零頻率增益小 3dB 之頻率,此頻率又稱為截止頻率(cut off frequency)。一般情形,BW 值愈大,表示系統時域響應將有較短的上升時間,且較高頻訊號可通過系統,所以抑制雜訊能力較差。相對地,若 BW 值較小,則上升時間變長,系統反應變慢,僅有低頻易於輸出,而對雜訊會有抑制作用。

4. **截止率**(cut off rate)

截止率為 $|G_c(j\omega)|$ 在高頻處之斜率,代表系統分辨輸入訊號與雜訊之能力。一般情形,M_r 值較大時,會有較陡峭的截止特性。

Automatic Control

8-4 ›› 標準二階系統之頻域特性

標準二階系統之閉迴路轉移函數 $G_c(s)$ 為

$$\frac{Y(s)}{R(s)} = G_c(s) = \frac{\omega_n^2}{s^2 + 2\zeta\omega_n s + \omega_n^2} \tag{8-17}$$

故頻率響應函數 $G_c(j\omega)$ 為

$$G_c(j\omega) = \frac{\omega_n^2}{(j\omega)^2 + 2\zeta\omega_n(j\omega) + \omega_n^2}$$

$$= \frac{1}{1 + j2\zeta\left(\dfrac{\omega}{\omega_n}\right) - \left(\dfrac{\omega}{\omega_n}\right)^2} \tag{8-18}$$

令 $\beta = \omega / \omega_n$ 代入式(8-18)則可得

$$G_c(j\beta) = \frac{1}{1 + j2\zeta\beta - \beta^2} \tag{8-19}$$

此時 $G_c(j\beta)$ 之幅量為

$$|G_c(j\beta)| = \frac{1}{\sqrt{(1-\beta^2)^2 + (2\zeta\beta)^2}} \tag{8-20}$$

而 $G_c(j\beta)$ 之相位為

$$\angle G_c(j\beta) = -\tan^{-1}\frac{2\zeta\beta}{1-\beta^2} \tag{8-21}$$

標準二階系統之頻域特性分別討論如下：

 一、頻帶寬度 BW

由式(8-17)知 $|G_c(j0)| = 1$，故依定義由

$$\begin{aligned}
|G_c(j\beta)| &= \frac{1}{\sqrt{(1-\beta^2)^2 + (2\zeta\beta)^2}} \\
&= 0.707\,|G_c(j0)| \\
&= 0.707
\end{aligned}$$

可解得 BW，亦即由

$$\frac{1}{\sqrt{\left[1-\left(\dfrac{BW}{\omega_n}\right)^2\right]^2 + \left[2\zeta\dfrac{BW}{\omega_n}\right]^2}} = \frac{1}{\sqrt{2}}$$

可解出 BW 為

$$BW = \omega_n \left[1-2\zeta^2 + \sqrt{2-4\zeta^2+4\zeta^4} \right]^{\frac{1}{2}}$$ (8-22)

式(8-22)之關係如圖 8-3 所示。

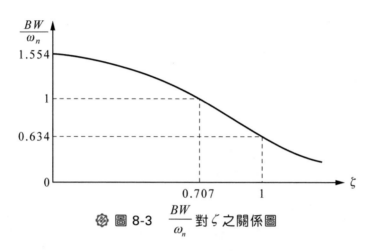

📀 圖 8-3　$\dfrac{BW}{\omega_n}$ 對 ζ 之關係圖

　由式(8-22)及圖 8-3 可看出。

1. 頻寬直接與 ω_n 成正比，由時域分析知較大 ω_n 會有較快之時間響應，所以在已知 ζ 值時，BW 值愈大，系統響應速度愈快，但是，BW 值過大，雜訊抑制力愈差。

2. 若 ω_n 值一定，則 BW 值愈大，ζ 值將愈小，因此最大超越量將增加，且安定時間會變長。

二、共振頻率 ω_r

共振頻率依定義為 $|G_c(j\beta)|$ 為最大值時之頻率，可由式(8-20)微分求得，亦即

$$\frac{d|G_c(j\beta)|}{d\beta} = -\frac{1}{2}\Big[(1-\beta^2)^2+(2\zeta\beta)^2\Big]^{-\frac{3}{2}}(4\beta^3-4\beta+8\zeta^2\beta) = 0$$

整理後可得

$$\beta(\beta^2-1+2\zeta^2) = 0 \qquad\qquad (8\text{-}23)$$

由式(8-23)可解得 $\beta = 0$ 及 $\beta = \sqrt{1-2\zeta^2}$ ，但 $\beta=0$ 不合且此時 $\beta = \omega_r/\omega_n$ ，故共振頻率為

$$\omega_r = \omega_n\sqrt{1-2\zeta^2} \qquad\qquad (8\text{-}24)$$

由式(8-24)可看出

1. ω_r 與 ω_n 成正比，且欠阻尼值 ζ 愈大，ω_r 愈小。

2. 因頻率恆為正實數，故式(8-24)只適用於 $\zeta < \dfrac{1}{\sqrt{2}}$ 時。

 三、尖峰共振值 M_r

欲求得 M_r，只需將共振頻率 ω_r 代入式(8-20)即可，亦即將式(8-24)代入式(8-20)可得

$$M_r = \frac{1}{2\zeta\sqrt{1-\zeta^2}} \qquad\qquad (8\text{-}25)$$

由式(8-20)及(8-25)可繪出不同 ζ 值時，$|G_c(j\beta)|$ 對 β 之頻率響應圖如圖 8-4 所示，同時最大超越量 M_P 與共振峰值 M_r 對阻尼比 ζ 之關係如圖 8-5 所示。

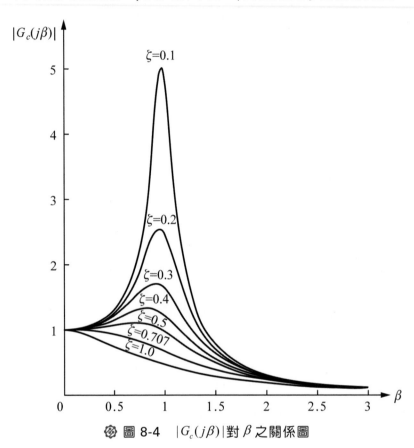

圖 8-4　$|G_c(j\beta)|$ 對 β 之關係圖

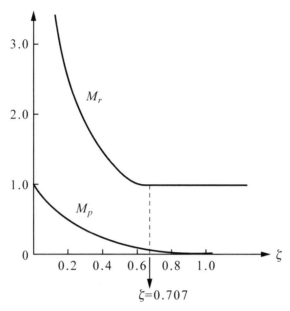

圖 8-5 M_P 及 M_r 對 ζ 之關係圖

由此我們可看出：

1. 尖峰共振值 M_r（頻域分析）

$$M_r = \frac{1}{2\zeta\sqrt{1-\zeta^2}} \left(0 < \zeta < \frac{1}{\sqrt{2}}\right)$$

最大超越量 M_P（時域分析）

$$M_P = e^{-\frac{\zeta}{\sqrt{1-\zeta^2}}\pi} \ (0 \le \zeta < 1)$$

2. 若 M_r 愈大，則 M_P 值亦愈大，但 ζ 值則愈小。反之，若 ζ 值愈小，則 M_r 及 M_P 均愈大，且頻寬也會增加。

例題 3

標準二階系統之時域響應性能規格為最大超越量 $M_P = 5\%$，尖峰時間 $t_P = 1$ 秒，試求

(1)系統之阻尼比及自然頻率

(2)共振頻率 ω_r 及尖峰共振值 M_r

(3)頻帶寬度 BW

解

(1)由 $M_P = 5\% = 0.05$，可得

$$e^{-\frac{\zeta}{\sqrt{1-\zeta^2}}\pi} = 0.05$$

可解出阻尼比 $\zeta = 0.69$。又尖峰時間 $t_P = 1\sec$，則

$$\frac{\pi}{\omega_n\sqrt{1-\zeta^2}} = 1$$

將 $\zeta = 0.69$ 代入上式，可解得 $\omega_n = 4.34\,\text{rad/sec}$。

(2)共振頻率 ω_r 為

$$\omega_r = \omega_n\sqrt{1-2\zeta^2}$$
$$= 4.34\sqrt{1-2\times0.69^2} = 0.95\,\text{rad/sec}$$

尖峰共振值 M_r 為

$$M_r = \frac{1}{2\zeta\sqrt{1-\zeta^2}}$$

$$= \frac{1}{2 \times 0.69 \times \sqrt{1-0.69^2}}$$

$$\cong 1$$

(3) 頻帶寬度 BW 為

$$BW = \omega_n \left[1-2\zeta^2 + \sqrt{2-4\zeta^2+4\zeta^4} \right]^{\frac{1}{2}}$$

$$= 4.55 \, \text{rad}/\text{sec}$$

Automatic Control

8-5 ▸▸▸ 頻率響應函數之極座標圖

頻率響應函數 $G_c(j\omega)$ 之極座標圖(polar plots)定義為當 ω 由零變化至無窮大時,幅量 $|G_c(j\omega)|$ 與相位 $\underline{/G_c(j\omega)}$ 在極座標軸上之圖形。亦即,頻率由零變化至無窮大時,向量 $|G_c(j\omega)|$ $\underline{/G_c(j\omega)}$ 之軌跡。以純粹數學觀點而言。相當於將 s 平面之正虛軸映射至 $G_c(s)$ 平面之過程,如圖 8-6 所示。注意:相位之度量是依逆時針方向為正值,反之,則為負值。

極坐標圖之繪製,通常只依三項資料進行描繪,分別為:

1. 當 $\omega=0$ 及 $\omega=\infty$ 時之幅量及相位。

2. 在實軸上之交點。

3. 在虛軸上之交點。

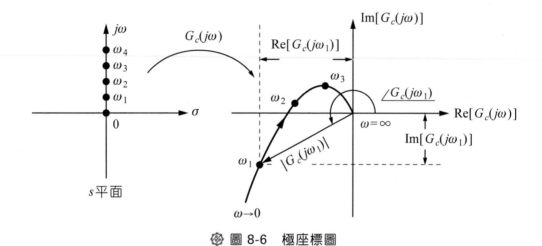

例題 4

試繪標準一階系統轉移函數

$$G(s) = \frac{1}{1+\tau s}$$

之極座標圖。

解

頻率響應函數 $G(j\omega)$ 為

$$G(j\omega) = \frac{1}{1+j\omega\tau} = \frac{1-j\omega\tau}{1+\omega^2\tau^2}$$

$$= \frac{1}{\sqrt{1+\omega^2\tau^2}} \angle -\tan^{-1}\frac{\omega\tau}{1} \quad \cdots\cdots\cdots (a)$$

由上式可得

$$\lim_{\omega \to 0} G(j\omega) = 1 \underline{/ \, 0°}$$

$$\lim_{\omega \to \frac{1}{\tau}} G(j\omega) = \frac{1}{\sqrt{2}} \underline{/ -45°}$$

$$\lim_{\omega \to \infty} G(j\omega) = 0 \underline{/ -90°}$$

且由 $Re[G(j\omega)]$ 及 $Im[G(j\omega)]$ 之關係知

$$\left(Re[G(j\omega)] - \frac{1}{2} \right)^2 + \left(I_m[G(j\omega)] \right)^2 = \left(\frac{1}{2} \right)^2$$

故極座標圖為一圓形曲線，當 ω 由 0 變化至 ∞ 時，$G(j\omega)$ 之幅量將逐漸減小，而相位負得愈多，故可繪得極座標圖如下

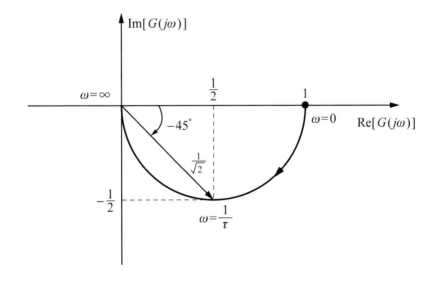

試繪標準二階系統轉移函數

$$G(s) = \frac{\omega_n^2}{s^2 + 2\zeta\omega_n s + \omega_n^2}$$

之極座標圖。

頻率響應函數 $G(j\omega)$ 為

$$
\begin{aligned}
G(j\omega) &= \frac{\omega_n^2}{(j\omega)^2 + 2\zeta\omega_n(j\omega) + \omega_n^2} \\
&= \frac{\omega_n^2}{(\omega_n^2 - \omega^2) + j2\zeta\omega\omega_n} \\
&= \frac{\omega_n^2[(\omega_n^2 - \omega^2) - j2\zeta\omega\omega_n]}{(\omega_n^2 - \omega^2)^2 + 4\zeta^2\omega^2\omega_n^2} \\
&= \frac{\omega_n^2}{\sqrt{(\omega_n^2 - \omega^2)^2 + 4\zeta^2\omega^2\omega_n^2}} \; \bigg/ -\tan^{-1}\frac{2\zeta\omega\omega_n}{\omega_n^2 - \omega^2}
\end{aligned}
$$

由上式可得

$$\lim_{\omega \to 0} G(j\omega) = 1 \; \bigg/ 0°$$

$$\lim_{\omega \to \omega_n} G(j\omega) = \frac{1}{2\zeta} \; \bigg/ -90°$$

$$\lim_{\omega \to \infty} G(j\omega) = 0 \; \bigg/ -180°$$

實軸交點之求得，可先由 $\text{Im}[G(j\omega)] = 0$ 求出 ω 值，再求此 ω 值之 $\text{Re}[G(j\omega)]$ 即可得到，亦即由

$$\text{Im}[G(j\omega)] = 0 = -2\zeta\omega\omega_n$$

可解得 ω 值為

$$\omega = 0$$

而此時

$$\text{Re}[G(j0)] = 1$$

故極座標圖可繪得如下

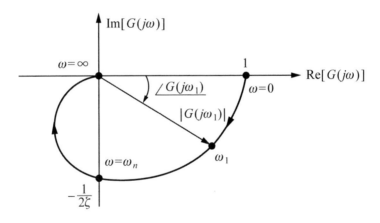

例題 6

試繪帶有時間延遲之轉移函數

$$G(s) = \frac{e^{-Ts}}{1 + \tau s}$$

之極座標圖。

 解

頻率響應函數 $G(j\omega)$ 為

$$G(j\omega) = \frac{e^{-jT\omega}}{1+j\tau\omega}$$

$$= \frac{1-j\tau\omega}{1+\tau^2\omega^2} e^{-jT\omega}$$

$$= \frac{1}{\sqrt{1+\tau^2\omega^2}} \underline{/-T\omega - \tan^{-1}\frac{\tau\omega}{1}}$$

由上式可知

$$\lim_{\omega \to 0} G(j\omega) = 1 \underline{/0°}$$

$$\lim_{\omega \to \infty} G(j\omega) = 0 \underline{/-\infty}$$

因此當頻率 ω 由 0 變化至無窮大時,幅量隨頻率的增加而由 1 減少到 0,但相位則隨頻率之增加由 0° 減小到 $-\infty$,故極座標圖如下所示。

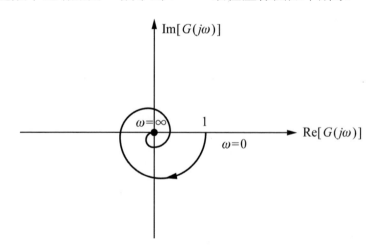

Automatic Control

8-6 →› 頻率響應函數之波德圖

　　波德圖(Bode plots)包含了兩個圖形，一個是幅量$|G(j\omega)|$相對於ω，而另一個為相位 $\underline{/\ G_c(j\omega)}$ 對ω之圖形，其繪製常使用以下定義：

1. 幅量$|G(j\omega)|$之單位為分貝(dB)，表示為

$$|G(j\omega)|_{dB} = 20\log_{10}|G(j\omega)| \tag{8-26}$$

2. 兩頻率ω_1及ω_2之間隔以**十倍頻**(decade)表示，亦即任一頻率ω_1至$\omega_2 = 10\omega_1$之間的頻帶稱為十倍頻，定義如下

$$\text{Decades} = \log_{10}\frac{\omega_2}{\omega_1} \tag{8-27}$$

3. 兩頻率ω_1及ω_2之間隔也有以**八音度**(octave)表示，亦即任一頻率ω_1至$\omega_2 = 2\omega_1$之間的頻帶稱為八音度，定義如下

$$\text{Octaves} = \log_2\frac{\omega_2}{\omega_1} \tag{8-28}$$

　　一般任何開迴路或閉迴路轉移函數$G(s)$，均可分解成以下形式

$$G(s) = \frac{K_b\prod\limits_{i=1}^{I}(1+\tau_i s)\prod\limits_{k=1}^{K}\left[1+\dfrac{2\zeta_k}{\omega_{nk}}s+\left(\dfrac{s}{\omega_{nk}}\right)^2\right]}{s^N\prod\limits_{m=1}^{M}(1+\tau_m s)\prod\limits_{r=1}^{R}\left(1+\dfrac{2\zeta_r}{\omega_{nr}}s+\left(\dfrac{s}{\omega_{nr}}\right)^2\right)}e^{-Ts} \tag{8-29}$$

則其頻率響應函數 $G(j\omega)$ 為

$$G(j\omega) = \frac{K_b \prod_{i=1}^{I}(1+j\omega\tau_i)\prod_{k=1}^{K}\left[1+j\omega\dfrac{2\zeta_k}{\omega_{nk}}+\left(\dfrac{j\omega}{\omega_{nk}}\right)^2\right]}{(j\omega)^N \prod_{m=1}^{M}(1+j\omega\tau_m)\prod_{r=1}^{R}\left[1+j\omega\dfrac{2\zeta_r}{\omega_{nr}}+\left(\dfrac{j\omega}{\omega_{nr}}\right)^2\right]}\, e^{-j\omega T} \tag{8-30}$$

其中 K_b 稱為**波德增益(Bode gain)**，其大小為

$$K_b = \lim_{s \to 0} s^N G(s) \tag{8-31}$$

由式(8-30)可得 $|G(j\omega)|_{dB}$ 及 $\angle G(j\omega)$ 分別為

$$
\begin{aligned}
|G(j\omega)|_{dB} &= 20\log|G(j\omega)| \\
&= 20\log|K_b| + 20\sum_{i=1}^{I}\log|1+j\omega\tau_i| \\
&\quad + 20\sum_{k=1}^{K}\log\left|1+j\omega\dfrac{2\zeta_k}{\omega_{nk}}+\left(\dfrac{j\omega}{\omega_{nk}}\right)^2\right| \\
&\quad - 20N\log|j\omega| - 20\sum_{m=1}^{M}\log|1+j\omega\tau_m| \\
&\quad - 20\sum_{r=1}^{R}\log\left|1+j\omega\dfrac{2\zeta_r}{\omega_{nr}}+\left(\dfrac{j\omega}{\omega_{nr}}\right)^2\right| + 0
\end{aligned} \tag{8-32}
$$

$$
\begin{aligned}
\angle G(j\omega) &= \angle K_b + \sum_{i=1}^{I}\angle 1+j\omega\tau_i + \sum_{k=1}^{K}\angle\left[1+j\omega\dfrac{2\zeta_k}{\omega_{nk}}+\left(\dfrac{j\omega}{\omega_{nk}}\right)^2\right] \\
&\quad - N\angle(j\omega) - \sum_{m=1}^{M}\angle 1+j\omega\tau_m - \sum_{r=1}^{R}\angle\left[1+j\omega\dfrac{2\zeta_r}{\omega_{nr}}+\left(\dfrac{j\omega}{\omega_{nr}}\right)^2\right] \\
&\quad - \omega T \text{ (rad)}
\end{aligned} \tag{8-33}
$$

由式(8-32)及(8-33)可看出 $|G(j\omega)|$ 及 $\underline{/G(j\omega)}$ 均由下列五種基本因式型態所組成

1. 波德增益 K_b

2. 原點處之極點或零點 $(j\omega)^{\pm r}$

3. 實數極點或零點 $(1+j\omega\tau)^{\pm r}$

4. 複數極點或零點 $\left[1+j\omega\dfrac{2\zeta}{\omega_n}+\left(\dfrac{j\omega}{\omega_n}\right)^2\right]^{\pm r}$

5. 時間延遲 $e^{-j\omega T}$

因此波德圖之繪製過程為先將以上五種因式型態分開個別作圖,然後再將每個因式的圖形相加減,便可繪出 $|G(j\omega)|_{dB}$ 圖及相位圖。而以上五種基本因式型態之個別波德圖如下

1. **常數項** K_b

$$|K_b|_{dB}=20\log|K_b|\ \text{(dB)} \tag{8-34}$$

$$\underline{/K_b}=\begin{cases} 0° & ,\ 當 K_b>0 \\ +180° & ,\ 當 K_b<0 \end{cases} \tag{8-35}$$

其波德圖如圖 8-7 所示。

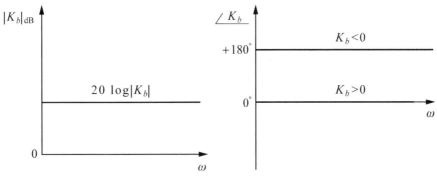

⚙ 圖 8-7　常數項 K_b 之波德圖

2. 原點處之極點或零點 $(j\omega)^{\pm r}$

$$|(j\omega)^{\pm r}|_{dB} = 20\log|(j\omega)^{\pm r}| = \pm 20\,r\log\omega \ \ (dB) \tag{8-36}$$

$$\angle(j\omega)^{\pm r} = \pm r \times 90° \tag{8-37}$$

由式(8-36)可看出應為一直線，而其斜率為

$$\frac{d\,[20\log|(j\omega)^{\pm r}|]}{d\,\log\omega} = \pm 20r \qquad (dB/decade)$$

$$= \pm 6r \qquad (dB/octave) \tag{8-38}$$

而波德圖如圖 8-8 所示。

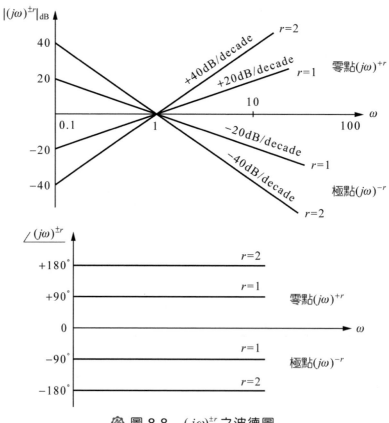

🏵 圖 8-8　$(j\omega)^{\pm r}$ 之波德圖

3. 實數極點或零點 $(1+j\omega\tau)^{\pm 1}$

$$\begin{aligned}
\left| (1+j\omega\tau)^{\pm 1} \right|_{dB} &= 20 \log \left| (1+j\omega\tau)^{\pm 1} \right| \\
&= \pm 20 \log \sqrt{1+\omega^2\tau^2} \\
&= \begin{cases} 0 & \text{，當}\,\omega\tau \ll 1\text{時（低頻近似）} \\ \pm 20 \, \log \, \omega\tau & \text{，當}\,\omega\tau \gg 1\text{時（高頻近似）} \end{cases}
\end{aligned} \tag{8-39}$$

$$\underline{\diagup (1+j\omega\tau)^{\pm 1}} = \pm \tan^{-1} \omega\tau \tag{8-40}$$

$$= \begin{cases} 0 & \text{，當}\,\omega\tau \ll 1\text{時（低頻近似）} \\ \pm 45^\circ & \text{，當}\,\omega\tau = 1\text{時} \\ \pm 90^\circ & \text{，當}\,\omega\tau \gg 1\text{時（高頻近似）} \end{cases}$$

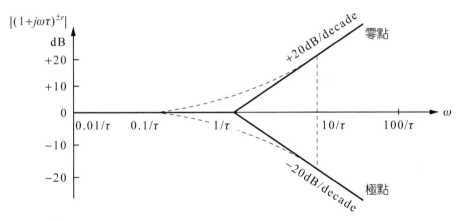

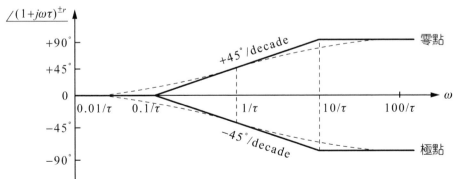

⚙ 圖 8-9 $(1+j\omega\tau)^{\pm 1}$ 之波德圖

　　其波德圖如圖 8-9 所示。圖中之漸近線（0dB 線）與斜率±20dB/decade 線相交於 $\pm 20 \log \omega\tau = 0$ 處，亦即在

$$\omega = \frac{1}{\tau} \tag{8-41}$$

處，而此頻率稱為轉角頻率 ω_c (corner frequency)，亦即 $\omega_c = 1/\tau$。

4. 複數極點或零點 $\left[1+j\omega\dfrac{2\zeta}{\omega_n}+\left(\dfrac{j\omega}{\omega_n}\right)^2\right]^{\pm 1}$

$$\left|\left[1+j\omega\frac{2\zeta}{\omega_n}+\left(\frac{j\omega}{\omega_n}\right)^2\right]^{\pm 1}\right|_{dB}$$

$$= 20\log\left|\left[1+j\omega\frac{2\zeta}{\omega_n}+\left(\frac{j\omega}{\omega_n}\right)^2\right]^{\pm 1}\right|$$

$$= \pm 20\log\left[\left(1-\frac{\omega^2}{\omega_n^2}\right)^2+\left(2\zeta\frac{\omega}{\omega_n}\right)^2\right]^{\frac{1}{2}}$$

$$=\begin{cases} 0\ \text{dB} & ，當\dfrac{\omega}{\omega_n}\ll 1\ 時 \\[2mm] \pm 20\ \log\ 2\zeta\ \text{dB} & ，當\omega=\omega_n\ 時 \\[2mm] \pm 40\ \log\dfrac{\omega}{\omega_n}\ \text{dB} & ，當\dfrac{\omega}{\omega_n}\gg 1\ 時 \end{cases}$$

$$\angle\left[1+j\omega\frac{2\zeta}{\omega_n}+\left(\frac{j\omega}{\omega_n}\right)^2\right]^{\pm 1} = \pm\tan^{-1}\frac{2\zeta\dfrac{\omega}{\omega_n}}{1-\left(\dfrac{\omega}{\omega_n}\right)^2} \tag{8-42}$$

$$=\begin{cases} 0 & ，當\dfrac{\omega}{\omega_n}\ll 1\ 時 \\[2mm] \pm 90° & ，當\omega=\omega_n\ 時 \\[2mm] \pm 180° & ，當\dfrac{\omega}{\omega_n}\gg 1\ 時 \end{cases} \tag{8-43}$$

其波德圖如圖 8-10 所示。其漸近線交於 $\pm 40 \log \dfrac{\omega}{\omega_n} = 0$，亦即交於

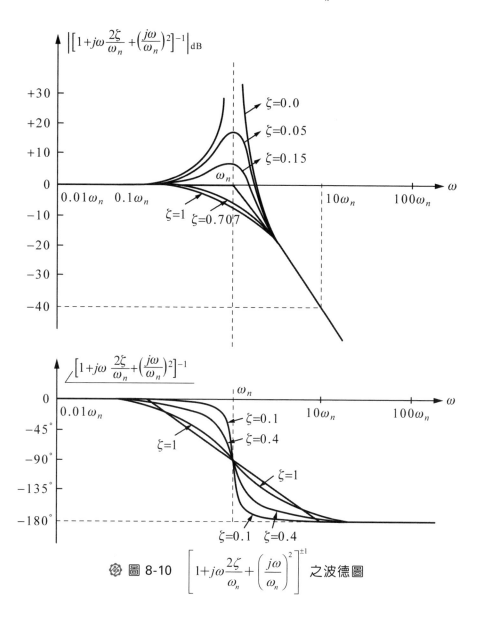

⊛ 圖 8-10 $\left[1+j\omega\dfrac{2\zeta}{\omega_n}+\left(\dfrac{j\omega}{\omega_n}\right)^2\right]^{\pm1}$ 之波德圖

$$\omega = \omega_n \tag{8-44}$$

故二階因式型態之轉角頻率 $\omega_c = \omega_n$。

5. **時間延遲** $e^{-j\omega T}$

$$| e^{-j\omega T} |_{dB} = 20 \log | e^{-j\omega T} | = 20 \log 1 = 0 \text{ dB} \tag{8-45}$$

$$\angle e^{-j\omega T} = -\omega T \tag{8-46}$$

由式(8-45)及(8-46)可看出時間延遲會使系統之相位落後,且落後角度大小與頻率 ω 成正比,但對幅量大小沒有影響,其波德圖如圖 8-11 所示。

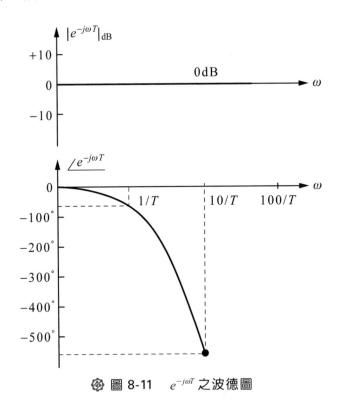

圖 8-11 $e^{-j\omega T}$ 之波德圖

頻率分析或設計，大都是對迴路轉移函數 $G(s)H(s)$ 進行，而頻率響應函數 $G(j\omega)H(j\omega)$ 之波德圖繪製，可依下列步驟完成：

1. 先將 $G(j\omega)H(j\omega)$ 因式分解成式(8-30)之型式。

2. 針對每一個因式求出對應之轉角頻率 ω_c。

3. 個別繪出每個因式之幅量曲線及相位曲線的漸近線，並修正出正確曲線。

4. 將修正之正確曲線相加便可繪出波德圖。

例題 7

控制系統之迴路轉移函數 $G(s)H(s)$ 如下

$$G(s)H(s) = \frac{10(s+10)}{s(s+1)(s+100)}$$

試繪出波德圖。

解

將 $G(s)H(s)$ 改寫為繪製波德圖之標準型式如下

$$G(s)H(s) = \frac{10(s+10)}{s(s+1)(s+100)}$$
$$= \frac{(1+0.1s)}{s(1+s)(1+0.01s)}$$

【方法一】：因式疊加法

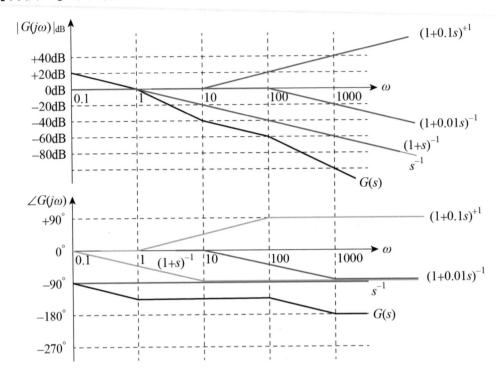

【方法二】：斜率變動法

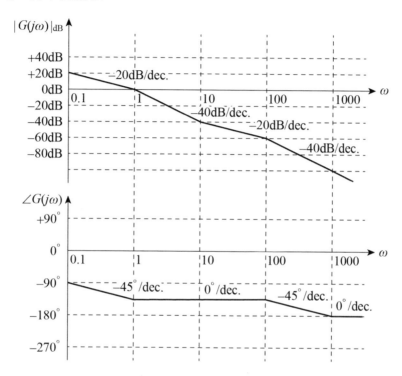

控制系統之迴路轉移函數 $G(s)H(s)$ 為

$$G(s)H(s) = \frac{s}{5s^2+6s+1}$$

試繪出波德圖。

(1) 頻率響應函數 $G(j\omega)H(j\omega)$ 可因式分解成

$$G(j\omega)H(j\omega) = \frac{(j\omega)}{(1+j\omega)(1+j5\omega)}$$

(2) $(1+j\omega)^{-1}$ 之轉角頻率 $\omega_c = 1/\tau = 1\,\text{rad}/\sec$
$(1+j5\omega)^{-1}$ 之轉角頻率 $\omega_c = 1/\tau = 1/5 = 0.2\text{rad}/\sec$

(3) 分別繪出 $(j\omega)$、$(1+j\omega)^{-1}$ 及 $(1+j5\omega)^{-1}$ 之幅量漸近線及相位漸近線，如圖中虛線所示，並修正出正確曲線，如細實線所示。

(4) 將修正後之正確曲線相加即可得幅量曲線及相位曲線，如圖中粗實線所示。

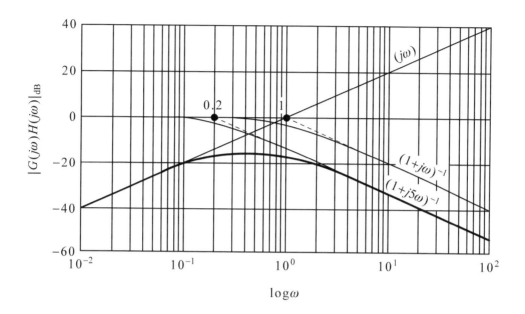

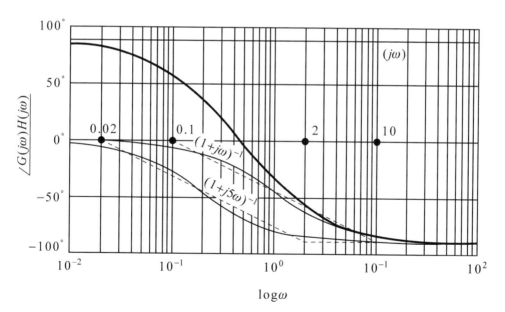

繪出下列迴路轉移函數 $G(s)H(s)$ 之波德圖。

$$G(s)H(s) = \frac{4(2s+1)}{s(s^2+s+4)}$$

 解

(1) 頻率響應函數 $G(j\omega)H(j\omega)$ 可因式分解成

$$G(j\omega)H(j\omega) = \frac{(1+j2\omega)}{(j\omega)\left[1+j\omega\frac{1}{4}+\left(\frac{j\omega}{2}\right)^2\right]}$$

(2) $(1+j2\omega)$ 之轉角頻率 $\omega_c = 1/\tau = 1/2 = 0.5\text{rad/sec}$

$\left[1+j\omega\frac{1}{4}+\left(\frac{j\omega}{2}\right)^2\right]^{-1}$ 之轉角頻率 $\omega_c = \omega_n = 2\text{rad/sec}$ ，且阻尼比 $\zeta = 0.25$

(3) 繪出 $(1+j2\omega)$、$(j\omega)^{-1}$ 及 $\left[1+j\omega\frac{1}{4}+\left(\frac{j\omega}{2}\right)^2\right]^{-1}$ 之漸近線如圖上虛線所示，並修

正出正確曲線，如細實線所示。

(4) 將正確曲線相加即可得幅量曲線及相位曲線，如圖中粗實線所示。

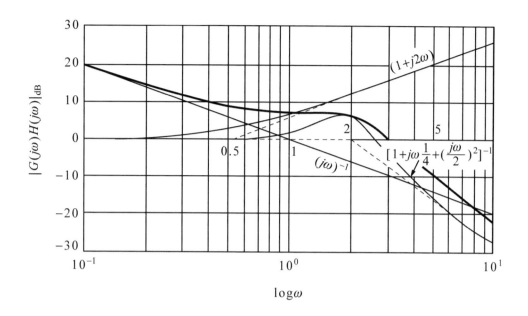

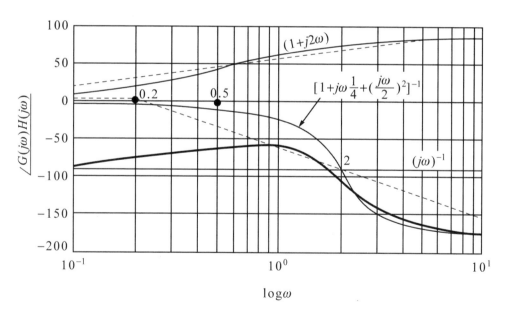

8-7 ⟫⟫⟫ 幅量對相位圖

幅量對相位圖(magnitude-versus-phase plot)可直接對不同之頻率計算 $|G(j\omega)|$ 及 $\underline{/G(j\omega)}$ 作圖得到，或由波德圖上之資料直接繪製，如圖 8-12(a)及圖 8-12(b)所示。

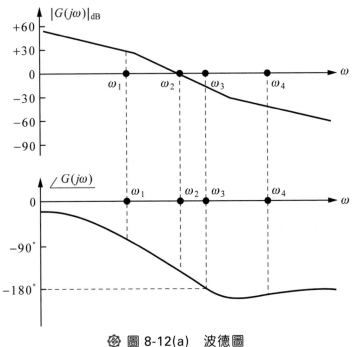

🕸 圖 8-12(a)　波德圖

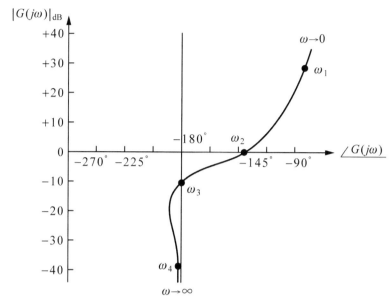

圖 8-12(b)　幅量對相位圖

Automatic Control

8-8　極小相位與非極小相位系統

轉移函數 $G(s)$ 中，若沒有極點或零點落在 s 平面之右半面，則稱此為極小相位轉移函數(minimum phase transfer function)，而含有極小相位轉移函數之系統，稱為極小相位(minimum phase)系統。相對地，若轉移函數含有落於 s 平面右半面之極點或零點時，則稱之為非極小相位轉移函數(non-minimum phase transfer function)，而含此類轉移函數之系統，稱為非極小相位(non-minimum phase)系統。

關於極小相位與非極小相位系統之重要特性如下：

1. 在所有具有相同幅量特性之系統中，極小相位系統的相位範圍為極小，亦即任何非極小相位系統之相位範圍都將比極小相位系統大。考慮以下二系統轉移函數

$$G_m(j\omega)=\frac{1+j\omega\tau_2}{1+j\omega\tau_1} \quad (\tau_1 > \tau_2 > 0 \text{，minimun phase}) \tag{8-47}$$

$$G_n(j\omega)=\frac{1-j\omega\tau_2}{1+j\omega\tau_1} \quad (\tau_1 > \tau_2 > 0 \text{，non-minimun phase}) \tag{8-48}$$

幅量相位表示式分別為

$$G_m(j\omega)=\sqrt{\frac{1+\omega^2\tau_2^2}{1+\omega^2\tau_1^2}} \;\underline{/\tan^{-1}\omega\tau_2-\tan^{-1}\omega\tau_1} \tag{8-49}$$

$$G_n(j\omega)=\sqrt{\frac{1+\omega^2\tau_2^2}{1+\omega^2\tau_1^2}} \;\underline{/\tan^{-1}\frac{-\omega\tau_2}{1}-\tan^{-1}\omega\tau_1} \tag{8-50}$$

由式(8-49)及式(8-50)可知 $G_m(j\omega)$ 及 $G_n(j\omega)$ 具有相同幅量，但相位不同，亦即當 ω 由 0 變化至 ∞ 時，$G_m(j\omega)$ 之相位由 0° 變負值，再變化至 0°，但 $G_n(j\omega)$ 之相位卻由 0°變化至 180°，如圖 8-13 所示。

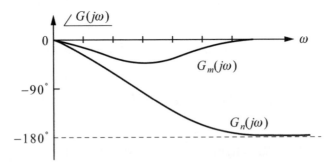

◈ 圖 8-13　極小相位與非極小相位轉移函數之相位圖

2. 若判定一系統為極小相位，則其幅量與相位兩者之關係為唯一，亦即若幅量曲線已知，則其相位曲線即可決定，反之亦然。但是非極小相位系統則無此性質。

3. 若系統之轉移函數可寫成

$$G(s) = \frac{K \prod\limits_{i=1}^{m} (s+z_i)}{s^j \prod\limits_{i=1}^{n-j} (s+p_i)} \tag{8-51}$$

則當頻率趨於 0 或 ∞，對極小相位系統而言，其相位為

$$\lim_{\omega \to 0} \underline{\diagup G(j\omega)} = -j \times 90° \tag{8-52}$$

$$\lim_{\omega \to \infty} \underline{\diagup G(j\omega)} = -(n-m) \times 90° \tag{8-53}$$

而對非極小相位系統，式(8-52)及(8-53)通常不會成立。

4. 非極小相位系統之判定方法，可由幅量曲線在 $\omega \to \infty$ 時斜率應為 $-20(n-m)$ dB/decade 判定 $(n-m)$ 之值，再配合式(8-52)及(8-53)判定是否為非極小相位系統。例如當 $\omega \to \infty$ 時，幅量曲線之斜率若為 –40 dB/decade，則表 $(n-m)=2$，因此若為極小相位系統，則當 $\omega \to \infty$ 時，其相位為 $-2 \times 90° = -180°$，否則就為極小相位系統。

5. 一般造成系統為非極小相位之情形有
   (1) 系統含有非極小相位元件。
   (2) 系統之內迴路為不穩定情形所產生。
   (3) 測量元件與致動元件相對位置關係所產生。

8-9 ›› 實驗法決定轉移函數

　　波德圖最重要之應用除控制器之設計分析外,當系統之轉移函數未知或不易利用解析方法求得時,可利用實驗方法先求得資料繪出波德圖,再由所繪得之波德圖辨別出系統之轉移函數。進行程序如下:

1. 先以實驗方法得到資料,正確的繪出波德圖。

2. 將實際幅量曲線以斜率為 ±20　dB/decade 倍數之漸近線近似,轉角頻率代表存在簡單之實數極點或零點。

3. 利用相位圖判定是否為極小相位系統。

4. 幅量曲線若有較尖銳之尖峰或凹谷出現,則代表存在二次因式之極點或零點。而其阻尼比 ζ 可由下式求得

$$M_r(dB) = \pm 20 \log 2\zeta \tag{8-54}$$

5. 低頻時漸近線之行為可以決定落在原點上之極點或零點數目,亦即系統之型式(type),並可決定系統之波德增益 K_b。

6. 高頻時漸近線之行為可以用以決定極點數與零點數之差值。

7. 波德增益 K_b 亦可選擇不在轉角頻率附近之幅量曲線上的任一點,經由計算求得。

例題 10

某單位反饋(unity feedback)系統之波德圖(Bode)如下

(1)試問此系統之型式(system type)為何？

(2)計算系統穩態誤差常數 K_p、K_v、K_a 之值。

(3)推導此系統之開環轉移函數(transfer function)。

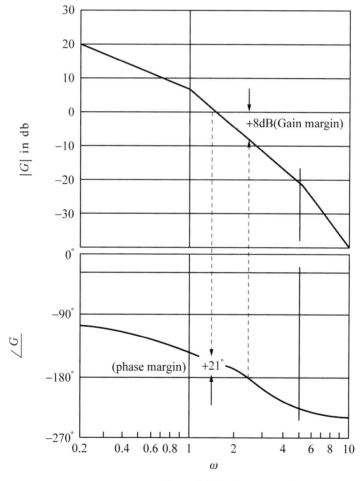

註：本例題為 80 年高考二級自動控制試題。

解

先判定系統轉移函數之特性

(1)轉角頻率有兩個 $\omega_1 = 1$，$\omega_2 = 5$。

(2)為極小相位系統。

(3)無二次因式型態之極點或零點。

(4)低頻時幅量曲線斜率為 -20 dB/decade，相位接近 $-90°$，故應有一個極點在原點上。

(5)高頻時，相位趨於 $-270°$，故有限極點應比有限零點多 3 個。

(6)由(1)～(5)知系統轉移函數應為

$$G(s) = \frac{K_b}{s\left(1+\frac{s}{1}\right)\left(1+\frac{s}{5}\right)}$$

選取 $\omega = 0.2$ 時 $|G(j\omega)|_{dB} = 20dB$，可求得 K_b 如下

$$20\log K_b - 20\log 0.2 - 20\log\sqrt{1+0.2^2} - 20\log\sqrt{1+\left(\frac{0.2}{5}\right)^2} = 20$$

可解出 $K_b = 2$，因此系統之轉移函數應為

$$G(s) = \frac{2}{s(1+s)(1+s/5)} = \frac{10}{s(s+1)(s+5)}$$

① 系統為零型，因為 $G(s)$ 有一個極點落在原點上。

② 誤差常數

$$K_p = \lim_{s \to 0} G(s) = \infty$$

$$K_v = \lim_{s \to 0} sG(s) = 2$$

$$K_a = \lim_{s \to 0} s^2 G(s) = 0$$

③ 開迴路轉移函數 $G(s)$ 為

$$G(s) = \frac{10}{s(s+1)(s+5)}$$

例題 11

某控制系統之迴路轉移函數 $G(s)$ 的波德圖(Bode)如下

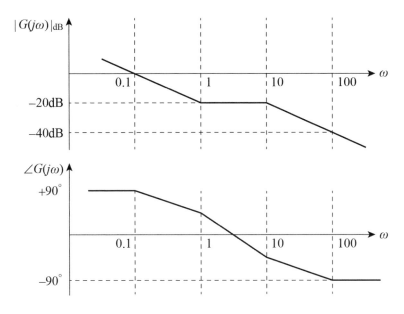

試求迴路轉移函數 $G(s)$。

 解

低頻漸近線斜率為−20 dB/decade，故有一極點在 $s = 0$

高頻漸近線斜率為−20 dB/decade，故極點數比零點數多一個。

轉角頻率有 $\omega = 1$ 及 10 rad/sec 。

因為低頻相位不是−90°，故應為非極小相位系統。

由以上結果及相位曲線可知迴路轉移函數 $G(s)$ 形式應為

$$G(s) = \frac{K_b(-1+s)}{s(1+0.1s)}$$

又因為低頻幅量漸近線與水平軸交於 $\omega = 0.1\,\text{rad/sec}$，故 $K_b = 0.1$，所以 $G(s)$ 應為

$$G(s) = \frac{0.1(-1+s)}{s(1+0.1s)} = \frac{(s-1)}{s(s+10)}$$

✏️ **習題八**

8-1 電網路如圖 P8-1 所示，圖中電阻 R＝100kΩ（Ω 代表歐姆），而電容 $C = 1\mu F$
（F代表法拉），試求

(a) 轉移函數 $V_o(s)/V_i(s)$

(b) 正弦輸入 $v_i(t) = 10\sin 2t$ 時之穩態輸出 $v_o(t)$

(c) 正弦輸入 $v_i(t) = 5\sin(3t - 30°)$ 時之穩態輸出 $v_o(t)$

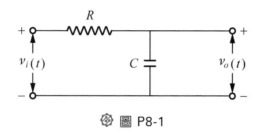

⚙️ 圖 P8-1

8-2 控制系統之轉移函數 $G(s)$ 為

$$G(s) = \frac{9}{s^2 + 3s + 9}$$

試求

(a) 共振頻率 ω_r

(b) 共振峰值 M_r

(c) 頻帶寬度 BW

8-3　試概略繪出下列迴路轉移函數 $G(s)H(s)$ 之極座標圖。

$$G(s)H(s) = \frac{(s+1)}{s(s-1)(s+4)}$$

8-4　試繪出下列迴路轉移函數之波德圖

(a)　$G(s)H(s) = \dfrac{(s+5)}{s(s+10)}$

(b)　$G(s)H(s) = \dfrac{(s+2)}{s(s^2+1.4s+10)}$

8-5　控制系統之迴路轉移函數 $G(s)H(s)$ 為

$$G(s)H(s) = \frac{10}{s(s+2)(s+5)}$$

試繪出 $G(s)H(s)$ 之波德圖，並利用波德圖上之資料繪出 $G(s)H(s)$ 之幅量對相位圖。

8-6　閉迴路控制系統頻率響應之波德圖如圖 P8-2 所示，試求出此系統之閉迴路轉移函數 $G_c(s)$。

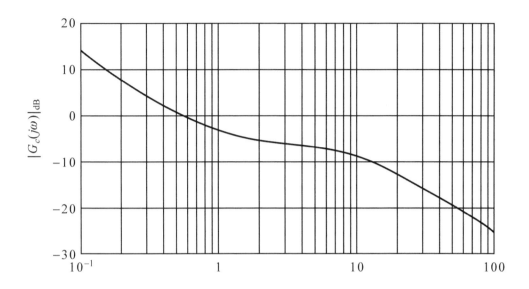

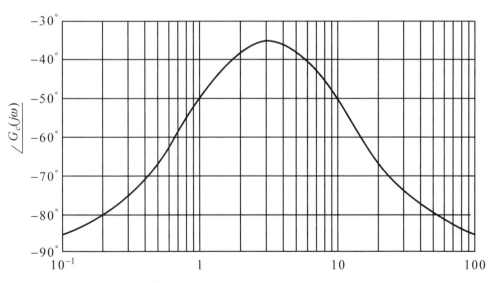

◎ 圖 P8-2　控制系統之波德圖

參考文獻
References

§ 8-2

1. D'Souza, A. F. (1988). *Design of Control Systems*. New Jersey: Prentice Hall, Englewood Cliffs.

2. Ogata, K. (1970). *Modern Control Engineering*. New Jersey: Prentice Hall, Eglewood Cliffs.

§ 8-3～8-4

3. Nagrath I. J., & Gopal, M. (1985). *Control Systems Engineering* (2nd ed.). Wiley Eastern Limited.

4. Kuo, B. C. (1987). *Automatic Control Systems* (5th ed.). New Jersey: Prentice Hall, Eglewood Cliffs.

§ 8-5

5. Dorf, R. C. (1992). *Modern Control Systems* (6th ed.). MA.: Addison-Wesley.

6. 黃燕文（78 年）。**自動控制**，新文京。

§ 8-6～8-7

7. Kuo, B. C. (1987). *Automatic Control Systems* (5th ed.). New Jersey: Prentice Hall, Eglewood Cliffs.

8. Bolton, W. (1992). *Control Engineering*. England: Longman Group UK Limited.

9. Ogata, K. (1970). *Modern Control Engineering*. New Jersey: Prentice Hall, Eglewood Cliffs.

§ 8-8

10. Nagrath, I. J., & Gopal, M. (1985). *Control Systems, Engineering* (2nd ed.). Wiley Eastern Limited.

11. Chen, C. T. (1987). *Control System Design: Conventional, Algebraic and Optimal Methods*. New York: Holt, Rinehart and Winston.

§ 8-9

12. Ogata, K. (1970). *Modern Control Engineering*. New Jersey: Prentice Hall, Eglewood Cliffs.

13. Franklin, G. F., Powell, J. D., & Emami-Naeini, A. (1986). *Feedback Control of Dynamic System, Reading*. MA.: Addison-Wesley.

14. D'Souza, A. F. (1988). *Design of Control Systems*. New Jersey: Prentice Hall, Englewood Cliffs.

Chapter

09 頻域穩定性分析

Automatic Control

9-1 ›› 前 言

控制系統之頻率響應特性已於前一章中介紹，同時也介紹了波德圖，極座標圖及幅量對相位圖之繪製原理與方法。本章將再介紹由極座標圖進一步延伸之奈奎士圖，及應用幅量對相位圖之尼可士圖表，並說明如何應用這些圖表來判定控制系統之穩定性。此外，相對穩定性的指標，增益邊際(gain margin)與相位邊際(phase margin)也將於本章中予以討論。

9-2 ›› 基本名詞與定義

回授控制系統之轉移函數如下

$$G_c(s) = \frac{C(s)}{R(s)} = \frac{G(s)}{1+G(s)H(s)} \tag{9-1}$$

假設迴路轉移函數 $G(s)H(s)$ 中沒有不穩定極點與零點對消。令特性方程式函數 $\Delta(s)$ 為

$$\Delta(s) = 1 + G(s)H(s) = 0 \tag{9-2}$$

則不同轉移函數的極點與零點具有以下關係：

1. $\Delta(s)$ 之零點＝特性方程式之根＝閉迴路系統之極點。

2. $\Delta(s)$ 之極點＝ $G(s)H(s)$ 之極點。

　　由以上關係知閉迴路系統為 BIBO 穩定之充分必要條件為 $\Delta(s)$ 之所有零點必須全落在不含虛軸之 s 平面的左半面。

　　在介紹奈氏穩定性準則(Nyquist stability criterion)前，必須先熟悉以下名詞與定義：

1. **封閉路徑**(closed contour)：在複變數平面上，若起點與終點為同一點之連續曲線，稱為封閉路徑。一般可分為順時針及逆時針，如圖 9-1 所示。

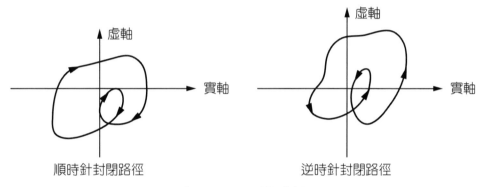

❷ 圖 9-1　封閉路徑

2. **包圍**(encircled)：若一點於一封閉路徑內，則稱此點被此封閉路徑所包圍。如下圖中之 A 點被封閉路徑 Γ 包圍，但 B 點則不為封閉路徑 Γ 所包圍。

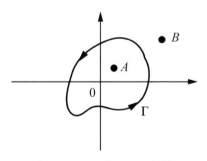

❷ 圖 9-2　包圍之定義

3. **包圍的次數** N：若一點 A 被路徑 Γ 所包圍，則可由 A 點至封閉路徑上任一點 P 作一向量 $\overrightarrow{AP}$，然後讓 P 沿封閉路徑 Γ 方向移動，直到回到原來位置，而此向量 $\overrightarrow{AP}$ 所旋轉之圈數即為 N，且此向量共轉動了 $2\pi N$ 弳度。例如圖 9-3 中之 A 點被包圍一次，而 B 點被包圍 2 次。

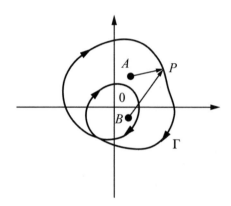

🎯 圖 9-3　包圍的次數之定義

4. **幅角定理**(principle of argument)：假設 $F(s)$ 為一單值有理函數，在 s 平面上有有限多個極點，且在極點外，均為可解析。若在 s 平面上任取一封閉路徑 Γ_s，但不得經過 $F(s)$ 之極點及零點。則 Γ_s 經 $F(s)$ 映射於 $F(s)$ 平面上之封閉路徑 Γ_F，其包圍原點的次數等於封閉路徑 Γ_s 在 s 平面上所包圍 $F(s)$ 之零點與極點數目之差值，亦即

$$N = Z - P \tag{9-3}$$

其中　　N 為 Γ_F 在 $F(s)$ 平面上包圍原點之次數。

　　　　Z 為 Γ_s 在 s 平面上所包圍 $F(s)$ 零點之數目。

　　　　P 為 Γ_s 在 s 平面上所包圍 $F(s)$ 極點之數目。

由式(9-3)中可知包圍次數 N 可能有正負值，而正負值代表之意義如下：

(1) 若 $N > 0$，則代表 $Z > P$，此時 Γ_F 將以和 Γ_s 相同方向包圍 $F(s)$ 平面的原點 N 次。

(2) 若 $N = 0$，則代表 $Z = P$，此時 Γ_F 將不包圍 $F(s)$ 平面之原點。

(3) 若 $N < 0$，則代表 $Z < P$，此時 Γ_F 將以和 Γ_s 相反方向包圍 $F(s)$ 平面之原點 N 次。

以上關係如圖 9-4 所示。

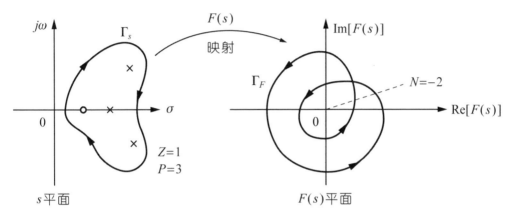

圖 9-4　包圍次數 N 正負值之意義

9-3　奈氏穩定性準則

　　奈氏穩定性準則(Nyquist stability criterion)是一種利用圖解法，以迴路轉移函數之頻率響應來判定閉迴路系統之絕對及相對穩定性的方法，主要觀念如下：

1. **奈氏路徑**(Nyquist contour)：奈氏路徑 Γ_s 為 s 平面上選定之一條封閉路徑，方向為順時針。而此封閉路徑不經過 $\Delta(s)$ 的任何極點及零點，且包含了 $\Delta(s)$

所有在 s 平面右半平面上之極點和零點，如圖 9-5 所示。有關奈氏路徑，必須注意以下幾點：

(1) 奈氏路徑主要在於包含右半面上所有 $\Delta(s)$ 之極點及零點。

(2) 奈氏路徑在虛軸上部分必須避開在虛軸上 $\Delta(s)$ 之極點。可以半圓形路徑繞過，且假設半圓形路徑之半徑 $\rho \to 0$。

(3) 奈氏路徑可視為由 $\widehat{ab}$, $\overline{bc}$, $\widehat{cd}$, $\overline{de}$, $\widehat{ef}$, $\overline{fg}$, $\widehat{gh}$ 及 $\overline{ha}$ 各段所組成，而各段路徑之數學描述如下：

① $\widehat{ab}$: $s = \lim\limits_{\rho \to 0} \rho e^{j\theta}$，$\theta: -90° \to +90°$

② $\overline{bc}$: $s = j\omega$，$\omega: 0^+ \to \omega_0^-$

③ $\widehat{cd}$: $s = \lim\limits_{\rho \to 0}[j\omega_0 + \rho e^{j\theta}]$，$\theta: -90° \to +90°$

④ $\overline{de}$: $s = j\omega$，$\omega: \omega_0^+ \to \infty$

⑤ $\widehat{ef}$: $s = \lim\limits_{R \to \infty} Re^{j\theta}$，$\theta: +90° \to -90°$

⑥ $\overline{fg}$: $s = j\omega$，$\omega: -\infty \to -\omega_0^+$

⑦ $\widehat{gh}$: $s = \lim\limits_{\rho \to 0}[-j\omega_0 + \rho e^{j\theta}]$，$\theta: -90° \to +90°$

⑧ $\overline{ha}$: $s = j\omega$，$\omega: -\omega_0^- \to 0^-$

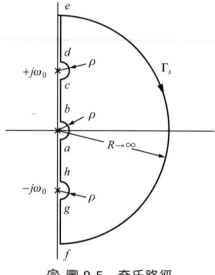

❀ 圖 9-5　奈氏路徑

2. **奈氏圖**(Nyquist plot)：s 平面上之奈氏路徑 Γ_s，經 $\Delta(s)$ 映射至 $\Delta(s)$ 平面或 $1 + G(s)H(s)$ 平面上所得之圖形 Γ_Δ，則稱為奈氏圖。奈氏圖會對稱於實軸，如圖 9-6 所示。

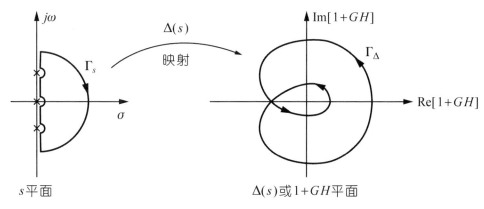

圖 9-6　奈氏圖

3. **幅角定理：**由幅角定理知，若奈氏路徑 Γ_s 含有 $\Delta(s)$ 之 Z 個零點及 P 個極點，則與其相對應之奈氏圖 Γ_Δ 必包圍 $\Delta(s)$ 平面上之原點 $(Z-P)$ 次。而當系統為 BIBO 穩定時，Γ_s 應不包含 $\Delta(s)$ 之零點（亦即閉迴路系統之極點），此時 Z 為零且 P 應大於或等於零，因此 Γ_Δ 應包圍 $\Delta(s)$ 平面原點 N 次，此時 N 應等於 $-P$，亦即

$$N = 0 - P = -P \tag{9-4}$$

代表 Γ_Δ 應包圍 $\Delta(s)$ 平面之原點 P 次，但與 Γ_s 方向相反。然而，奈氏穩定性準則是利用迴路轉移函數 $G(s)H(s)$ 之奈氏圖來判定系統之穩定性，故必須先了解 $\Delta(s)$ 及 $G(s)H(s)$ 兩者之奈氏圖的關係。因為 $G(s)H(s) = \Delta(s) - 1$，由圖 9-7(a) 及圖 9-7(b) 可看出。只要將 Γ_Δ 往左移動 -1，即可得到 GH 平面上之奈氏圖 Γ_{GH}，而此時 $\Delta(s)$ 平面上之原點，就相當於 $G(s)H(s)$ 平面上之點 $(-1,0)$。故穩定性以 Γ_Δ 包圍 $\Delta(s)$ 平面原點之次數來判定，可換成由奈氏圖 Γ_{GH} 包圍點 $(-1,0)$ 之次數來判定。

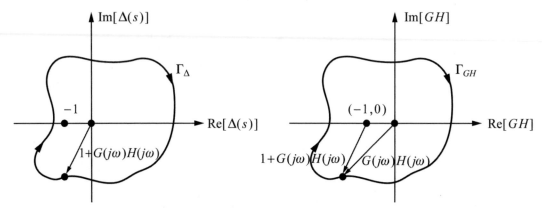

圖 9-7(a) $\Delta(s)$ 平面上之奈氏圖 Γ_Δ **圖 9-7(b)** GH 平面上之奈氏圖 Γ_{GH}

4. **奈氏穩定性準則：**若系統之迴路轉移函數為 $G(s)H(s)$ ，則閉迴路系統穩定性之充分必要條件為

$$N = Z - P = -P \tag{9-5}$$

    式中 N 為 $G(s)H(s)$ 之奈氏圖 Γ_{GH} 包圍點 $(-1, 0)$ 之次數，N 正則代表與 Γ_s 同向，N 負則代表與 Γ_s 反向。

         Z 為 $\Delta(s) = 1 + G(s)H(s)$ 在 s 平面右半面之零點數，亦即閉迴路系統落在 s 平面右半面之極點數。

         P 為 $G(s)H(s)$ 落在 s 平面上右平面之極點數。

 若奈氏圖 Γ_{GH} 恰好經過點 $(-1,0)$ ，則代表 $\Delta(s)$ 之零點（閉迴路系統之極點）恰落在 s 平面之虛軸上，將使系統持續振盪，為臨界穩定。

5. **奈氏穩定性準則判定系統穩定性之程序**

    (1) 由系統找出迴路轉移函數 $G(s)H(s)$ 。

    (2) 決定 $G(s)H(s)$ 之極點在 s 平面上之分布。若無法因式分解時，可利用路斯哈維次準則判定右半面極點之數目。

    (3) 由 s 平面選出奈氏路徑 Γ_s ，並指出 Γ_s 所含之 P 值。

(4) 在 $G(s)H(s)$ 平面上繪出奈氏圖 Γ_{GH}。

(5) 決定 Γ_{GH} 包圍點$(-1, 0)$之次數 N。

(6) 檢查 $N = -P$ 等式是否成立，若成立則閉路系統為穩定，反之則為不穩定。

閉迴路控制系統的迴路轉移函數為

$$G(s)H(s) = \frac{K}{s(s+1)} \quad , \quad K > 0$$

試繪出奈氏圖，並判定其穩定性。

(1) 已知

$$G(s)H(s) = \frac{K}{s(s+1)} \quad , \quad K > 0$$

為極小相位系統。

(2) $G(s)H(s)$ 有 2 個極點分別為 0 及 -1，故 $P = 2$。

(3) 選定奈氏路徑 Γ_s 如右圖所示，而 Γ_s 可分成 $\overline{ab}$, $\overset{\frown}{bcd}$, $\overline{de}$ 及 $\overset{\frown}{efa}$ 四段。

(4) Γ_{GH} 對應 Γ_s 分成四段映射繪製

$\overline{ab}$ 段：$s = j\omega$, $\omega : 0^+ \rightarrow +\infty$

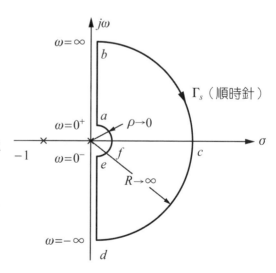

$$G(j\omega)H(j\omega) = \frac{K}{(j\omega)(j\omega+1)} = \frac{K(-\omega-j)}{\omega(\omega^2+1)}$$

$$= \frac{K}{\omega\sqrt{\omega^2+1}} \angle -90° - \tan^{-1}\omega$$

$$G(j0^+)H(j0^+) = \infty \angle -90°$$

$$G(j\infty)H(j\infty) = 0 \angle -180°$$

$$\left.\begin{array}{l} \text{Im}\,G(j\omega)H(j\omega)=0 \Rightarrow \omega=\infty \\ \text{Re}\,G(j\infty)H(j\infty)=0 \end{array}\right\} \quad \omega \to \infty 時與實軸交於原點。$$

$\overline{bcd}$ **段：** $s = \lim\limits_{R\to\infty} Re^{j\theta}$ ， θ ： $90° \to -90°$

$$G(s)H(s) = \lim_{R\to\infty} \frac{K}{Re^{j\theta}(Re^{j\theta}+1)}$$

$$= \lim_{R\to\infty} \frac{K}{R^2 e^{j2\theta}}$$

$$= 0 \angle -2\theta$$

$$= \begin{cases} 0 \angle -180° & ，\theta=90° \\ 0 \angle 0° & ，\theta=0° \\ 0 \angle +180° & ，\theta=-90° \end{cases}$$

$\overline{de}$ **段：** $s = j\omega$ ， $\omega:0^- \to -\infty$ 或 $s = -j\omega$ ， $\omega:0^+ \to +\infty$

此段所對應之 Γ_{GH} 部分與 $\overline{ab}$ 段所對應之 Γ_{GH} 部分對稱於實軸，可不必再求。

$\overline{efa}$ **段：** $s = \lim\limits_{\rho\to0} \rho e^{j\theta}$ ， θ ： $-90° \to 90°$

$$G(s)H(s) = \lim_{\rho \to 0} \frac{K}{\rho e^{j\theta}(\rho e^{j\theta}+1)}$$

$$= \lim_{\rho \to 0} \frac{K}{\rho e^{j\theta}}$$

$$= \infty \angle -\theta$$

$$= \begin{cases} \infty \angle +90° & , \theta = -90° \\ \infty \angle 0° & , \theta = 0° \\ \infty \angle -90° & , \theta = +90° \end{cases}$$

由以上資料可繪出奈氏圖如下

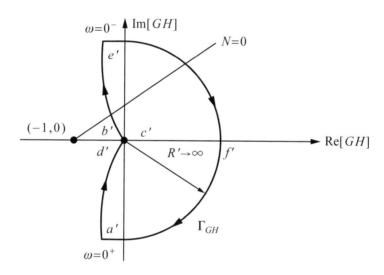

(5)奈氏包圍點$(-1, 0)$之次數為 0，亦即 $N = 0$。

(6) $N = -P$ 等式成立($N = 0$ ， $P = 0$)，故系統為穩定。

閉迴路控制系統的迴路轉移函數為

$$G(s)H(s) = \frac{K(s+1)}{s(s-1)} \quad , \quad K > 0$$

試繪出奈氏圖,並判定其穩定性。

(1)已知

$$G(s)H(s) = \frac{K(s+1)}{s(s-1)} \quad , \quad K > 0$$

此為非極小相位系統。

(2) $G(s)H(s)$ 之有限極點為 0 及 1,所以 $P=1$。

(3)選定奈氏路徑 Γ_s 如右圖所示,而 Γ_s 可分成 $\overline{ab}$, $\overset{\frown}{bcd}$, $\overline{de}$ 及 $\overset{\frown}{efa}$ 四段,且 $P=1$(含有一個 $G(s)H(s)$ 在右半面之極點)。

(4) Γ_{GH} 對應於 Γ_s 分成四段映特繪製

$\overline{ab}$ 段:$s=j\omega$,$\omega:0^+ \to +\infty$

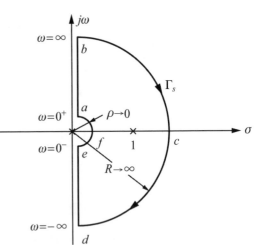

$$G(s)H(s) = \frac{K(j\omega+1)}{j\omega(j\omega-1)}$$

$$= \frac{-2K}{\omega^2+1} + j\frac{K(1-\omega^2)}{\omega(\omega^2+1)}$$

$$= \frac{K}{\omega} \Big/ + \tan^{-1}\omega - 90° - \tan^{-1}\frac{\omega}{-1}$$

$$G(j0^+)H(j0^+) = \infty \angle -90°+0°-180°$$
$$= \infty \angle -270°$$

$$G(j\infty)H(j\infty) = 0 \angle -90°+90°-90°$$
$$= 0 \angle -90°$$

與實軸之交點可由 $\text{Im}[G(s)H(s)] = 0$ 先求 ω

$\Rightarrow \omega=\infty$ 或 $\omega=\pm1$ （負的不合）

$$\Rightarrow \begin{cases} \text{Re}[G(j\infty)H(j\infty)]=0 \\ \text{Re}[G(j1)H(j1)]=-K \end{cases}$$

$\overparen{bcd}$ 段： $s = \lim\limits_{R\to\infty} Re^{j\theta}$, θ : $+90° \to -90°$

$$G(s)H(s) = \lim_{R\to\infty} \frac{K[Re^{j\theta}+1]}{Re^{j\theta}[Re^{j\theta}-1]}$$
$$= \lim_{R\to\infty} \frac{K}{Re^{j\theta}} = 0 \angle -\theta$$
$$= \begin{cases} 0 \quad \angle -90° \quad , \theta=+90° \\ 0 \quad \angle -0° \quad , \theta=0° \\ 0 \quad \angle +90° \quad , \theta=-90° \end{cases}$$

$\overline{de}$ 段：與 $\overline{ab}$ 段所對應之 Γ_{GH} 部分對稱於實軸。

$\overparen{efa}$ 段： $s = \lim\limits_{\rho\to0} \rho e^{j\theta}$, $\theta = -90° \to +90°$

$$G(s)H(s) = \lim_{\rho\to0} \frac{K[\rho e^{j\theta}+1]}{\rho e^{j\theta}[\rho e^{j\theta}-1]}$$
$$= \lim_{\rho\to0} \frac{K}{(-1)\rho e^{j\theta}}$$
$$= \infty \angle -180°-\theta$$

$$= \begin{cases} \infty \quad \angle -90° \quad , \theta = -90° \\ \infty \quad \angle -180° \quad , \theta = 0° \\ \infty \quad \angle -270° \quad , \theta = 90° \end{cases}$$

由以上資料可繪出奈氏圖如下

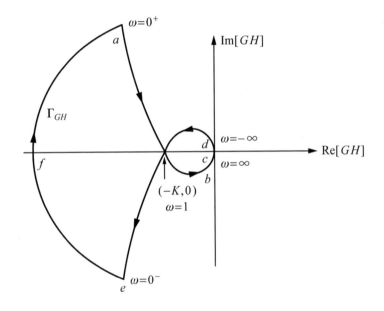

(5)若 $K > 1$ 則包圍點 $(-1, 0)$ 逆時針一次,亦即 $N = -1$。

若 $K < 1$ 則包圍點 $(-1, 0)$ 順時針一次,亦即 $N = +1$。

若 $K = 1$ 則經過點 $(-1, 0)$。

(6)穩定性之判定:由(2)知 $P = 1$,故

$K > 1 \Rightarrow N = -1 \Rightarrow N = -P$ 成立 $\Rightarrow$ 穩定

$K < 1 \Rightarrow N = +1 \Rightarrow N = -P$ 不成立 $\Rightarrow$ 不穩定

$K = 1 \Rightarrow G(j1)H(j1) = -1$,所以虛軸上之極點為 $\pm j \Rightarrow$ 臨界穩定

Automatic Control

9-4 ›› 相對穩定性：增益邊際與相位邊際

控制系統之相對穩定性，在時域分析時，是以阻尼因子 α 來衡量，而在頻域中，可以極座標圖上 $G(j\omega)H(j\omega)$ 圖形接近於點$(-1, 0)$的程度來衡量。

若系統之迴路轉移函數 $G(s)H(s)$ 為

$$G(s)H(s) = \frac{K \prod_{i=1}^{m}(s+z_i)}{s^N \prod_{i=1}^{n-N}(s+p_i)} \tag{9-6}$$

且為極小相位系統，則由奈氏圖來判定穩定性，可以 $s = j\omega$，ω 由 0 變至 ∞ 時所對應之部分來判定即可，此相當於直接使用極座標圖來判定，如圖 9-8 所示。

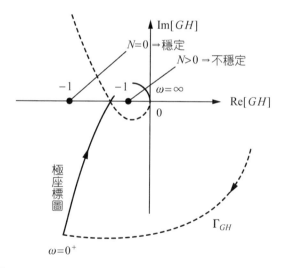

❷ 圖 9-8　極座標圖判定極小相位系統之穩定性

由圖中可看出若極座標圖在點$(-1, 0)$之右側，則系統為穩定，相反地，若極座標圖在點$(-1, 0)$之左側，則系統為不穩定。

由奈氏穩定性知 $N = Z - P$，當 $P = 0$ 時 $N = Z$。故奈氏圖包圍點 $(-1, 0)$ 之次數，即代表閉迴路極點在右半面之數目，亦即極座標圖包圍點 $(-1, 0)$ 之次數，即為落在右半面閉迴路極點之數目。

實際應用上，我們不只要求系統必須穩定，更要求系統必須有一定的穩定程度，也就是所謂的相對穩定性 (relative stability)，此相對穩定性以極座標圖來衡量是相當方便的，由圖 9-8 可看出若極座標圖不包圍點 $(-1, 0)$，且遠離它，則應有較好的穩定性，若很接近點 $(-1, 0)$，則穩定性較差。實際上，判定閉迴路系統之相對穩定性是以增益邊際 (gain margin) 及相位邊際 (phase margin) 來量測，兩者定義分別如下

1. **增益邊際**：參考圖 9-9，圖中 $G(j\omega)H(j\omega)$ 與負實軸之交會點稱為相位交越點 (phase crossover point)。對應於相位交越點之頻率 ω_p，稱為相位交越頻率 (phase crossover frequency)，亦即 $\angle G(j\omega)H(j\omega) = -180°$ 時之頻率，此時增益邊際定義為

$$增益邊際\ (G.M.) = 20\log\frac{1}{|G(j\omega_P)H(j\omega_p)|}(\text{dB}) \tag{9-7}$$

$$= -|G(j\omega_p)H(j\omega_p)|_{\text{dB}} \tag{9-8}$$

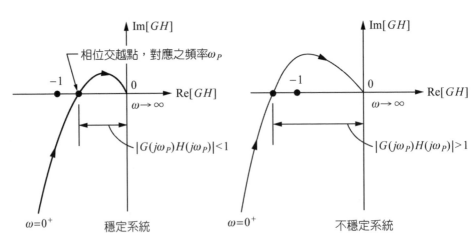

圖 9-9　增益邊際之定義

而增益邊際與穩定性之關係為

(1) $G.M. > 0 \implies |G(j\omega_p)H(j\omega_p)| < 1$

$\implies$ 極座標圖不包圍點$(-1, 0)$

$\implies$ 穩定

(2) $G.M. = 0 \implies |G(j\omega_p)H(j\omega_p)| = 1$

$\implies G(j\omega)H(j\omega)$ 經過點$(-1, 0)$

$\implies$ 臨界穩定

(3) $G.M. < 0 \implies |G(j\omega_p)H(j\omega_p)| > 1$

$\implies$ 極座標圖包圍點$(-1, 0)$

$\implies$ 不穩定

2. **相位邊際：**參考圖 9-10，圖中 $G(j\omega)H(j\omega)$ 之幅量等於 1 的點，稱為增益交越點(gain crossover point)，對應於增益交越點之頻率 ω_g 稱為增益交越頻率(gain crossover frequency)，亦即$|G(j\omega)H(j\omega)| = 1$時之頻率，此時相位邊際定義為

$$\text{相位邊際 } (P.M.) = \underline{/\!\!\!\!\;G(j\omega_g)H(j\omega_g)} - (-180°) \tag{9-9}$$

$$= 180° + \underline{/\!\!\!\!\;G(j\omega_g)H(j\omega_g)} \tag{9-10}$$

而相位邊際與穩定性之關係為

(1) $P.M. > 0 \implies \underline{/\!\!\!\!\;G(j\omega_g)H(j\omega_g)} > -180°$

$\implies$ 極座標圖不包圍點$(-1, 0)$

$\implies$ 穩定

(2) $P.M. = 0 \implies \underline{/\!\!\!\!\;G(j\omega_g)H(j\omega_g)} = -180°$

$\implies G(j\omega)H(j\omega)$ 經過點$(-1, 0)$

$\implies$ 臨界穩定

(3) $P.M. < 0 \implies \underline{/\!\!\!\!\;G(j\omega_g)H(j\omega_g)} < -180°$

$\implies$ 極座標圖包圍點$(-1, 0)$

$\implies$ 不穩定

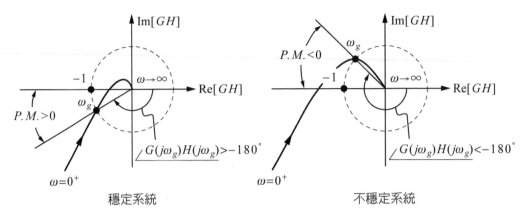

穩定系統　　　　　　　　　　不穩定系統

❷ 圖 9-10　相位邊際之定義

有關相對穩定性之增益邊際與相位邊際的特性，以下兩點必須注意：

1. 系統之相對穩定性不能只由增益邊際決定，例如 A、B 兩系統，其極座標圖如圖 9-11 所示。兩系統雖有相同的增益邊際 $G.M.$，但 B 系統之穩定性較差。此可由相位邊際看出，因 A 系統之 $P.M.$ 較大。

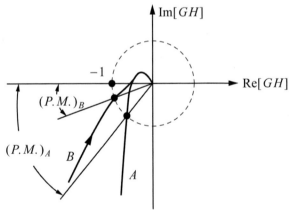

❷ 圖 9-11　穩定性之比較

2. 若系統為非極小相位系統，可能有 P 個 $G(s)H(s)$ 之極點在 s 平面之右半面，則此系統之穩定性條件為 Γ_{GH} 必須以與 Γ_s 反方向環繞點 $(-1, 0)$ P 次。因此反而必須具有負值的增益邊際，閉路系統才會有穩定性。

系統之迴路轉移函數為

$$G(s)H(s) = \frac{K}{s(1+0.2s)(1+0.1s)}$$

試求(1)使系統之增益邊際 $G.M.$ 為 20dB 之 K 值。

　　 (2)使系統之相位邊際 $P.M.$ 為 50° 之 K 值。

$$G(j\omega)H(j\omega) = \frac{K}{(j\omega)(1+j0.2\omega)(1+j0.1\omega)}$$

$$= \frac{K}{\omega\sqrt{(1+0.04\omega^2)(1+0.01\omega^2)}} \bigg/ {-90°-\tan^{-1}0.2\omega-\tan^{-1}0.1\omega}$$

(1)先求 ω_p，由 $\underline{/G(j\omega_p)H(j\omega_p)} = -180°$ 可得

$$-90°-\tan^{-1}0.2\omega_p-\tan^{-1}0.1\omega_p = -180°$$

移項可得

$$\tan^{-1}0.2\omega_p+\tan^{-1}0.1\omega_p = 90°$$

兩邊各取 tan，可得

$$\frac{0.3\omega_p}{1-0.02\omega_p^2} = \tan 90° = \infty \Rightarrow 1-0.02\omega_p^2 = 0$$

可解出

$$\omega_p = 7.071 \, \text{rad/sec}$$

又由 $G.M. = 20\text{dB}$ 知

$$20\log\frac{1}{|G(j\omega_p)H(j\omega_p)|} = 20$$

亦即

$$\log\frac{\omega_p\sqrt{(1+0.04\omega_p^2)(1+0.01\omega_p^2)}}{K} = 1$$

可解出

$$K = 1.5$$

(2) 由 $P.M. = 50°$ 可得

$$180° + (-90° - \tan^{-1}0.2\omega_g - \tan^{-1}0.1\omega_g) = 50°$$

整理後可得

$$\tan^{-1}0.2\omega_g + \tan^{-1}0.1\omega_g = 40°$$

將上式兩邊取正切，可得

$$\frac{0.3\omega_g}{1-0.02\omega_g^2} = 0.839$$

故可解出

$$\omega_g = 2.459\ \text{rad}/\sec$$

又由 $|G(j\omega_g)H(j\omega_g)| = 1$，可得

$$\frac{K}{\omega_g\sqrt{(1+0.04\omega_g^2)(1+0.01\omega_g^2)}} = 1$$

可解出 K 值應為

$$K = 2.823$$

Automatic Control

9-5 ▶▶ 由波德圖及幅量對相位圖決定相對穩定性

　　增益邊際 $G.M.$ 與相位邊際 $P.M.$，雖由極座標圖來定義，但對極小相位系統而言，應用波德圖來求取會較為方便，另外，亦可直接由幅量對相位圖上獲得。

1. **由波德圖決定增益邊際與相位邊際**：先由幅量曲線與水平軸交點找出 ω_g，再由 ω_g 對應到相位曲線找出 $P.M.$，再由相位曲線與 $-180°$ 水平線交點找出 ω_p，再由 ω_p 對應到幅量曲線便可找出 $G.M.$，如圖 9-12 所示。

2. **由幅量對相位圖決定增益邊際與相位邊際**：先找 $G(j\omega)H(j\omega)$ 與 0dB 水平軸之交點定出 ω_g，該點之相位加上 $180°$即為 $P.M.$。再由 $G(j\omega)H(j\omega)$ 與 $-180°$

垂直軸之交點定出 ω_p，該點所對應之 $|G(j\omega_p)H(j\omega_p)|_{\text{dB}}$ 乘上負號，即為 $G.M.$，如圖 9-13 所示。

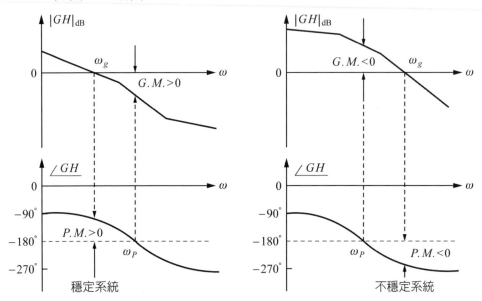

⚙ 圖 9-12　由波德圖決定相對穩定性

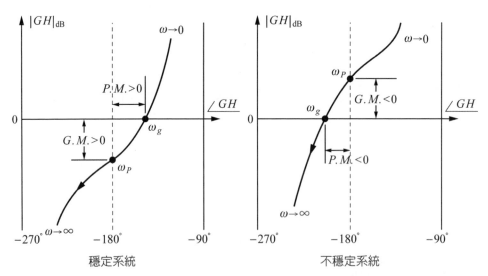

⚙ 圖 9-13　由幅量對相位圖決定相對穩定性

9-6 標準二階系統相位邊際與阻尼比之關係

標準二階系統之迴路轉移函數 $G(s)H(s)$ 為

$$G(s)H(s) = \frac{\omega_n^2}{s(s+2\zeta\omega_n)} \tag{9-11}$$

其奈氏圖如圖 9-14 所示。

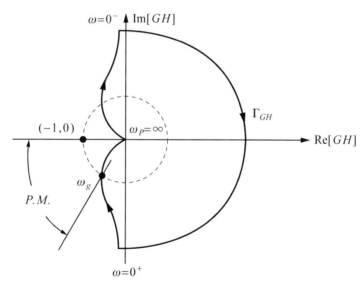

⊘ 圖 9-14　標準二階系統之奈氏圖

　　由圖中可看出 $\omega_p = \infty$，且 $G.M. = \infty$。而相位邊際可依序求得。先求增益交越頻率 ω_g，由定義知

$$|G(j\omega_g)H(j\omega_g)| = 1 \tag{9-12}$$

再由式(9-11)及(9-12)可得

$$\frac{\omega_n^2}{\omega_g\sqrt{\omega_g^2+4\zeta^2\omega_n^2}}=1 \tag{9-13}$$

將式(9-13)兩邊平方，整理後可得

$$\left(\frac{\omega_g}{\omega_n}\right)^4+4\zeta^2\left(\frac{\omega_g}{\omega_n}\right)^2-1=0 \tag{9-14}$$

先解出 $(\omega_g/\omega_n)^2$ 如下

$$\left(\frac{\omega_g}{\omega_n}\right)^2=(4\zeta^4+1)^{\frac{1}{2}}-2\zeta^2 \tag{9-15}$$

故 (ω_g/ω_n) 等於

$$\frac{\omega_g}{\omega_n}=[(4\zeta^4+1)^{\frac{1}{2}}-2\zeta^2]^{\frac{1}{2}} \tag{9-16}$$

由相位邊際 $P.M.$ 之定義及式(9-16)可得

$$P.M.=180°+(-90°-\tan^{-1}\frac{\omega_g}{2\zeta\omega_n})$$

$$=90°-\tan^{-1}\frac{[(4\zeta^4+1)^{1/2}-2\zeta^2]^{\frac{1}{2}}}{2\zeta}$$

$$=\tan^{-1}\left[2\zeta\left(\frac{1}{\sqrt{4\zeta^4+1}-2\zeta^2}\right)^{\frac{1}{2}}\right] \tag{9-17}$$

由式(9-17)，將 *P.M.*對 ζ 作圖，可得圖 9-15。

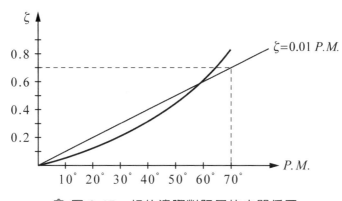

圖 9-15　相位邊際對阻尼比之關係圖

由圖中可知當阻尼比 ζ ≤ 0.7 時，兩者之關係可以直接來近似，亦即

$$\zeta \cong 0.01P.M. \cong \frac{P.M.}{100} \tag{9-18}$$

其中 *P.M.*之單位為度(degree)。

9-7　>>> 尼可士圖

　　波德圖、極座標圖及奈氏圖僅提供相對穩定性 *G.M.*及 *P.M.*之資料，而無有關尖峰共振值及頻寬等資料。而尼可士圖(Nichols chart)可提供尖峰共振值 M_r，共振頻率 ω_r 及頻寬 *BW* 等相關資料。

　　單位回授控制系統，其閉迴路轉移函數為

$$G_c(s) = \frac{G(s)}{1+G(s)} \tag{9-19}$$

而其開迴路之頻率響應函數 $G(j\omega)$ 可寫成

$$
\begin{aligned}
G(j\omega) &= \text{Re}[G(j\omega)] + j\,\text{Im}[G(j\omega)] \\
&= X + jY
\end{aligned}
\tag{9-20}
$$

因此閉迴路頻率響應函數 $G_c(j\omega)$ 可寫成

$$
\begin{aligned}
G_c(j\omega) &= \frac{X+jY}{(1+X)+jY} \\
&= \frac{\sqrt{X^2+Y^2}}{\sqrt{(1+X)^2+Y^2}} \Big/ \tan^{-1}\frac{Y}{X} - \tan^{-1}\frac{Y}{1+X}
\end{aligned}
\tag{9-21}
$$

1. **常數幅量軌跡**(constant magnitude loci)：又稱為 M 圓(M-circle)，令閉迴路頻率響應函數 $G_c(j\omega)$ 之幅量為 $M(\omega)$，則

$$
M(\omega) = \frac{\sqrt{X^2+Y^2}}{\sqrt{(1+X)^2+Y^2}}
\tag{9-22}
$$

將式(9-22)兩邊平方整理後可得

$$
(1-M^2)X^2 + (1-M^2)Y^2 - 2M^2X = M^2
\tag{9-23}
$$

式(9-23)在 $M=1$ 時，可簡化為

$$
X = -\frac{1}{2}
\tag{9-24}
$$

式(9-24)代表當 $M=1$ 時，常數幅量轉跡為 $G(s)$ 平面上之一條直線。

而當 $M \neq 1$ 時，式(9-23)兩邊各除以 $(1-M^2)$，再加上 $[M^2/(1-M^2)]^2$ 則可化為

$$\left(X-\frac{M^2}{1-M^2}\right)^2 + Y^2 = \left(\frac{M}{1-M^2}\right)^2 \tag{9-25}$$

式(9-25)則代表一圓心在 $(\frac{M^2}{1-M^2}, 0)$，而半徑為 $\frac{M}{1-M^2}$ 之圓。由式(9-24)及 (9-25)可知對於不同之 $G_c(j\omega)$ 的幅量 $M(\omega)$，在 $G(s)$ 平面上可繪得一群圓，稱之為 M 圓，如圖 9-16 所示。由圖中可看出 $M=0$ 時，退化為原點，而當 $M<1$ 時，其值愈大半徑愈大。當 $M=1$ 時，為 $X=-1/2$ 之直線。而當 $M>1$ 時，其值愈大則半徑愈小，當 $M \to \infty$ 時，又退化為點 $(-1, 0)$。

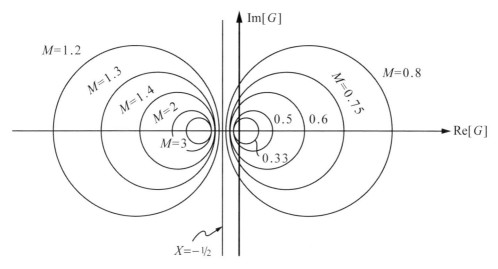

圖 9-16　常數幅量軌跡(M 圓)

M 圓之應用可以圖 9-17 來說明，圖中開迴路響應函數 $G(j\omega)$ 之極座標圖與 $M=0.707$ 之交點所對應之頻率，即為閉迴路系統之頻寬 BW。而 M 圓中與極座標圖相切之圓的 M 值，即代表 $|G_c(j\omega)|$ 之極大值，即為閉路系統頻率響應之尖峰共振值 M_r，而該切點所對應之頻率即為共振頻率 ω_r。

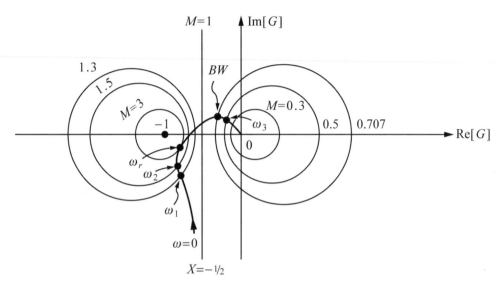

◎ 圖 9-17　由 *M* 圓決定閉迴路系統之共振頻率 ω_r，共振峰值 M_r 及頻率 *BW*

2. **常數相位軌跡**(constant phase angle loci)：又稱 *N* 圓(N-circle)，令閉迴路頻域響應函數 $G_c(j\omega)$ 的相位為 $\phi(\omega)$，應等於

$$\phi(\omega) = \tan^{-1}\frac{Y}{X} - \tan^{-1}\frac{Y}{(1+X)} \tag{9-26}$$

將上式兩邊取 tan，則有

$$\tan\phi(\omega) = \frac{\dfrac{Y}{X} - \dfrac{Y}{1+X}}{1 + \dfrac{Y^2}{X(1+X)}} = \frac{Y}{X^2 + Y^2 + X} \tag{9-27}$$

再令 $\tan\phi(\omega) = N$，*N* 為常數，則式(9-27)可寫成

$$N = \frac{Y}{X^2 + Y^2 + X} \tag{9-28}$$

當 $N=0$ 時，式(9-28)可化為 $Y=0$，代表 $G(s)$ 平面上之直線，亦即 $\text{Re}[G(s)]$ 軸。而當 $N \neq 0$ 時，式(9-28)可寫成

$$X^2 + X + Y^2 - \frac{Y}{N} = 0 \tag{9-29}$$

將式(9-29)兩邊各加上 $\dfrac{1}{4} + \dfrac{1}{4}N^2$ 可整理為

$$\left(X + \frac{1}{2}\right)^2 + \left(Y - \frac{1}{2N}\right)^2 = \frac{1}{4} + \frac{1}{4N^2} \tag{9-30}$$

式(9-30)則代表 $G(s)$ 平面上一以 $\left(-\dfrac{1}{2},\ \dfrac{1}{2N}\right)$ 為圓心，半徑為 $\left(\dfrac{1}{4} + \dfrac{1}{4N^2}\right)^{1/2}$ 的一群圓，稱為 N 圓。所有圓都將通過原點及點$(-1, 0)$。而 N 圓可用以決定閉路頻率響應函數之相位，方法同 M 圓之應用，如圖 9-18 所示。

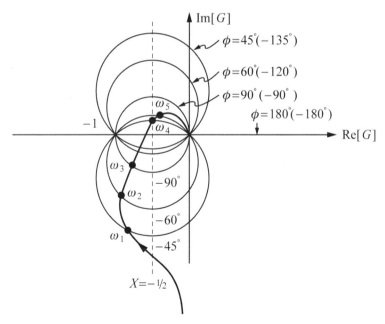

® 圖 9-18 常數相位軌跡（ N 圓）之應用

3. **尼可士圖**(Nichols chart)：基於在設計時考慮 M_r 及 BW 之方便，我們將極座標圖中的常數幅量軌跡 M 圓與常數相位軌跡 N 圓，轉換到幅量對相位平面，其轉換關係如圖 9-19 所示。

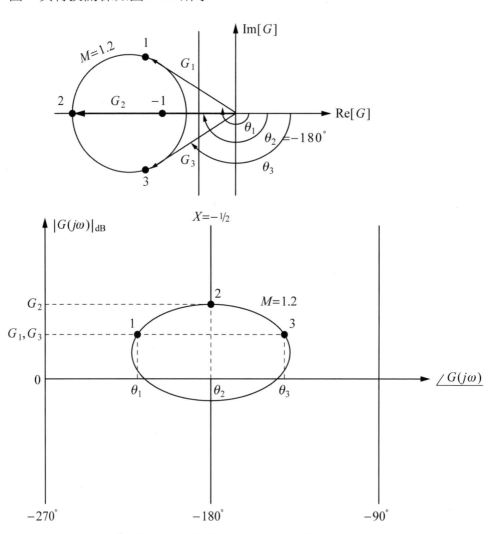

圖 9-19　常數幅量軌跡（M 圖）之轉換

　　依序利用以上的關係，將 M 圓及 N 圓轉換至幅量對相位平面上，此包含 M 圓與 N 圓之幅量對相位圖，則稱為尼可士圖。若將 $G(j\omega)H(j\omega)$ 之幅量對相位曲線繪在尼可士圖上，則頻率響應之重要性能規格，例如 M_r， ω_r， BW， $G.M.$ 及 $P.M.$ 等均可直接由尼可士圖中查得，此應用如圖 9-20 所示。

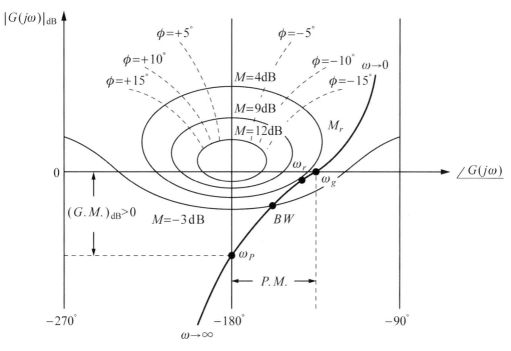

🏵 圖 9-20　尼可士圖之應用

　　有關尼可士圖之應用，有幾點必須注意：

(1) 尼可士圖之優點有

　① 開迴路轉移函數之幅量以 dB 量測，故能涵蓋較大範圍之幅量變化。

　② 只須開迴路之頻率響應函數 $G(j\omega)$，便能判定閉迴路系統之特性，如 M_r， ω_r 及 BW 等。

　③ 利用代數和即可求 $G(j\omega)$，且不必如波德圖必須分別繪出幅量頻率圖及相位頻率圖。

(2) 尼可士圖之中心在於(0dB ， –180°)，每 180°成對稱圖形且每 360°重複一次。圖 9-21 為相位由 –210° 及 –30° 之尼可士圖。

(3) $G(j\omega)$ 之幅量對相位圖，可直接由波德圖對應繪出。

(4) 若迴路增益 K 值有所變動時，則 $G(j\omega)$ 曲線只是產生平行上移或下降而已。

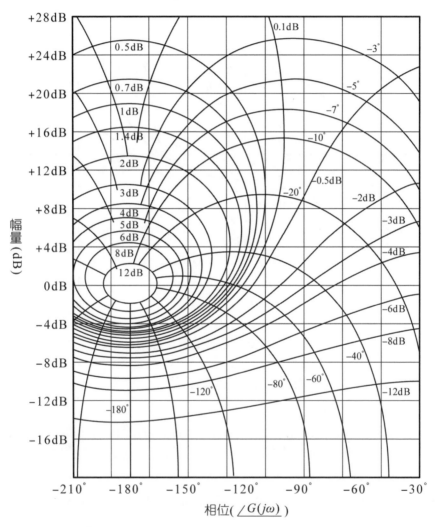

◈ 圖 9-21　尼可士圖（相位由 –210° 到 –30°）

(5) 對於非單位回授之系統，尼可士圖不能直接應用，必須以下列步驟處理：

① 非單位回授系統之頻率響應函數 $G_c(j\omega)$ 為

$$G_c(j\omega) = \frac{G(j\omega)}{1 + G(j\omega)H(j\omega)}$$ (9-31)

將之改寫成

$$G_c(j\omega) = \frac{1}{H(j\omega)}\frac{G(j\omega)H(j\omega)}{1 + G(j\omega)H(j\omega)}$$

$$= \frac{1}{H(j\omega)}P(j\omega)$$ (9-32)

② $P(j\omega)$ 的頻率響應特性，可由 $G(j\omega)H(j\omega)$ 繪出於尼可士圖上之曲線求得。

③ $G_c(j\omega)$ 之頻率響應特性，可利用式(9-32)之關係求得，亦即

$$|G_c(j\omega)|_{dB} = |P(j\omega)|_{dB} - |H(j\omega)|_{dB}$$ (9-33)

$$\diagup G_c(j\omega) = \diagup P(j\omega) - \diagup H(j\omega)$$ (9-34)

例題 4

回授控制系統之方塊圖為

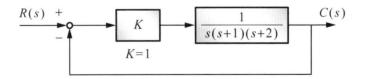

繪出尼可士圖，並指示閉迴路系統之頻域特性。

解

開迴路轉移函數 $G(s)$ 為

$$G(s) = \frac{1}{s(s+1)(s+2)} = \frac{0.5}{s(1+s)(1+0.5s)}$$

開迴路轉移函數之頻率響應 $G(j\omega)$ 為

$$G(j\omega) = \frac{0.5}{(j\omega)(1+j\omega)(1+j0.5\omega)}$$
$$= \frac{0.5}{\omega\sqrt{1+\omega^2}\sqrt{1+0.25\omega^2}} \angle -90° - \tan^{-1}\omega - \tan^{-1}0.5\omega$$

計算 $\omega = 0.4, 0.6, 0.8, 1.0, 1.2, 1.4$ 及 1.6 時之幅量及相位，列表如下：

ω	0.4	0.6	0.8	1.0	1.2	1.4	1.6
$\|G(j\omega)\|_{dB}$	1.1	-3.3	-6.9	-10	-12.8	-15.4	-17.8
$\angle G(j\omega)$	$-123°$	$-138°$	$-150°$	$-162°$	$-171°$	$-179°$	$-187°$

　　繪出幅量對相位圖於尼可士圖上，可查得以下資料：

(1) 相位交越頻率　　$\omega_p \cong 1.4 \, \text{rad}/\text{sec}$

(2) 增益邊際　　　　$G.M. \cong 15.5\text{dB}$

(3) 增益交越頻率　　$\omega_g \cong 0.45 \, \text{rad}/\text{sec}$

(4) 相位邊際　　　　$P.M. \cong 53°$

(5) 共振頻率　　　　$\omega_r \cong 0.5 \, \text{rad}/\text{sec}$

(6) 共振峰值　　　　$M_r \cong 1\text{dB}$

(7) 頻寬　　　　　　$BW \cong 0.8 \, \text{rad}/\text{sec}$

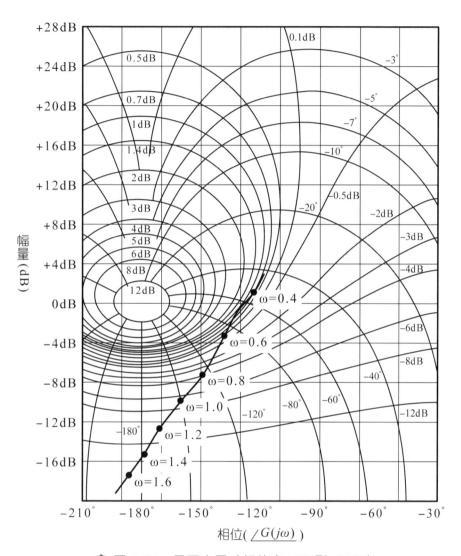

圖 9-22　尼可士圖（相位由 –30° 到 –210°）

圖 9-22　尼可士圖（相位由 –30° 到 –210°）

習題九

9-1 試繪出下列迴路轉移函數之奈奎士圖,並判定閉迴路系統之穩定性。

(a) $G(s)H(s) = \dfrac{4}{(s+1)^3}$

(b) $G(s)H(s) = \dfrac{12(s+1)}{s(s-1)(s+4)}$

(c) $G(s)H(s) = \dfrac{15(s+2)}{s^3+3s^2+10}$

9-2 控制系統如圖 P9-1 所示,試應用奈奎士準則判定系統的穩定性

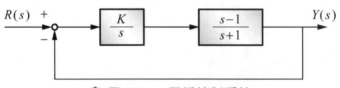

☺ 圖 P9-1　回授控制系統

9-3 控制系統如圖 P9-2 所示,試應用奈奎士準則判定系統的穩定性

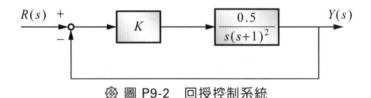

☺ 圖 P9-2　回授控制系統

9-4 回授控制系統,其迴路轉移函數為

$$G(s)H(s) = \frac{2}{s(1+0.2s)(1+0.1s)}$$

試計算系統之增益邊際 *G.M.* 及相位邊際 *P.M.*。並說明系統穩定性。

9-5 **控制系統之迴路轉移函數 $G(s)H(s)$ 為**

$$G(s)H(s) = \frac{10}{s(s+2)(s+5)}$$

試繪出 $G(s)H(s)$ 之波德圖,並估計增益邊際 $G.M.$ 及相位邊際 $P.M.$,進而判定系統之穩定性。

9-6 **回授控制系統如圖 P9-3,試回答下列問題:**

(a) 決定使系統具有 50° 相位邊際之適當 K 值。

(b) 決定使系統具有 30dB 增益邊際之適當 K 值。

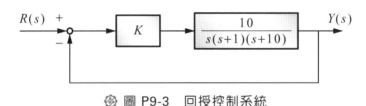

$$R(s) \quad + \qquad\qquad K \qquad\qquad \frac{10}{s(s+1)(s+10)} \qquad\qquad Y(s)$$

◎ 圖 P9-3　回授控制系統

9-7 **單位回授控制系統之開迴路轉移函數所繪得之尼可士圖,如圖 P9-4 所示,試求出下列閉迴路系統之特性:**

(a) 增益交越頻率

(b) 相位邊際

(c) 相位交越頻率

(d) 增益邊際

(e) 共振頻率

(f) 共振峰值

(g) 頻帶寬度

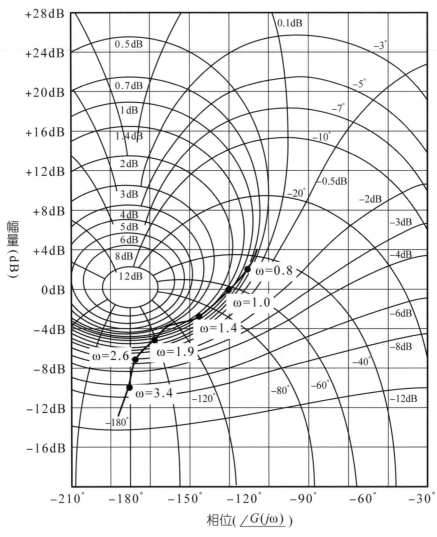

圖 P9-4　控制系統之尼可士圖

參考文獻
References

§ 9-2～9-3

1. Nagrath I. J., & Gopal, M. (1985). *Control Systems Engineering* (2nd ed.). Wiley Eastern Limited.

2. Kuo, B. C. (1987). *Automatic Control Systems* (5th ed.). New Jersey: Prentict Hall, Eglewood Cliffs.

3. Dorf, R. C. (1992). *Modern Control Systems* (6th ed.). MA.: Addison-Wesley.

§ 9-4～9-6

4. Ogata, K. (1970). *Modern Control Engineering*. New Jersey: Prentice Hall, Eglewood Cliffs.

5. Chen, C. T. (1987). *Control System Design: Conventional, Algebraic and Optimal Methods*. New York: Holt, Rinehart and Winston.

6. 喬偉。**控制系統應試手冊**。九功。

§ 9-7

7. Kuo, B. C. (1987). *Automatic Control Systems* (5th ed.). New Jersey: Prentice Hall, Eglewood Cliffs.

8. Nagrath, I. J., & Gopal, M. (1985). *Control Systems Engineering* (2nd ed.). Wiley Eastern Limited.

9. Dorf, R. C. (1992). *Modern Control Systems* (6th ed.). MA.: Addison-Wesley.

10. Ogata, K. (1970). *Modern Control Engineering*. New Jersey: Prentice Hall, Eglewood Cliffs.

Chapter

10

控制系統之設計與補償

Automatic Control

10-1 ›› 前 言

對已知之系統，利用適當的方法，以了解系統之特性，此種過程稱為系統分析(system analysis)。而基於某些性能上之需求，同時考量價格，空間及重量等因素，對系統施以調整，或加入另外的補償裝置，以使系統的性能能滿足實際性能上之要求，此種程序稱為控制系統之設計(design)或合成(synthesis)。

控制系統之設計與補償的目的在於滿足所需之性能規格。一般而言，應包含下列考量：

1. 相對穩定性或絕對穩定性。

2. 響應速度之快慢。

3. 精確性或允許誤差程度。

4. 對參數變動或外加干擾之靈敏度。

而設計程序之進行，可區分為時域設計及頻域設計，所使用之性能規格分別為

1. **時域設計：**
   (1) 上升時間 t_r。
   (2) 最大超越量 M_p。
   (3) 安定時間 t_s。
   (4) 系統相對阻尼 ζ。
   (5) 系統相對自然頻率 ω_n。
   (6) 誤差常數 K_p、K_v 及 K_a。

2. **頻域設計：**
   (1) 共振頻率 ω_r。
   (2) 尖峰共振值 M_r。
   (3) 頻寬 BW。
   (4) 增益邊際 $G.M.$。
   (5) 相位邊際 $P.M.$。

在控制系統之設計上，通常採用兩種方式，即所謂調整與補償。調整的進行較為簡單，適用於系統設計之性能已頗接近性能的規格要求，或針對改善穩定性，減小穩態誤差等簡單的需求。但當單純的調整仍無法滿足所有性能規格時，則必須加入補償器進行系統之合成。對於線性非時變系統而言，系統之設計與補償主要在於安置閉迴路系統轉移函數 $G_c(s)$ 之極點與零點在適當的位置，以滿足性能規格之要求。常用之補償器依其在控制迴路上之位置，可區分為串聯補償 (cascade or series compensation)或回授補償(feedback compensation)，型式如下：

1. **串聯補償：**補償器位於前向路徑上，如圖 10-1 所示。

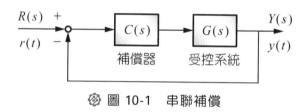

圖 10-1　串聯補償

2. **回授補償：**補償器位於回授路徑上，如圖 10-2 所示。

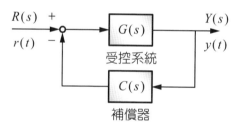

圖 10-2　回授補償

一般而言，串聯補償在設計上較為簡單，通常使用 PID 控制器或 RLC 網路，PID 控制器普遍應用於工業上之程序控制，而 RLC 網路則多用於伺服控制系統中。

Automatic Control

10-2 ›››› 時域設計與頻域設計

　　控制系統之設計,可依設計程序與要求性能規格之差異區分為時域設計與頻域設計,這兩種設計方法之主要觀點如下:

1. **時域設計**:時域中所需達到之性能規格,例如上升時間,最大超越量等,均可由閉迴路轉移函數之主要極點在 s 平面上之位置所決定,因此時域設計主要在於安置主要極點之位置,以確使系統滿足所有性能規格之要求。此外,為了確保主要極點能完全支配系統的響應特性,閉迴路轉移函數之極點與零點必須滿足二個條件:

(1) 閉迴路轉移函數的非主要極點必須在主要極點之左方,且必須遠離主要極點,亦即實部必須比主要極點之實部大六倍以上。如圖 10-3 中 p_4, p_5, p_6 及 p_7 等非主要極點必須遠離主要極點 p_1 及 p_2。

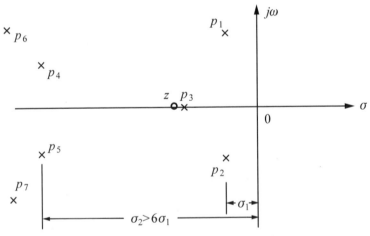

◎ 圖 10-3　閉迴路轉移函數之極點與零點分布原則

(2) 若有非主要極點無法移離主要極點時，則設計時可以安置一個零點與其相當接近，此乃因相當接近之極點與零點通常不會影響系統之暫態響應。例如圖 10-3 中著 p_3 不是主要極點，則必須於接近 p_3 處加上一個零點 z。

2. **頻域設計**：頻率設計主要在於設計適當的控制器以使迴路轉移函數 $G(s)H(s)$ 之頻率響應 $G(j\omega)H(j\omega)$ 能有理想的波德圖。一個良好的控制系統，必須有足夠的頻寬 BW，增益邊際 $G.M.$ 及相位邊際 $P.M.$。並且其迴路轉移函數頻率響應之波德圖必須滿足以下要求：

(1) 低頻時，迴路增益 $G(s)H(s)$ 之幅量必須夠大，如此才有良好的穩態響應及較小的穩態誤差，此為低頻特性之要求。

(2) 幅量曲線在增益交越頻率附近最好能有 –20 dB/decade 之斜率，如此才能確保足夠的相位邊際，此為中頻特性之要求。

(3) 高頻時，迴路增益 $G(s)H(s)$ 之幅量必須快速衰退，如此才能降低高頻雜訊之影響，此為高頻特性之要求。

以上性能如圖 10-4 所示。

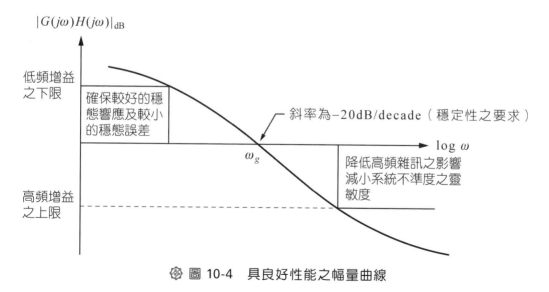

◈ 圖 10-4　具良好性能之幅量曲線

10-3 ›› 增益調整法及其限制

考慮單位回授控制系統如圖 10-5 所示。

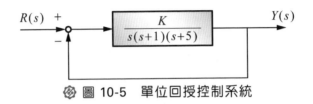

$$R(s) \xrightarrow{+} \bigcirc \xrightarrow{-} \boxed{\dfrac{K}{s(s+1)(s+5)}} \longrightarrow Y(s)$$

❷ 圖 10-5　單位回授控制系統

考慮在下列兩種性能需求下增益 K 值之調整。

1. **穩定性**：系統之閉迴路轉移函數 $G_c(s)$ 為

$$G_c(s) = \frac{K}{s^3 + 6s^2 + 5s + K} \tag{10-1}$$

應用路斯哈維次準則可求得系統保持穩定性之 K 值範圍為 $0 < K < 30$，因此，只要將 K 值調整在此範圍便能合乎要求。

2. **穩態誤差**：此系統為一型，故對單位斜坡輸入會存在穩態誤差，其值等於

$$e_{ss} = \frac{1}{K_v} = \frac{5}{K} \tag{10-2}$$

由式(10-2)知 K 值愈大，穩態誤差 e_{ss} 將會愈小。但基於穩定性考慮，K 值必須小於 30，因此穩態誤差之極小值應為 1/6。很明顯，若要消除穩態誤差，只調整增益值是無法滿足的。

由以上推論可知增益調整，相當於只提供一個參數可資應用，一般而言，只能滿足單一性能需求。但若再增加積分補償器，則穩態誤差就可消除。事實上，若再增加上升時間，安定時間或相對穩定性等考量，則增益調整將無法滿足所需，此時不同複雜程度之補償器必須被適當使用。

10-4 ›› PID 控制器

比例積分微分控制器(PID-controller)之轉移函數 $C(s)$ 為

$$C(s) = K_P + K_D s + \frac{K_I}{s} \tag{10-3}$$

其中 K_P 為比例增益，K_D 為微分增益，而 K_I 為積分增益，其值依性能需求而選定。式(10-3)亦可改寫為

$$C(s) = K_P \left(1 + \frac{1}{T_I s} + T_D s \right) \tag{10-4}$$

其中 K_P 為比例增益，$T_I = K_P / K_I$ 稱為積分時間常數或重疊時間常數，而 $T_D = K_D / K_P$ 稱為微分時間常數。

PID 控制器是由比例、積分及微分控制器三部分合成，兼具三者之優點，而每一種控制器之特性為

1. **比例控制器**：可改善穩態誤差，增加反應速度，但會降低系統之相對穩定性。

2. **微分控制器**：可改善穩定性，增加系統阻尼。

3. **積分控制器**：使系統型式增加，可消除或改善穩態誤差，但響應速度可能較慢。

而 PID 控制器之設計，必須由系統性能規格去決定 K_P、K_I 及 K_D 之增益大小，以滿足性能要求。

例題 I

PID 控制系統如圖 10-6 所示，試決定增益參數 K_P、K_I 及 K_D 之值，以使系統滿足下列性能要求：

(1)步階輸入時穩態誤差為零。

(2)主要極點之阻尼 $\zeta = 0.707$，自然頻率 ω_n 為 1 rad / sec。

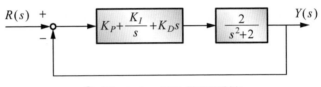

❷ 圖 10-6　PID 控制系統

 解

PID 控制系統之開迴路轉移函數 $C(s)G(s)$ 為

$$C(s)G(s) = \frac{2(K_D s^2 + K_P s + K_I)}{s(s^2 + 2)}$$

只要積分增益 K_I 不為 0，則為一型系統，對步階輸入時，穩態誤差恆為 0。又阻尼比 $\zeta = 0.707$，自然頻率 $\omega_n = 1$ rad / sec，故主要極點應為

$$s_1, s_2 = -\zeta\omega_n \pm j\omega_n\sqrt{1-\zeta^2}$$
$$= -0.707 \pm j0.7072$$

假設另一非主要極點為 $-P$，則三階系統之希望特性方程式應為

$$(s + 0.707 + j0.7072)(s + 0.707 - j0.7072)(s + P)$$
$$= s^3 + (1.414 + P)s^2 + (1 + 1.414P)s + P$$
$$= 0 \cdots\cdots(a)$$

而 PID 控制系統之閉迴路特性方程式為

$$s^3+2K_D s^2+2(K_P+1)s+2K_I=0\cdots\cdots(b)$$

比較式(a)及(b)之係數，可得

$$\begin{cases} 1.414+P=2K_D \\ 1+1.414P=2(K_P+1)\ \ldots\ldots(c) \\ P=2K_I \end{cases}$$

因 $-P$ 必須小於 -0.707 之 6 倍以上，故選擇 $P=5$。則由式(c)可解得

$$K_I=2.5, \quad K_D=3.2, \quad K_P=3$$

Automatic Control

10-5 ▸▸ PID 控制器最佳增益調整法

　　PID 控制器在工業上應用相當廣泛，無論是伺服控制或程序控制系統。因此，PID 控制器參數增益之調整為儀表和控制工程師所面臨之最實際問題。1942 年，Ziegler-Nichols 基於控制系統在穩定性為臨界狀態時之行為，提出增益參數之最佳調整法。當 PID 控制器被表示成式(10-5)之形式，亦即

$$C(s)=K_P\left(1+\frac{1}{T_I s}+T_D s\right) \tag{10-5}$$

則 K_P、T_I 及 T_D 三個參數增益值，可以下列程序決定。

1. 單獨使用比例控制器，增加比例增益 K_P 直到系統處於臨界穩定狀態，此時之增益值 K_P 稱為終極增益(ultimate gain)，以 K_u 表示。

2. 系統在 $K_P = K_u$ 時，會產生連續振盪，此時之振盪週期稱為終極週期(ultimate period)，以 T_u 表示。

3. 三種不同控制器之最佳參數增益值如下
   (1) 比例控制器：$K_P = 0.5K_u$
   (2) 比例積分控制器 $K_P = 0.45K_u$，$T_I = 0.833T_u$
   (3) 比例積分微分控制器：$K_P = 0.6K_u$，$T_I = 0.5T_u$，$T_D = 0.125T_u$

　　依照 Ziegler-Nichols 法則所設計之控制器，會有很好的閉迴路響應特性。一般而言，其增益邊際 $G.M.$ 大約在 3 到 10dB 之間，而相位邊際 $P.M.$ 大約會在 20°以上。

例題 2

　　PID 控制系統如圖 10-7 所示，試應用 Ziegler-Nichols 法則設計 PID 控制器之 K_P、T_I 及 T_D 值，並求出閉迴路控制系統之增益邊際 $G.M.$ 及相位邊際 $P.M.$。

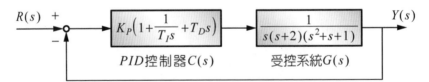

②圖 10-7　PID 控制系統

解

　　先單獨使用比例控制器，增益為 K_P，此時閉迴路轉移函數為

$$\frac{Y(s)}{R(s)} = \frac{K_P}{s(s+2)(s^2+s+1)+K_P}$$

而特性方程式 $\Delta(s) = 0$ 為

$$\Delta(s) = s^4 + 3s^3 + 3s^2 + 2s + K_P = 0$$

應用路斯哈維次準則如下

s^4	1	3	K_P
s^3	3	2	0
s^2	7/3	K_P	0
s^1	$\dfrac{14-9K_P}{7}$	0	
s^0	K_P		

要求系統穩定,則第一行元素必須不變號,故知 K_P 值之範圍為

$$0 < K_P < \frac{14}{9}$$

因此臨界穩定時之 K_P 值應為 $\dfrac{14}{9}$,亦即終極增益 $K_u = \dfrac{14}{9}$。而終極增益 K_u 值亦可直接由實驗上獲得,亦即調整 K_P 值之大小,直到輸出為臨界穩定狀態,此時系統之步階響應如圖 10-8 所示,由圖中可量得終期週期 $T_u = 7.76\,\text{sec}$。

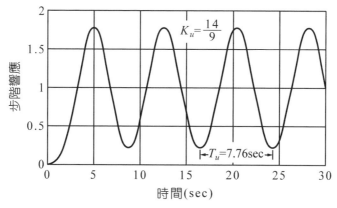

⊗ 圖 10-8 系統臨界穩定之步階響應

利用 Ziegler-Nichols 法則決定 K_P、T_I 及 T_D 值分別為

$$K_P = 0.6K_u = 0.6 \times \frac{14}{9} = 0.93$$

$$T_I = 0.5T_u = 0.5 \times 7.76 = 3.88$$

$$T_D = 0.125T_u = 0.125 \times 7.76 = 0.97$$

故 PID 控制器之轉移函數 $C(s)$ 為

$$C(s) = 0.93 \left[1 + \frac{1}{3.88s} + 0.97s \right]$$

此時 PID 控制系統之波德圖如圖 10-9 所示，由波德圖上可看出

增益邊際 $G.M. = 5.3\,\text{dB}$
相位邊際 $P.M. = 41°$

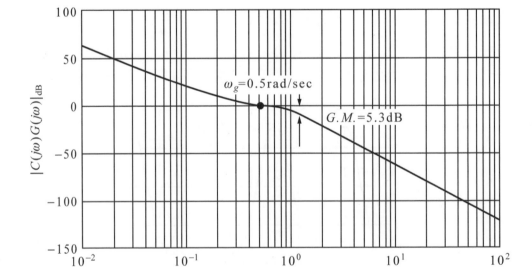

◎ 圖 10-9　PID 控制系統之波德圖

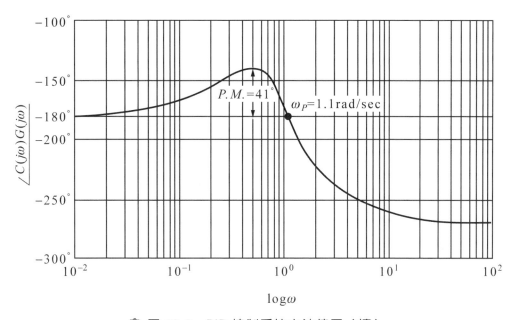

圖 10-9　PID 控制系統之波德圖（續）

10-6 ›› 相位超前控制器 (phase-lead controller)

　　相位超前意味輸出正弦波訊號之相位應比輸入正弦波訊號之相位領先。典型相位超前網路如圖 10-10 所示。

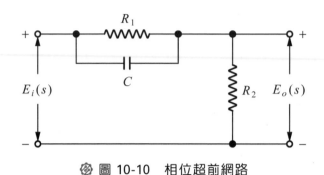

❀ 圖 10-10　相位超前網路

其輸出輸入之轉移函數為

$$\frac{E_o(s)}{E_i(s)} = \frac{R_1 R_2 Cs + R_2}{R_1 R_2 Cs + R_1 + R_2}$$

$$= \frac{R_2}{R_1 + R_2} \frac{1 + R_1 Cs}{1 + \dfrac{R_1 + R_2}{R_1 + R_2} Cs} \tag{10-6}$$

令 $\alpha = \dfrac{R_2}{R_1 + R_2}$ ，$\tau = R_1 C$ ，則式(10-6)可寫成

$$\frac{E_o(s)}{E_i(s)} = \alpha \frac{1 + \tau s}{1 + \alpha \tau s} \tag{10-7}$$

又因 $\alpha < 1$ ，故相位超前網路之極點與零點在 s 平面上之分布如圖 10-11 所示。

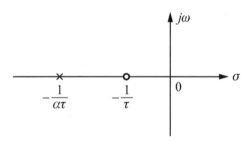

❀ 圖 10-11　相位超前控制器之極點與零點在 s 平面上之分布

實際應用上，因 $\alpha < 1$，將會使幅量比在低頻時衰減，故必須加上增益以做為補償。因此，相位超前控制器之轉移函數 $C(s)$ 應為

$$C(s) = K\frac{1+\tau s}{1+\alpha\tau s} \quad , \quad \alpha < 1 \tag{10-8}$$

故頻率響應函數 $C(j\omega)$ 為

$$C(j\omega) = \frac{K\sqrt{1+\tau^2\omega^2}}{\sqrt{1+\alpha^2\tau^2\omega^2}} \underline{/\tan^{-1}\omega\tau - \tan^{-1}\alpha\omega\tau} \tag{10-9}$$

其相位之極大值 ϕ_m，可由微分求得，亦即

$$\begin{aligned}\frac{d\phi}{d\omega} &= \frac{d}{d\omega}(\tan^{-1}\omega\tau - \tan^{-1}\alpha\omega\tau) \\ &= \frac{\tau}{1+\omega^2\tau^2} - \frac{\alpha\tau}{1+\alpha^2\omega^2\tau^2} \\ &= \frac{\tau(\alpha-1)(\alpha\omega^2\tau^2-1)}{(1+\omega^2\tau^2)(1+\alpha^2\omega^2\tau^2)} = 0 \end{aligned} \tag{10-10}$$

由式(10-10)可解得發生 ϕ_m 之頻率 ω_m 為

$$\omega_m = \frac{1}{\tau\sqrt{\alpha}} \tag{10-11}$$

將式(10-11)代回式(10-9)可求得 ϕ_m 為

$$\begin{aligned}\phi_m &= \tan^{-1}\frac{1-\alpha}{2\sqrt{\alpha}} \\ &= \sin^{-1}\frac{1-\alpha}{1+\alpha} \end{aligned} \tag{10-12}$$

而發生最大相位處之幅量比 $|C(j\omega_m)|$ 為

$$|C(j\omega_m)| = \frac{K}{\sqrt{\alpha}}$$

亦可寫成

$$|C(j\omega_m)|_{\text{dB}} = 20\log K - 10\log \alpha \tag{10-13}$$

最後，相位超前控制器之頻率響應函數 $C(j\omega)$ 的波德圖可繪得如圖 10-12 所示。

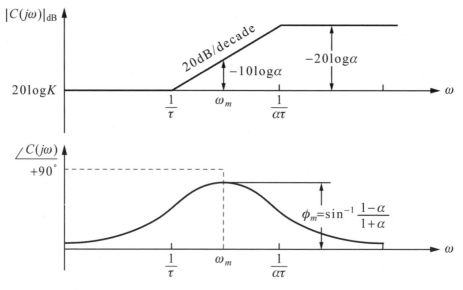

圖 10-12　相位超前控制器頻率響應函數之波德圖

觀察波德圖可知以下特性：

1. 相位超前控制器具有高頻通過，而低頻衰減之特性，故相當於一高通濾波器。

2. 相位超前控制器可藉由重新形成相位量曲線來供給足夠的相位超前角度，以補償過多的落後相位，亦即可增加系統相位邊際 $P.M.$。

當控制系統之性能要求以穩態誤差 e_{ss}，增益邊際 $G.M.$ 或相位邊際表示時，則串聯補償(cascade compensation)相位超前控制器之設計程序如下：

1. 先由穩態誤差之要求，決定增益 K 值。

2. 利用求得之 K 值先調整系統，繪出含增益 K 值之波德圖，找出未補償時之增益邊際 $G.M.^{nc}$ 及相位邊際 $P.M.^{nc}$。

3. 由補償後相位邊際之要求 $P.M.^{c}$，決定必須增加於此系統上之超前相位 ϕ_m

$$\phi_m \cong P.M.^c - P.M.^{nc} + (5° \sim 10°)$$

4. 應用最大相位公式

$$\phi_m = \sin^{-1} \frac{1-\alpha}{1+\alpha}$$

求出 α 值。

5. 計算未補償系統的幅量等於 $10 \log \alpha$ (<0)時之頻率，此頻率定為補償後系統之增益交越頻率 ω_g^c，並令最大超前相位 ϕ_m 發生在此頻率上，亦即令 $\omega_m = \omega_g^c$。

6. 決定 ω_m 後，便可計算轉角頻率及 τ 值，亦即

$$\omega_1 = \frac{1}{\tau} = \sqrt{\alpha}\ \omega_m \ , \ \ \omega_2 = \frac{1}{\alpha\tau} = \frac{\omega_m}{\sqrt{\alpha}}$$

則 $C(s)$ 之轉移函數便可決定。

7. 繪出補償後系統之波德圖，檢查是否滿足所有性能需求。若不滿足，則由步驟 3.再重新設計。

相位超前控制器之使用，應先了解它對系統之影響及使用上之限制。一般而言，相位超前控制器對系統之影響有：

(1) 能夠直接補償在增益交越頻率處之相位，增加閉迴路系統之相位邊際。

(2) 使幅量曲線在增益交越頻率處之斜率減少，使得相位邊際及增益邊界均增加，改善系統之相對穩定性。

(3) 可增加開迴路及閉迴路系統之頻寬，使上升時間變短，反應變快。

(4) 步階響應之最大超量也會降低。

此外，相位超前控制器在使用時，可能會遭遇以下困難：

(1) 若未補償之系統為不穩定，則所須補償之相位將會很大，此時可能造成閉迴路系統之頻寬太大，則雜訊之影響將會顯著。

(2) 若迴路轉移函數有兩個以上之轉角頻率靠近增益交越頻率時，將使增益交越頻率附近之相位曲線具有很陡的負斜率，此時相位超前控制器可能無效。

例題 3

單位回授控制系統如圖 10-13 所示。

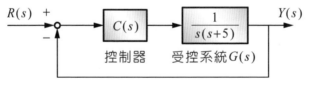

R(s) ＋ → C(s) → $\dfrac{1}{s(s+5)}$ → Y(s)

控制器　　受控系統 $G(s)$

❀ 圖 10-13　單位回授控制系統

試設計一補償器，以滿足以下性能規格：

(1) 單位斜坡輸入時之穩態誤差值小於 0.05。

(2) 相位邊際至少有 50°。

(3) 增益邊際至少有 10dB。

解

(1)由

$$e_{ss} = \frac{1}{K_v} \le 0.05$$

可知

$$K_v \ge 20$$

先單獨考慮比例控制時之增益 K 值，以使 $K_v \ge 20$，亦即

$$K_v = \lim_{s \to 0} sK \, \frac{1}{s(s+5)} = \frac{K}{5} \ge 20$$

可解得

$$K \ge 100$$

故先決定 K 值為 100。

(2)調整 K 值為 100 後，直接繪製 $KG(j\omega)$ 之波德圖，如圖 10-14 中虛線所示。由圖中可看出未補償之增益邊際 $G.M.^{nc} = \infty$，而未補償之相位邊際 $P.M.^{nc} = 28°$。

(3)相位超前控制器可用以補償 $P.M.$ 至 $50°$，選取 ϕ_m 為

$$\phi_m = 50° - 28° + 5° = 27°$$

(4)決定 α 值，由

$$27° = \sin^{-1} \frac{1-\alpha}{1+\alpha} \quad \Rightarrow \quad 0.454 = \frac{1-\alpha}{1+\alpha}$$

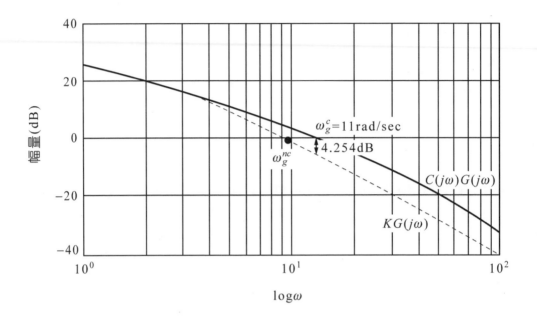

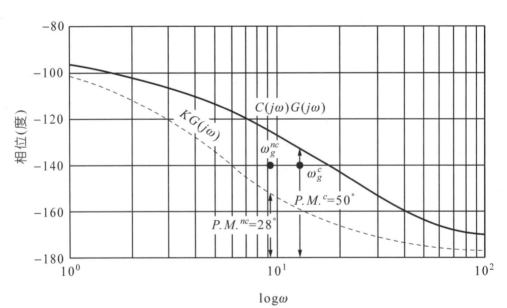

⚙ 圖 10-14　相位超前控制器補償前後之波德圖

則可得

$$0.454 = \frac{1-\alpha}{1+\alpha}$$

可解出 $\alpha = 0.3755$。

(5) 決定 ω_g^c

$$-10\log\alpha = -10\log 0.3755 = +4.254\text{dB}$$

由幅量曲線可看出在幅量 $= -4.254$ dB 處之頻率約為 11 rad/sec，故令 $\omega_g^c = $ 11 rad/sec。

(6) 決定 τ 值，由

$$\frac{1}{\tau} = \sqrt{\alpha}\ \omega_m = \sqrt{\alpha}\ \omega_g^c = \sqrt{0.3755} \cdot 11$$

可得到 $\tau = 0.1484$。故相位超前控制器之轉移函數為

$$C(s) = 100\frac{1+0.1484s}{1+0.3755 \times 0.1484s}$$

$$= \frac{100(1+0.1484s)}{(1+0.0557s)}$$

(7) 補償後之波德圖如圖 10-14 中之實線所示，可看出相位超前控制器使閉迴路系統具有 50°相位邊際 *P.M.*，且增益邊際 *G.M.* 仍為無窮大，此滿足要求之性能規格。

10-7 ››› 相位落後控制器 (phase-lag controller)

相位落後意味輸出正弦波訊號之相位落後於輸入正弦波之相位。典型相位落後網路如圖 10-15 所示。

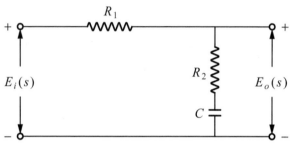

🌀 圖 10-15　相位落後網路

其輸入輸出之轉移函數為

$$\frac{E_o(s)}{E_i(s)} = \frac{R_2Cs+1}{(R_1+R_2)Cs+1}$$

$$= \frac{1+R_2Cs}{1+\dfrac{(R_1+R_2)}{R_2}R_2Cs} \tag{10-14}$$

令 $\beta = \dfrac{R_1+R_2}{R_2}$ ，$\tau = R_2C$ ，則式(10-14)可寫成

$$\frac{E_o(s)}{E_i(s)} = \frac{1+\tau s}{1+\beta\tau s} \tag{10-15}$$

又因 $\beta > 1$ ，故相位落後網路之極點與零點在 s 平面上之分布如圖 10-16 所示。

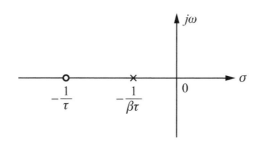

實際應用上，相位落後網路將串聯放大器一起使用。因此，相位落後控制器之轉移函數 $C(s)$ 應為

$$C(s) = K \frac{1+\tau s}{1+\beta\tau s} \quad , \quad \beta > 1 \tag{10-16}$$

而其頻率響應函數 $C(j\omega)$ 為

$$C(j\omega) = \frac{K\sqrt{1+\tau^2\omega^2}}{\sqrt{1+\beta^2\tau^2\omega^2}} \; \underline{/\tan^{-1}\tau\omega - \tan^{-1}\beta\tau\omega} \tag{10-17}$$

式(10-17)與式(10-9)類似，故最大落後相位 ϕ_m 應為

$$\begin{aligned} \phi_m &= \sin^{-1}\frac{1-\beta}{1+\beta} \\ &= -\sin^{-1}\frac{\beta-1}{\beta+1} \end{aligned} \tag{10-18}$$

而發生 ϕ_m 之頻率 ω_m 為

$$\omega_m = \frac{1}{\tau\sqrt{\beta}} \tag{10-19}$$

同理，發生 ϕ_m 處之幅量比 $|C(j\omega_m)|$ 為

$$|C(j\omega_m)|_{dB} = 20\log K - 10\log\beta \tag{10-20}$$

最後，相位落後控制器頻率響應函數 $C(j\omega)$ 之波德圖，可繪得如圖 10-17 所示。

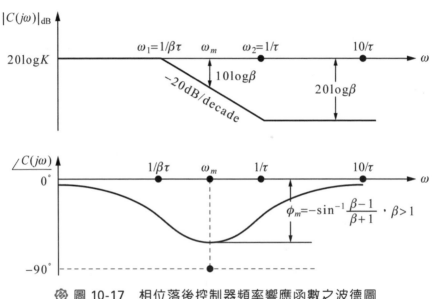

◈ 圖 10-17　相位落後控制器頻率響應函數之波德圖

觀察波德圖可知以下特性：

1. 相位落後控制器具有低頻通過，而高頻則被衰減之特性，故相當於一基本的低通濾波器。

2. 相位落後控制器具有高頻衰減特性，故可將未補償系統之增益交越頻率向左移至較低的頻率，並保持相位曲線在增益交越頻率處不變。

當系統之設計性能需求為穩態誤差，增益邊際 G.M. 或相位邊際 P.M. 時，串聯補償相位落後控制器之設計程序如下：

1. 先由穩態誤差之要求，決定增益 K 值。

2. 利用決定之 K 值先調整系統，繪出未補償系統之波德圖，並找出未補償系統之增益邊際 $G.M.^{nc}$ 及相位邊際 $P.M.^{nc}$。

3. 將性能需求之相位邊際 $P.M.^c$ 加上 5° 至 15°，並在未補償系統之相位曲線上找出能產生此相位邊際之頻率，選取此頻率為補償系統之增益交越頻率 ω_g^c。

4. 選定轉角頻率 $\omega_2 = 1/\tau$，其大小約在 $\omega_g/2 \sim \omega_g/10$ 之間，則 τ 值得以決定如下

$$\tau = \frac{1}{\omega_2}$$

5. 由幅量曲線上找出要將幅量在新的增益交越頻率 ω_g^c 處拉低至 0dB 所需之衰減量，此衰減量應等於 $-20\log\beta$，故 β 值亦得以決定。此時 β 與 τ 已定，故相位落後控制器 $C(s)$ 可決定。而另一邊轉角頻率 ω_1 為

$$\omega_1 = \frac{1}{\beta\tau}$$

6. 繪出補償系統的波德圖，檢查性能需求是否滿足。若不滿足，則由步驟 3. 增加較大相位後再重行設計。

此外，須注意相位落後控制器對系統之影響有：

1. 將幅量曲線拉低，使得增益交越頻率減小，因此閉迴路系統會有較大的相位邊際 P.M. 及增益邊際 G.M.，改善系統之相對穩定性。

2. 因為增益交越頻率減小，使得閉迴路系統之頻寬 BW 也減少，故上升時間與安定時間將增長，響應變慢。

單位回授控制系統之方塊圖如圖 10-18 所示。

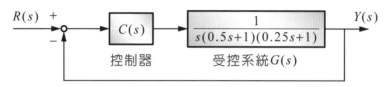

圖 10-18　單位回授控制系統

試設計一相位落後控制器，滿足以下性能規格：

(1)單位斜坡輸入時之穩態誤差值必須小於 0.02。

(2)相位邊際至少為 40°。

(1)穩態誤差要求

$$e_{ss} = \frac{1}{K_v} \leq 0.02$$

故 $K_v \geq 50$，先考慮增益 K 值，必須滿足 $K_v \geq 50$，亦即

$$K_v = \lim_{s \to 0} s\,K\,G(s)$$

$$= \lim_{s \to 0} s\,K\,\frac{1}{s(0.5s+1)(0.25s+1)} \geq 50$$

可解得 $K \geq 50$，故先決定 K 值為 50。

(2)使用增益值 $K = 50$，直接繪製 $KG(j\omega)$ 之波德圖，如圖 10-19 中虛線所示。由圖中可看出未補償之增益交越頻率 $\omega_g^{nc} = 7\text{rad/sec}$ 及相位邊際 $P.M.^{nc} = -43°$。此時因為相位邊際 $P.M.^{nc} = -43°$，故閉迴路系統為不穩定。

(3)性能要求相位 $P.M.^c$ 為 40°，為了補償相位落後控制器所引起之落後相位，故考慮相位邊際為 50°(= 40° + 10°)，再由波德圖上找出相位為 $-130°(= -180° + 50°)$ 之頻率 ω 為 1 rad / sec，選取此頻率為補償後之增益交越頻率，亦即令 $\omega_g^c = 1$ rad / sec。

(4)選定轉角頻率 $\omega_2 = \omega_g^c / 5$，可得

$$\omega_2 = \frac{1}{\tau} = \frac{1}{5}$$

可解得 $\tau = 5$。

(5)由幅量曲線上找出在 $\omega_g^c = 1$ rad / sec 處所需衰減量為 -32dB，故由

$$-20 \log \beta = -32$$

可解得 $\beta = 40$，故相位落後控制器之轉移函數 $C(s)$ 為

$$C(s) = 50 \frac{(1+5s)}{(1+200s)}$$

而另一轉角頻率 ω_1 為

$$\omega_1 = \frac{1}{\beta\tau} = \frac{1}{40 \times 5} = 0.005 \text{ rad / sec}$$

(6)補償後之波德圖如圖 10-19 中之實線所示，此時閉迴路系統之增益交越頻率 $\omega_g^c = 1$ rad / sec，而相位邊際 $P.M. = 40°$，滿足要求之性能規格。但增益交越頻率由 7 rad / sec 降至 1 rad / sec，此表示系統之頻寬變小，響應將會變慢。

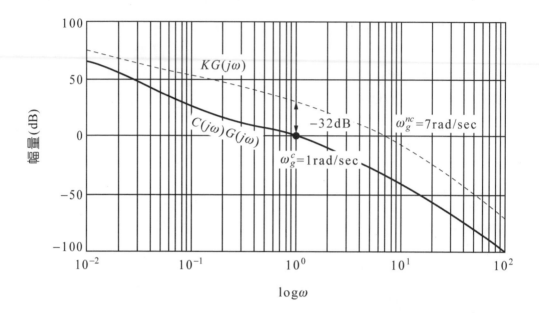

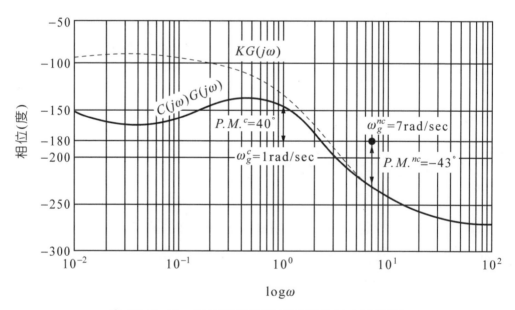

⊗ 圖 10-19 相位落後控制器補償前後之波德圖

10-8 >> 相位落後超前控制器

相位落後超前控制器(phase lag-lead controller)，有以下特性：

1. 具有相位超前補償作用，可增加頻帶寬度，改善響應速度，減少最大超越量。

2. 具有相位落後補償作用，可改善系統之穩態特性，但會降低頻帶寬度，並造成較長的上升時間。

故一般應用於暫態響應與穩態響應性能均需改善之系統上。其電網路如圖 10-20 所示。

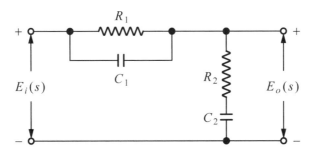

❀ 圖 10-20 相位落後超前控制器之電網路

而此電網路之轉移函數 $C(s)$ 為

$$C(s) = \frac{(R_1 C_1 s + 1)(R_2 C_2 s + 1)}{(R_1 C_1 s + 1)(R_2 C_2 s + 1) + R_1 C_2 s}$$

$$= \frac{(R_1 C_1 s + 1)(R_2 C_2 s + 1)}{1 + (R_1 C_2 + R_1 C_1 + R_2 C_2)s + R_1 C_1 R_2 C_2 s^2} \tag{10-21}$$

令 $\tau_1 = R_1 C_1$，$\tau_2 = R_2 C_2$，且

$$R_1 C_2 + R_1 C_1 + R_2 C_2 = \beta \tau_1 + \frac{\tau_2}{\beta} \ (\tau_1 > \tau_2，\beta > 1)$$

則式(10-21)可寫成

$$C(s)=\frac{(1+\tau_1 s)(1+\tau_2 s)}{(1+\beta\tau_1 s)(1+\frac{1}{\beta}\tau_2 s)} \tag{10-22}$$

實際應用上，也會加上增益 K，故相位落後超前控制器之轉移函數為

$$C(s)=K\frac{(1+\tau_1 s)}{(1+\beta\tau_1 s)}\frac{(1+\tau_2 s)}{\left(1+\frac{1}{\beta}\tau_2 s\right)} \quad,\quad \tau_1 > \tau_2 \quad,\quad \beta > 1 \tag{10-23}$$

而頻率響應函數 $C(j\omega)$ 之波德圖如圖 10-21 所示。

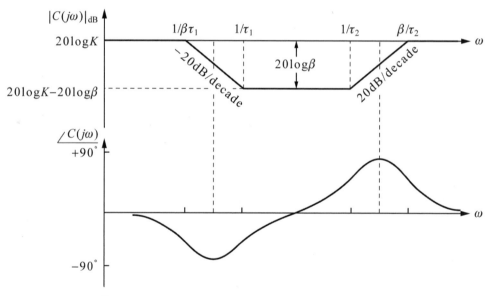

圖 10-21　落後超前控制器頻率響應之波德圖

　　落後超前補償控制器之設計，乃結合相位落後控制器及相位超前控制器設計之技巧，主要是應用相位超前來補償相位邊際之不足。而相位落後補償可提高低頻範圍的增益，以達到改善穩態性能之目的。或利用相位落後補償將幅量

曲線下拉，使增益交越頻率左移，以增加相位邊際，再利用相位超前補償避免高頻幅量太小，可維持一定之頻寬，改善反應速度。

10-9 　根軌跡設計法

　　控制系統在時域中的性能規格，一般而言均由主要極點在 s 平面上之位置決定。而主要複數極點位置之安置，可利用根軌跡法來輔助設計。

例題 5

　　單位回授控制系統如圖 10-22 所示。

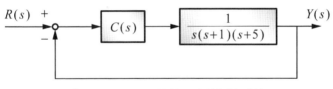

$$R(s) \xrightarrow{+} \bigcirc \xrightarrow{} \boxed{C(s)} \longrightarrow \boxed{\dfrac{1}{s(s+1)(s+5)}} \xrightarrow{} Y(s)$$

◈ 圖 10-22　單位回授控制系統

　　試設計一補償器使系統滿足下列性能需求：

(1)最大超越量 M_P 為 16%。

(2)5%允許誤差帶之安定時間 t_s 為 $3\sec$。

解

(1)若 $C(s) = K$，亦即只有增益調整時，其根軌跡如圖 10-23 中之虛線所示。

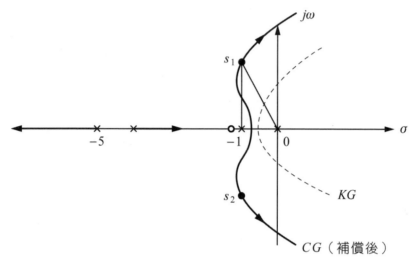

📎 圖 10-23　系統補償前後之根軌跡

(2)令主要極點為 s_1, s_2，由

$$M_P = e^{-\zeta\pi/\sqrt{1-\zeta^2}} = 0.16$$

可解出 $\zeta = 0.5$，又由

$$t_s = \frac{3}{\zeta\omega_n} = 3\,\mathrm{sec}$$

可解得 $\omega_n = 2\,\mathrm{rad/sec}$，所以主要極點為

$$s_1, s_2 = -\zeta\omega_n \pm j\omega_n\sqrt{1-\zeta^2}$$
$$= -1 \pm j\sqrt{3}$$

(3)由根軌跡圖可看出主要極點不在未補償之根軌跡上，故必須使用補償器，由角度準則知

$$\angle C(s_1) - \angle s_1 - \angle s_1+1- \angle s_1+5 = (2k+1)\pi$$

亦即

$$\angle C(-1+j\sqrt{3}) - \angle -1+j\sqrt{3} - \angle (-1+j\sqrt{3})+1 - \angle (-1+j\sqrt{3})+5$$
$$= (2k+1)\pi$$

計算後可得

$$\angle C(-1+j\sqrt{3}) -120° - 90° - 23.4° = -180°(k=-1)$$

故

$$\angle C(-1+j\sqrt{3}) = 53.4°$$

因補償器必須提供 53.4° 之相位，故採用相位超前控制器如下

$$C(s) = \frac{K(1+\tau s)}{(1+\alpha\tau s)} \ , \ \alpha < 1$$

(4)因開路極點 $s = -1$ 恰於主要極點 s_1 之正下方，故將補償器之零點置於其左側附近，選定在 -1.2 處，故由

$$s = -\frac{1}{\tau} = -1.2$$

可求出 $\tau = 0.833$。又由

$$\angle C(-1+j\sqrt{3}) = \angle (1+0.833 s_1) - \angle (1+0.833 \alpha s_1) = 53.4°$$

可得到

$$\tan^{-1} \frac{0.833\sqrt{3}}{1-0.833} - \tan^{-1} \frac{0.833\sqrt{3}\alpha}{1-0.833\alpha} = 53.4°$$

亦即

$$\tan^{-1} \frac{1.443\alpha}{1-0.833\alpha} = 30°$$

可解得 $\quad \alpha = 0.3$。故相位超前補償控制器 $C(s)$ 為

$$C(s) = K\frac{(s+1.2)}{(s+4)}$$

其中

$$K = \frac{|s||s+1||s+5||s+4|}{|s+1.2|}\Bigg|_{s\to -1+j\sqrt{3}} = \frac{2\times\sqrt{3}\times 4.36\times 3.46}{1.789} = 29.2$$

(5) 閉迴路系統之極點為 $-1\pm j1.73$，-6.62，-1.31。其中 $-1\pm j1.73$ 為主要極點，-6.62 為非主要極點，而極點 -1.31 與零點 -1.2 相當接近，故不影響系統暫態響應。而補償後系統之根軌跡如圖 10-23 中之粗實線所示，由圖中可看出補償後之根軌跡確可經過主要極點 s_1, s_2。

習題十

10-1 單位回授控制系統的開迴路轉移函數 $G(s)$ 為

$$G(s)=\frac{2}{s(0.5s+1)}$$

試設計補償器 $C(s)$ 具有下列形式

$$G(s)=K\frac{s+\alpha}{s+\beta}$$

使得系統滿足下列要求：

(a) 穩態誤差小於 0.2。

(b) 主要極點為 $-2\pm j3.46$。

10-2 控制系統如圖 P10-1 所示，若控制器採用 PID 控制器，形式為

$$C(s)=K_P+\frac{K_I}{s}+K_D s$$

試決定增益 K_P、K_I 及 K_D 之值使系統滿足下列性能需求

(a) 對單位步階輸入的穩態誤差值等於零。

(b) 對單位斜坡輸入的穩態誤差值必須小於 5%。

(c) 閉迴路系統之相對阻尼比為 0.707，而相對自然頻率為 $1\,\mathrm{rad/sec}$。

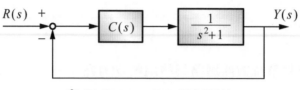

❂ 圖 P10-1　PID 控制系統

10-3 PID 控制系統如圖 P10-2 所示，試應用 Ziegler-Nichols 所提之最佳增益調整法決定 PID 控制器之增益 K_P、T_I 及 T_D 值。並繪出控制系統之波德圖，量測出相位邊際 *P.M.* 及增益邊際 *G.M.* 之大小。

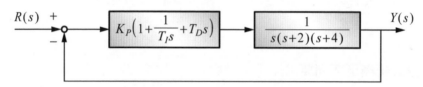

❂ 圖 P10-2　PID 控制系統

10-4 未補償系統之迴路轉移函數為

$$G(s)H(s) = \frac{1}{s(s+1)}$$

試設計一補償器使補償後系統滿足下列性能需求：

(a) 對單位斜坡輸入之穩態誤差小於 1%。

(b) 相位邊際 *P.M.* 至少 50°。

(c) 增益邊際 *G.M.* 至少有 10dB。

10-5 未補償系統之迴路轉移函數為

$$G(s)H(s) = \frac{50}{s(s+5)(s+10)}$$

試設計一補償器使補償後系統滿足下列性能需求:

(a) 速度誤差常數 $K_v = 50\sec^{-1}$。

(b) 相位邊際 $P.M.$ 至少有 $50°$。

10-6 控制系統如圖 P10-3 所示,此為速度回授之伺服機構。試設計一相位落後控制器使補償後之系統滿足下列性能需求:

(a) 速度誤差常數為 $5\sec^{-1}$。

(b) 相位邊際 $P.M.$ 至少有 $40°$。

(c) 增益邊際 $G.M.$ 至少有 10dB。

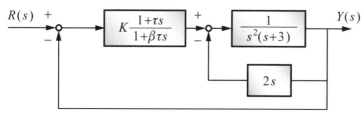

圖 P10-3　相位落後控制系統

參考文獻
References

§ 10-1～10-2

1. Ogata, K. (1970). *Modern Control Engineering*. New Jersey: Prentice Hall, Eaglewood Cliffs.

2. 喬偉。**控制系統應試手冊**。九功。

3. 丘世衡、沈勇全、李新濤、陳再萬（76 年）。**自動控制**。高立。

§ 10-4～10-5

4. Franklin, G. F., Powell, J. D., & Emami-Naeini, A. (1986). *Feedback Control of Dynamic System, Reading*. MA.: Addison-Wesley.

5. D'Souza, A. F. (1988). *Design of Control Systems*. New Jersey: Prentice Hall, Englewood Cliffs.

6. Bolton, W. (1992). *Control Engineering*. England: Longman Group UK Limited.

§ 10-6～10-8

7. Kuo, B. C. (1987). *Automatic Control Systems* (5th ed.). New Jersey: Prentice Hall, Eglewood Cliffs.

8. Chen, C. T. (1987). *Control System Design: Conventional, Algebraic and Optimal Methods*. New York: Holt, Rinehart and Winston.

9. Nagrath, I. J., & Gopal, M. (1985). *Control Systems Engineering* (2nd ed.). Wiley Eastern Limited.

10. Dorf, R. C. (1992). *Modern Control Systems* (6th ed.). MA.: Addison-Wesley.

11. Ogata, K. (1970). *Modern Control Engineering*. New Jersey: Prentice Hall, Egle-wood Cliffs.

12. Franklin, G. F., Powell, J. D., & Emami-Naeini, A. (1986). *Feedback Control of Dynamic System, Reading*. MA.: Addison-Wesley.

§ 10-9

13. Chen, C. T. (1987). *Control System Design: Conventional, Algebraic and Optimal Methods*. New York: Holt, Rinehart and Winston.

14. Nagrath, I. J., & Gopal, M. (1985). *Control Systems Engineering* (2nd ed.). Wiley Eastern Limited.

15. 黃燕文（78 年）。**自動控制**。新文京。

Chapter

11

狀態空間分析

Automatic Control

　　古典控制理論中，無論是根軌跡法或頻率響應法，通常只適用於單輸入單輸出之線性非時變系統。而控制系統分析與設計是依據描述系統輸入與輸出關係之轉移函數，加入適當之補償器以改善系統之動態特性。然而，當面臨線性時變，多輸入多輸出或非線性系統時，這些古典控制方法通常無法處理，此時，必須應用到近代控制理論。

　　近代控制理論是以狀態方程式來描述系統之動態特性，在第三章中我們已經介紹了物理系統之狀態空間表示法。對於單輸入單輸出之線性非時變系統，其動態方程式為

$$\dot{x}(t) = Ax(t) + Bu(t) \tag{11-1}$$

$$y(t) = Cx(t) + Du(t) \tag{11-2}$$

式中 $x(t)$ 為狀態變數所組成之狀態向量， $u(t)$ 為輸入， $y(t)$ 為輸出，而 A， B， C 及 D 為適當階次之常數矩陣。式(11-1)稱為狀態方程式，而式(11-2)稱為輸出方程式，兩者合稱為動態方程式。

　　考慮如圖 11-1 所示之多輸入多輸出線性非時變系統，若輸入有 m 個，分別為 u_1， u_2， u_3，…， u_m，稱為輸入變數，而內部變數有 n 個，分別 x_1， x_2， x_3，…， x_n，稱為狀態變數，且輸出有 p 個，分別為 y_1， y_2， y_3，…， y_p，稱為輸出變數。若定義

狀態向量 $x(t) = \begin{bmatrix} x_1(t) & x_2(t) & \cdots\cdots & x_n(t) \end{bmatrix}^T$

輸入向量 $u(t) = \begin{bmatrix} u_1(t) & u_2(t) & \cdots\cdots & u_m(t) \end{bmatrix}^T$

輸出向量 $y(t) = \begin{bmatrix} y_1(t) & y_2(t) & \cdots\cdots & y_p(t) \end{bmatrix}^T$

則此多輸入多輸出之線性非時變系統，可以狀態空間表示法描述如下

$$\dot{x}(t) = A\,x(t) + B\,u(t) \tag{11-3}$$

$$y(t) = C\,x(t) + D\,u(t) \tag{11-4}$$

式中 A，B，C 及 D 為適當階次之常數矩陣。

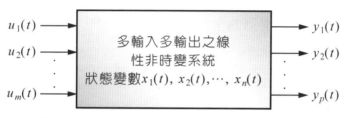

❀ 圖 11-1　多輸入多輸出之線性非時變系統

Automatic Control

11-2 ›› 系統之可控制性

　　一般而言，控制系統之動態特性是由極點在 s 平面上之分布位置所決定。在古典控制理論，例如 PID 控制器，有時無法將受控系統中之所有極點全部安置在希望的位置。而近代控制理論中之狀態回授(state feedback)控制可以將閉迴路系統之所有極點任意安置在希望的位置，但是其解是否存在，完全由系統是否為可控制性(controllability)決定。

　　系統之可控制性定義為：多輸入多輸出之線性非時變系統如式(11-3)及(11-4)所描述，對任何在初始時間 t_o 時之狀態 $x(t_o)$，若在有限的時間 $(t_f - t_o)$ 內，可經由適當片斷連續輸入 $u(t)$，轉換至任何希望的狀態 $x(t_f)$，t_f 為終止時間，則稱此系統為可控制性。從以上定義亦可看出此定義乃針對狀態而言，故又稱為狀態可控制性。

　　系統之可控制性完全由矩陣 A 及 B 來決定，與輸出方程式無關，因此可定義可控制性矩陣 M_c 為

$$M_c = \begin{bmatrix} B & AB & A^2B & \cdots\cdots & A^{n-1}B \end{bmatrix} \tag{11-5}$$

此矩陣之階次為 $n \times nm$，當系統為單輸入單輸出時，則矩陣 M_c 之階次為 $n \times n$。而系統之可控制性可由矩陣 M_c 之秩來決定，亦即系統為可控制性之充分必要條件為可控制性矩陣 M_c 必須為全秩(full rank)，亦即

$$\text{Rank}\begin{bmatrix} M_c \end{bmatrix} = n \tag{11-6}$$

　　對單輸入單輸出系統，若 M_c 之行列式值不等於零，則 M_c 必為全秩，所以系統必為可控制性。

　　然而在多輸入多輸出系統中，可控制性矩陣 M_c 之階次為 $n \times nm$，其秩並不易求得，因此常應用矩陣之特性，先求 $M_c M_c^T$ 之秩，若 $M_c M_c^T$ 之秩為 n，則 M_c 之秩亦為 n，即可知此系統為可控制性。

例題 1

試判定下列系統是否為狀態可控制性。

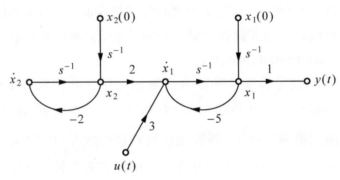

解

狀態方程式為

$$\dot{x}_1 = -5x_1 + 2x_2 + 3u$$
$$\dot{x}_2 = -2x_2$$

由狀態方程式中可看出 u 無法影響到 $x_2(t)$ 之動態,故此系統不是可控制性的。或直接由狀態圖可看出輸入 u 無法影響到 x_2,故不是可控制性的。

 例題 2

系統之微分方程式如下

$$\frac{d^2 y(t)}{dt^2} + 3\frac{dy(t)}{dt} + 2y(t) = \frac{du(t)}{dt} + 2u(t)$$

試說明此系統之可控制性。

 解

(1) 令狀態變數為

$$\begin{cases} x_1(t) = y(t) \\ x_2(t) = \dfrac{dy(t)}{dt} - u(t) \end{cases}$$

則可得到

$$\dot{x}_1 = \dot{y} = x_2 + u(t)$$

$$\begin{aligned}
\dot{x}_2 &= \frac{d^2 y(t)}{dt^2} - \frac{du(t)}{dt} \\
&= \left(-3\frac{dy}{dt} - 2y + \frac{du}{dt} + 2u \right) - \frac{du}{dt} \\
&= -3(x_2 + u) - 2x_1 + 2u \\
&= -2x_1 - 3x_2 - u
\end{aligned}$$

矩陣形式為

$$\begin{bmatrix} \dot{x}_1 \\ \dot{x}_2 \end{bmatrix} = \begin{bmatrix} 0 & 1 \\ -2 & -3 \end{bmatrix} \begin{bmatrix} x_1 \\ x_2 \end{bmatrix} + \begin{bmatrix} 1 \\ -1 \end{bmatrix} u$$

則

$$A = \begin{bmatrix} 0 & 1 \\ -2 & -3 \end{bmatrix}, \ B = \begin{bmatrix} 1 \\ -1 \end{bmatrix}$$

故可控制性矩陣 M_c 為

$$M_c = \begin{bmatrix} 1 & -1 \\ -1 & 1 \end{bmatrix}$$

其行列式值為 0，故為奇異矩陣，亦即 M_c 不是全秩，因此系統不是狀態可控制性。

(2)若將原微分方程式取拉氏轉換，可得到

$$\frac{Y(s)}{U(s)} = \frac{s+2}{s^2+3s+2}$$

$$= \frac{s^{-1}+2s^{-2}}{1+3s^{-1}+2s^{-2}}$$

將此轉移函數直接分解，則有

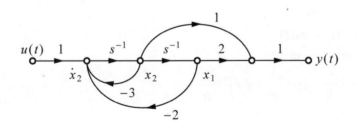

以積分器輸出為狀態變數，則可寫出狀態方程式如下

$$\dot{x}_1 = x_2$$
$$\dot{x}_2 = -2x_1 - 3x_2 + u$$

矩陣形式為

$$\begin{bmatrix} \dot{x}_1 \\ \dot{x}_2 \end{bmatrix} = \begin{bmatrix} 0 & 1 \\ -2 & -3 \end{bmatrix} \begin{bmatrix} x_1 \\ x_2 \end{bmatrix} + \begin{bmatrix} 0 \\ 1 \end{bmatrix} u$$

此時

$$A = \begin{bmatrix} 0 & 1 \\ -2 & -3 \end{bmatrix}, \ B = \begin{bmatrix} 0 \\ 1 \end{bmatrix}$$

而可控制性矩陣 M_c 為

$$M_c = \begin{bmatrix} 0 & 1 \\ 1 & -3 \end{bmatrix}$$

其行列式值為 -1，故為非奇異矩陣，亦即 M_c 為全秩，因此系統為可控制性。

比較(1)及(2)之結果，應注意：
① 系統之可控制性與狀態變數之選擇有關。
② 系統之轉移函數，若因式分解可得

$$\frac{Y(s)}{U(s)} = \frac{(s+2)}{(s+1)(s+2)}$$

可看出有極點及零點相同，應可對消。通常此類系統若非不可控制性，即為不可觀測性。

11-3 ›› 系統之可觀測性

　　狀態回授控制系統是將所有狀態變數回授，以完成所有極點之安置，但是在實際應用上，往往只有輸出變數及部分狀態變數得以量測，有些狀態變數可能無法量測或量測器價格過於昂貴，因此必須使用觀測器(observer)來估測系統之狀態變數值，以作為回授之用，而此觀測器之存在與否是由系統之可觀測性決定。

　　類似於可控制性之觀念，可觀測性定義為：系統在任何初始時間 t_o 時之初始狀態 $x(t_o)$，若在一有限的時間間隔 $(t_f - t_o)$ 內，由已知之輸入 $u(t)$ 及可量測之輸出 $y(t)$，就足以決定出 $x(t_o)$，則稱此系統為可觀測性(observabillity)。

　　系統之可觀測性完全由矩陣 A 及 C 來決定，與輸出方程式有關，因此定義可觀測性矩陣 M_o 為

$$M_o = \begin{bmatrix} C \\ CA \\ CA^2 \\ \vdots \\ CA^{n-1} \end{bmatrix} \tag{11-7}$$

此矩陣之階次為 $n \times np$，當系統為單輸入單輸出時，則矩陣 M_o 之階次為 $n \times n$。而系統可觀測性可由矩陣 M_o 之秩來決定，亦即系統可觀測性之充分必要條件為可觀測性矩陣 M_o 為全秩(full rank)，亦即

$$\text{Rank}[M_o] = n \tag{11-8}$$

對於單輸入單輸出系統而言，若 M_o 之行列式值不等於零，則 M_o 必為全秩，所以系統必為可觀測性。

例題 3

試判定下列系統是否為狀態可觀測性。

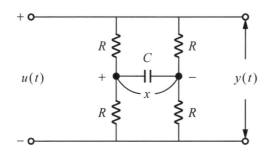

解

　　假設 $u(t)=0$，則因系統左右對稱，因此輸出 $y(t)$ 之電位應為 0，故無法由 $u(t)=0$ 及 $y(t)=0$ 去決定電容的最初電位 $x(t_o)$，因此系統不是可觀測性。

例題 4

　　系統之微分方程式如下所示

$$\frac{d^2y(t)}{dt^2}+3\frac{dy(t)}{dt}+2y(t)=\frac{du(t)}{dt}+2u(t)$$

試說明此系統之可觀測性。

解

(1) 令狀態變數為

$$x_1=y(t), \qquad x_2=\frac{dy(t)}{dt}-u(t)$$

輸出方程式為

$$y(t)=\begin{bmatrix}1 & 0\end{bmatrix}\begin{bmatrix}x_1 \\ x_2\end{bmatrix}$$

參考例題 2，可得到

$$A=\begin{bmatrix}0 & 1 \\ -2 & -3\end{bmatrix}, \quad B=\begin{bmatrix}1 \\ -1\end{bmatrix}, \quad C=\begin{bmatrix}1 & 0\end{bmatrix}$$

由 A 及 C 可決定可觀測性矩陣 M_o 為

$$M_o=\begin{bmatrix}1 & 0 \\ 0 & 1\end{bmatrix}$$

其行列式值為 1，故為非奇異矩陣，亦即 M_o 為全秩，因此系統為可觀測性。

(2)若選擇輸出 $y(t)=x_1+x_2$，則有

$$y(t)=\begin{bmatrix}1 & 1\end{bmatrix}\begin{bmatrix}x_1 \\ x_2\end{bmatrix}$$

則此時 M_o 為

$$M_o=\begin{bmatrix}1 & 1 \\ -2 & -2\end{bmatrix}$$

其行列式值為 0，故為奇異矩陣，亦即 M_o 並非全秩，因此系統不是可觀測性。

比較(1)及(2)之結果可知系統之可觀測性與輸出方程式之選擇有關。

11-4 ›› 狀態轉移矩陣

線性非時變系統之狀態方程式(11-3)，當輸入 $u(t)$ 為零時，可得線性齊次狀態方程式為

$$\dot{x}(t) = Ax(t) \tag{11-9}$$

定義狀態轉移矩陣(state transition matrix) $\phi(t)$ 為滿足式(11-9)之矩陣，故 $\phi(t)$ 必須滿足

$$\dot{\phi}(t) = A\phi(t) \tag{11-10}$$

若令 $x(0)$ 為初值，則 $\phi(t)$ 亦可定義為滿足下列方程式之矩陣

$$x(t) = \phi(t)x(0) \tag{11-11}$$

$x(t)$ 即為式(11-9)在 $t \geq 0$ 時之解。

若將式(11-9)取拉氏轉換，可得

$$sX(s) - x(0) = AX(s)$$

移項整理可得到

$$(sI - A)X(s) = x(0)$$

兩邊同乘 $(sI - A)^{-1}$，可解得 $X(s)$ 如下

$$X(s) = (sI - A)^{-1}x(0)$$

再將上式取反拉氏轉換，可得

$$x(t) = L^{-1}\left[(sI - A)^{-1}\right]x(0) \tag{11-12}$$

比較式(11-11)及(11-12)可得狀態轉移矩陣 $\phi(t)$ 為

$$\phi(t)=L^{-1}\left[(sI-A)^{-1}\right] \tag{11-13}$$

狀態轉移矩陣 $\phi(t)$ 可由式(11-13)求得，或直接求解式(11-9)，可解得

$$x(t) = e^{At}x(0) \tag{11-14}$$

比較式(11-14)及(11-11)知狀態轉移矩陣 $\phi(t)$ 為

$$\phi(t)=e^{At} \tag{11-15}$$

由式(11-13)及(11-15)可得到

$$\phi(t)=L^{-1}\left[(sI-A)^{-1}\right]=e^{At} \tag{11-16}$$

最後，利用式(11-15)可以很容易驗證狀態轉移矩陣 $\phi(t)$ 具有下列性質：
(1) $\phi(0)=I$ ，I 為單位矩陣
(2) $\phi(t_2-t_1)\phi(t_1-t_0)=\phi(t_2-t_0)$
(3) $\phi(-t)=\phi^{-1}(t)$
(4) $\left[\phi(t)\right]^n=\phi(nt)$ ，n 為整數

例題 5

某系統之狀態方程式如下

$$\begin{bmatrix} \dot{x}_1 \\ \dot{x}_2 \end{bmatrix}=\begin{bmatrix} 0 & 1 \\ -4 & -5 \end{bmatrix}\begin{bmatrix} x_1 \\ x_2 \end{bmatrix}+\begin{bmatrix} 0 \\ 1 \end{bmatrix}u(t)$$

試求狀態轉移矩陣 $\phi(t)$ 。

解

(1) $(sI-A) = \begin{bmatrix} s & 0 \\ 0 & s \end{bmatrix} - \begin{bmatrix} 0 & 1 \\ -4 & -5 \end{bmatrix} = \begin{bmatrix} s & -1 \\ 4 & s+5 \end{bmatrix}$

(2) $(sI-A)^{-1} = \dfrac{\begin{bmatrix} s+5 & 1 \\ -4 & s \end{bmatrix}}{\begin{vmatrix} s & -1 \\ 4 & s+5 \end{vmatrix}}$

$= \begin{bmatrix} \dfrac{s+5}{s^2+5s+4} & \dfrac{1}{s^2+5s+4} \\ \dfrac{-4}{s^2+5s+4} & \dfrac{s}{s^2+5s+4} \end{bmatrix}$

$= \begin{bmatrix} \dfrac{\frac{4}{3}}{(s+1)} + \dfrac{-\frac{1}{3}}{(s+4)} & \dfrac{\frac{1}{3}}{(s+1)} + \dfrac{-\frac{1}{3}}{(s+4)} \\ \dfrac{-\frac{4}{3}}{(s+1)} + \dfrac{\frac{4}{3}}{(s+4)} & \dfrac{-\frac{1}{3}}{(s+1)} + \dfrac{\frac{4}{3}}{(s+4)} \end{bmatrix}$

(3) $\phi(t) = L^{-1}\left[(sI-A)^{-1}\right]$

$= \begin{bmatrix} \dfrac{4}{3}e^{-t} - \dfrac{1}{3}e^{-4t} & \dfrac{1}{3}e^{-t} - \dfrac{1}{3}e^{-4t} \\ -\dfrac{4}{3}e^{-t} + \dfrac{4}{3}e^{-4t} & -\dfrac{1}{3}e^{-t} + \dfrac{4}{3}e^{-4t} \end{bmatrix}$

11-5 ›› 狀態轉移方程式
(state transition equation)

系統狀態方程式為

$$\dot{x} = Ax + Bu$$

將其拉氏轉換，可得

$$sX(s) - x(0) = AX(s) + BU(s)$$

由上式可解出 $X(s)$ 為

$$X(s) = (sI - A)^{-1}x(0) + (sI - A)^{-1}BU(s) \tag{11-17}$$

將式(11-17)取反拉氏轉換可得

$$x(t) = L^{-1}\left[(sI - A)^{-1}\right]x(0) + L^{-1}\left[(sI - A)^{-1}BU(s)\right]$$
$$= \phi(t)x(0) + \int_0^t \phi(t - \tau)Bu(\tau)d\tau \tag{11-18}$$

若初始時間為 t_o，則將式(11-18)中之 t 以 t_o 代入，可解出

$$x(0) = \phi(-t_o)x(t_o) - \phi(-t_o)\int_0^{t_o} \phi(t_o - \tau)Bu(\tau)d\tau \tag{11-19}$$

將式(11-19)代入(11-18)中，可得

$$x(t) = \phi(t)\phi(-t_o)x(t_o) - \phi(t)\phi(-t_o)\int_0^{t_o} \phi(t_o - \tau)Bu(\tau)d\tau + \int_0^t \phi(t - \tau)Bu(\tau)d\tau$$
$$= \phi(t - t_o)x(t_o) + \int_{t_o}^t \phi(t - \tau)Bu(\tau)d\tau \tag{11-20}$$

式(11-18)及式(11-20)都稱為狀態轉移方程式。若將式(11-20)代入輸出方程式中，則有

$$y(t) = Cx(t) + Du(t)$$
$$= C\phi(t - t_o)x(t_o) + \int_{t_o}^{t} C\phi(t - \tau)Bu(\tau)d\tau + Du(t) \qquad (11\text{-}21)$$

例題 6

系統之狀態方程式如例題 5 所示，亦即

$$\begin{bmatrix} \dot{x}_1 \\ \dot{x}_2 \end{bmatrix} = \begin{bmatrix} 0 & 1 \\ -4 & -5 \end{bmatrix} \begin{bmatrix} x_1 \\ x_2 \end{bmatrix} + \begin{bmatrix} 0 \\ 1 \end{bmatrix} u(t)$$

試求狀態向量 $x(t)$，$t \geq 0$。

解

(1)先求狀態轉移矩陣 $\phi(t)$，在例題 5 中已求得如下

$$\phi(t) = \begin{bmatrix} \dfrac{4}{3}e^{-t} - \dfrac{1}{3}e^{-4t} & \dfrac{1}{3}e^{-t} - \dfrac{1}{3}e^{-4t} \\ -\dfrac{4}{3}e^{-t} + \dfrac{4}{3}e^{-4t} & -\dfrac{1}{3}e^{-t} + \dfrac{4}{3}e^{-4t} \end{bmatrix}$$

(2)由式(11-18)可得

$$x(t) = \phi(t)x(0) + \int_0^t \phi(t-\tau)Bu(\tau)d\tau$$

$$= \begin{bmatrix} \frac{4}{3}e^{-t} - \frac{1}{3}e^{-4t} & \frac{1}{3}e^{-t} - \frac{1}{3}e^{-4t} \\ -\frac{4}{3}e^{-t} + \frac{4}{3}e^{-4t} & -\frac{1}{3}e^{-t} + \frac{4}{3}e^{-4t} \end{bmatrix} x(0) + \int_0^t \begin{bmatrix} \frac{1}{3}e^{-(t-\tau)} - \frac{1}{3}e^{-4(t-\tau)} \\ -\frac{1}{3}e^{-(t-\tau)} + \frac{4}{3}e^{-4(t-\tau)} \end{bmatrix} u(\tau)d\tau$$

11-6 >> 轉移函數矩陣 (transfer function matrix)

第三章已介紹了如何將轉移函數分解，繪出狀態圖，並寫出狀態方程式，本節將進一步介紹如何由狀態方程式及輸出方程式決定系統之轉移函數。

線性非時變系統如式(11-3)及(11-4)所示，將式(11-3)取拉氏轉換可得(11-17)，亦即

$$X(s) = (sI - A)^{-1}x(0) + (sI - A)^{-1}BU(s) \tag{11-22}$$

而輸出方程式取拉氏轉換可得

$$Y(s) = CX(s) + DU(s) \tag{11-23}$$

將式(11-17)代入式(11-23)可得

$$Y(s) = C[(sI - A)^{-1}x(0) + (sI - A)^{-1}BU(s)] + DU(s)$$
$$= C(sI - A)^{-1}x(0) + [C(sI - A)^{-1}B + D]U(s) \tag{11-24}$$

令初值為零，亦即 $x(0) = 0$ ，則由式(11-24)可得轉移函數矩陣 $G(s)$ 為

$$G(s) = C(sI - A)^{-1}B + D \tag{11-25}$$

此時輸入 $U(s)$ 與輸出 $Y(s)$ 關係可表示為 $Y(s) = G(s)U(s)$ 。

 注意！ 對多輸入多輸出線性非時變系統而言， $G(s)$ 為矩陣型式之複變函數，而當系統為單輸入單輸出時， $G(s)$ 為純量複變函數。

例題 7

系統之動態方程式為

$$\begin{bmatrix} \dot{x}_1(t) \\ \dot{x}_2(t) \end{bmatrix} = \begin{bmatrix} 0 & 1 \\ -2 & -3 \end{bmatrix} \begin{bmatrix} x_1(t) \\ x_2(t) \end{bmatrix} + \begin{bmatrix} 0 \\ 3 \end{bmatrix} u(t)$$

$$y(t) = \begin{bmatrix} 1 & 0 \end{bmatrix} \begin{bmatrix} x_1(t) \\ x_2(t) \end{bmatrix}$$

試求系統之轉移函數 $G(s)$ 。

 解

(1) $(sI - A) = s\begin{bmatrix} 1 & 0 \\ 0 & 1 \end{bmatrix} - \begin{bmatrix} 0 & 1 \\ -2 & -3 \end{bmatrix}$

$\qquad = \begin{bmatrix} s & -1 \\ 2 & s+3 \end{bmatrix}$

(2) $(sI-A)^{-1}=\dfrac{\begin{bmatrix} s+3 & 1 \\ -2 & s \end{bmatrix}}{\begin{vmatrix} s & -1 \\ 2 & s+3 \end{vmatrix}}$

$=\dfrac{\begin{bmatrix} s+3 & 1 \\ -2 & s \end{bmatrix}}{s^2+3s+2}$

$=\begin{bmatrix} \dfrac{s+3}{s^2+3s+2} & \dfrac{1}{s^2+3s+2} \\ \dfrac{-2}{s^2+3s+2} & \dfrac{s}{s^2+3s+2} \end{bmatrix}$

(3) $G(s)=C(sI-A)^{-1}B$

$=\begin{bmatrix} 1 & 0 \end{bmatrix}\begin{bmatrix} \dfrac{s+3}{s^2+3s+2} & \dfrac{1}{s^2+3s+2} \\ \dfrac{-2}{s^2+3s+2} & \dfrac{s}{s^2+3s+2} \end{bmatrix}\begin{bmatrix} 0 \\ 3 \end{bmatrix}$

$=\dfrac{3}{s^2+3s+2}$

11-7 ›› 特性方程式及特性根

若系統之轉移函數 $G(s)$ 為

$$G(s)=\frac{b_m s^m + b_{m-1}s^{m-1}+b_{m-2}s^{m-2}+\cdots+b_1 s+b_0}{s^n+a_{n-1}s^{n-1}+a_{n-2}s^{n-2}+\cdots+a_1 s+a_0} \tag{11-26}$$

則特性方程式(characteristic equation)定義為轉移函數 $G(s)$ 之分母為零的多項式，亦即

$$s^n + a_{n-1}s^{n-1} + a_{n-2}s^{n-2} + \cdots + a_1 s + a_0 = 0 \qquad (11\text{-}27)$$

而特性方程式(11-27)之解，則稱為特性根(characteristic roots)。

又因轉移函數 $G(s)$ 可由動態方程式求得如下

$$\begin{aligned} G(s) &= C(sI-A)^{-1}B+D \\ &= \frac{C\left[\mathrm{adj}(sI-A)\right]B + |sI-A|D}{|sI-A|} \end{aligned} \qquad (11\text{-}28)$$

令分母等於零，可得特性方程式為

$$|sI-A| = 0 \qquad (11\text{-}29)$$

由矩陣理論知滿足式(11-29)之 s 值，即為矩陣 A 之特徵值(eigenvalue)，故矩陣 A 之特徵值，即為特性方程式之特性根。

 若轉移函數 $G(s)$ 由式(11-28)求得時，無極點與零點對消，則矩陣 A 之所有特徵值即為系統之極點。若有極點與零點對消時，則矩陣 A 之特徵值可能不為轉移函數之極點。亦即

矩陣 A 之特徵值＝轉移函數之極點＋轉移函數對消之極點

11-8 ▶▶ 可控制性典型式

線性非時變系統之轉移函數 $G(s)$ 若具有下列型式

$$G(s) = \frac{Y(s)}{U(s)} = \frac{b_n s^n + b_{n-1} s^{n-1} + b_{n-2} s^{n-2} + \cdots + b_1 s + b_0}{s^n + a_{n-1} s^{n-1} + a_{n-2} s^{n-2} + \cdots + a_1 s + a_0} \tag{11-30}$$

利用第三章介紹之轉移函數直接分解法，可繪出狀態圖如圖 11-2 所示。

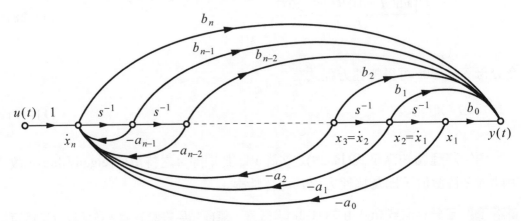

◈ 圖 11-2　轉移函數直接分解法之狀態圖

選擇積分器之輸出為狀態變數，可寫出

$$\dot{x}_1 = x_2$$
$$\dot{x}_2 = x_3$$
$$\vdots \tag{11-31}$$
$$\dot{x}_n = u(t) - a_0 x_1 - a_1 x_2 - a_2 x_3 - \cdots - a_{n-1} x_n$$

而輸出 $y(t)$ 等於

$$y(t)=b_n u(t)+b_0 x_1+b_1 x_2+\cdots+b_{n-1}x_n \tag{11-32}$$

分別將式(11-31)及(11-32)寫成矩陣型式如下

$$\begin{bmatrix} \dot{x}_1 \\ \dot{x}_2 \\ \vdots \\ \dot{x}_{n-1} \\ \dot{x}_n \end{bmatrix}=\begin{bmatrix} 0 & 1 & 0 & \cdots\cdots & 0 \\ 0 & 0 & & & \vdots \\ \vdots & & & & 0 \\ 0 & \text{------} & 0 & & 1 \\ -a_0 & -a_1 & -a_2 & \cdots -a_{n-2} & -a_{n-1} \end{bmatrix}\begin{bmatrix} x_1 \\ x_2 \\ \vdots \\ x_{n-1} \\ x_n \end{bmatrix}+\begin{bmatrix} 0 \\ 0 \\ \vdots \\ 0 \\ 1 \end{bmatrix}u(t) \tag{11-33}$$

$$y(t)=\begin{bmatrix} b_0 & b_1\cdots\cdots b_{n-2} & b_{n-1}\end{bmatrix}\begin{bmatrix} x_1 \\ x_2 \\ \vdots \\ x_n \end{bmatrix}+b_n u(t) \tag{11-34}$$

具有如式(11-33)之型式的狀態方程式，則稱為可控制性典型式(controllable canonical form)。

　　狀態方程式若為可控制性典型式，則可控制性矩陣 M_c 必為非奇異矩陣(全秩)，因此，系統必為可控制性。

11-9 >>> 觀測器典型式

轉移函數 $G(s)$ 如式(11-30)所示，可改寫成梅森增益公式之型式如下

$$\frac{Y(s)}{U(s)}=\frac{b_n+b_{n-1}s^{-1}+\cdots+b_1 s^{1-n}+b_0 s^{-n}}{1-(-a_{n-1}s^{-1}-a_{n-2}s^{-2}-\cdots-a_1 s^{1-n}-a_0 s^{-n})} \tag{11-35}$$

式(11-35)可視為有 n 個彼此均接觸之迴路,且有 n 條與所有迴路均接觸之前向路徑。滿足此性質之狀態圖如圖 11-3 所示。

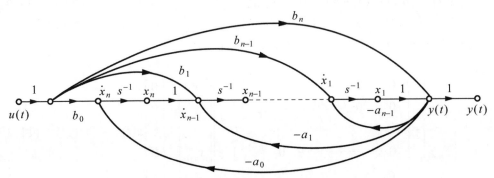

❀ 圖 11-3　轉移函數分解為觀測器典型式之狀態圖

選擇積分器之輸出為狀態變數,可寫出

$$y = x_1 + b_n u$$
$$\dot{x}_1 = -a_{n-1}y + x_2 + b_{n-1}u = -a_{n-1}x_1 + x_2 + (b_{n-1} - b_n a_{n-1})u$$
$$\dot{x}_2 = -a_{n-2}y + x_3 + b_{n-2}u = -a_{n-2}x_1 + x_3 + (b_{n-2} - b_n a_{n-2})u$$
$$\vdots$$
$$\dot{x}_{n-1} = -a_1 y + x_n + b_1 u = -a_1 x_1 + x_n + (b_1 - b_n a_1)u$$
$$\dot{x}_n = -a_0 y + b_0 u = -a_0 x_1 + (b_0 - b_n a_0)u$$

則矩陣表示之動態方程式為

$$
\begin{bmatrix} \dot{x}_1 \\ \dot{x}_2 \\ \vdots \\ \vdots \\ \dot{x}_{n-1} \\ \dot{x}_n \end{bmatrix} =
\begin{bmatrix}
-a_{n-1} & 1 & 0 & 0 & \cdots\cdots & 0 \\
-a_{n-2} & 0 & 1 & 0 & \cdots\cdots & 0 \\
\vdots & 0 & 0 & & & \vdots \\
\vdots & \vdots & \vdots & & & 0 \\
-a_1 & 0 & 0 & \cdots\cdots & 0 & 1 \\
-a_0 & 0 & 0 & \cdots\cdots & 0 & 0
\end{bmatrix}
\begin{bmatrix} x_1 \\ x_2 \\ \vdots \\ \vdots \\ x_{n-1} \\ x_n \end{bmatrix} +
\begin{bmatrix} b_{n-1} - b_n a_{n-1} \\ b_{n-2} - b_n a_{n-2} \\ \vdots \\ \vdots \\ \\ b_0 - b_n a_0 \end{bmatrix} u(t)
\qquad (11\text{-}36)
$$

$$y(t)=\begin{bmatrix} 1 & 0 & \cdots & 0 \end{bmatrix}\begin{bmatrix} x_1 \\ x_2 \\ \vdots \\ x_n \end{bmatrix}+b_n u(t) \tag{11-37}$$

此型式之動態方程式，即稱為觀測器典型式(observer canonical form)。

動態方程式若為觀測器典型式，則可觀測性矩陣 M_o 必為非奇異矩陣（全秩），因此，系統必為可觀測性。

Automatic Control

11-10 ›››› 轉換成可控制性典型式

線性非時變系統之動態方程式為

$$\dot{x} = Ax + Bu \tag{11-3}$$

$$y = Cx + Du \tag{11-4}$$

經由線性轉換後，此動態方程式可以新的狀態變數 $\bar{x}$ 來表示。令線性轉換關係式為

$$x = P\bar{x} \tag{11-38}$$

其中 P 為非奇異數矩陣。將式(11-38)代入式(11-3)及(11-4)中可得

$$\dot{\bar{x}} = \bar{A}\,\bar{x} + \bar{B}u \tag{11-39}$$

$$y = \bar{C}\,\bar{x} + Du \tag{11-40}$$

式(11-39)及(11-40)即為以新的狀態變數 $\bar{x}$ 表示之動態方程式，式中

$$\bar{A} = P^{-1}AP \tag{11-41}$$

$$\overline{B} = P^{-1}B \tag{11-42}$$

$$\overline{C} = CP \tag{11-43}$$

線性轉換具有以下之特性：

(1) 矩陣 $\overline{A}$ 之特徵值與矩陣 A 之特徵值完全相同。

(2) 線性轉換不影響系統之可控制性，亦即若系統(11-3)及(11-4)為可控制性，則系統(11-39)及(11-40)亦為可控制性。

(3) 線性轉換不影響系統之可觀測性，亦即若系統(11-3)及(11-4)為可觀測性，則系統(11-39)及(11-40)亦為可觀測性。

對於高階系統而言，以狀態回授完成極點安置時，常利用線性轉換先將系統轉換成可控制性典型式，則極點安置便可以很容易完成，其轉換步驟如下：

(1) 計算系統之可控制性矩陣 M_c，並判定系統是否為可控制性。若是可控制性，則求出矩陣 M_c 之反矩陣 M_c^{-1}。若為不可控制性，則此系統不能被轉換為可控制性典型式。

(2) 計算列矩陣 Q

$$Q = \begin{bmatrix} 0 & 0 & \cdots & 0 & 1 \end{bmatrix} M_c^{-1} \tag{11-44}$$

(3) 決定矩陣 P 之反矩陣 P^{-1}

$$P^{-1} = \begin{bmatrix} Q \\ QA \\ QA^2 \\ \vdots \\ QA^{n-1} \end{bmatrix} \tag{11-45}$$

並求出矩陣 P。

(4) 計算矩陣 $\overline{A}$ 及 $\overline{B}$，並寫出可控制性典型式。

例題 8

已知狀態方程式 $\dot{x}(t)=Ax(t)+Bu(t)$，式中

$$A=\begin{bmatrix} 0 & 0 & 1 \\ 1 & 0 & -1 \\ 2 & 1 & 0 \end{bmatrix}, \ B=\begin{bmatrix} 0 \\ 0 \\ 4 \end{bmatrix}$$

試將此狀態方程式轉換為可控制性典型式。

解

(1)先檢查是否為可控制性，可控制性矩陣 M_c 為

$$M_c=\begin{bmatrix} 0 & 4 & 0 \\ 0 & -4 & 4 \\ 4 & 0 & 4 \end{bmatrix}$$

其行列式值 $\det M_c = 64$，為非奇異矩陣，故 M_c 為全秩，其反矩陣 M_c^{-1} 可求得為

$$M_c^{-1}=\begin{bmatrix} -\dfrac{1}{4} & -\dfrac{1}{4} & \dfrac{1}{4} \\ \dfrac{1}{4} & 0 & 0 \\ \dfrac{1}{4} & \dfrac{1}{4} & 0 \end{bmatrix}$$

$(2)\ Q = \begin{bmatrix} 0 & 0 & 1 \end{bmatrix} M_c^{-1}$

$$= \begin{bmatrix} 0 & 0 & 1 \end{bmatrix} \begin{bmatrix} -\dfrac{1}{4} & -\dfrac{1}{4} & \dfrac{1}{4} \\[2mm] \dfrac{1}{4} & 0 & 0 \\[2mm] \dfrac{1}{4} & \dfrac{1}{4} & 0 \end{bmatrix}$$

$$= \begin{bmatrix} \dfrac{1}{4} & \dfrac{1}{4} & 0 \end{bmatrix}$$

$(3)\ P^{-1} = \begin{bmatrix} Q \\ QA \\ QA^2 \end{bmatrix} = \begin{bmatrix} \dfrac{1}{4} & \dfrac{1}{4} & 0 \\[2mm] \dfrac{1}{4} & 0 & 0 \\[2mm] 0 & 0 & \dfrac{1}{4} \end{bmatrix}$

且

$$P = (P^{-1})^{-1} = \begin{bmatrix} 0 & 4 & 0 \\ 4 & -4 & 0 \\ 0 & 0 & 4 \end{bmatrix}$$

$(4)\ \overline{A} = P^{-1}AP = \begin{bmatrix} 0 & 1 & 0 \\ 0 & 0 & 1 \\ 1 & 1 & 0 \end{bmatrix}$

$$\overline{B} = P^{-1}B = \begin{bmatrix} 0 \\ 0 \\ 1 \end{bmatrix}$$

故可控制性典型式如下

$$\dot{\overline{x}} = \begin{bmatrix} 0 & 1 & 0 \\ 0 & 0 & 1 \\ 1 & 1 & 0 \end{bmatrix} \overline{x} + \begin{bmatrix} 0 \\ 0 \\ 1 \end{bmatrix} u$$

11-11 ›› 狀態回授控制

若單輸入單輸出之線性非時變系統為可控制性，其動態方程式為

$$\dot{x} = Ax + Bu \tag{11-46}$$

$$y = Cx \tag{11-47}$$

假設矩陣 A 之特徵值 λ_1，λ_2，λ_3，$\cdots$，λ_n 不在 s 平面上之希望位置，則使用完全狀態回授(full state feedback)，設計控制器如下

$$u = -Kx + r \tag{11-48}$$

式中 $K = \begin{bmatrix} k_1 & k_2 & \cdots & k_n \end{bmatrix}$ 稱為回授增益(feedback gain)，而 $r(t)$ 為參考輸入。將式(11-48)代入式(11-46)可得閉迴路系統之狀態方程式為

$$\dot{x} = (A - BK)x + Br \tag{11-49}$$

而系統之閉迴路方塊圖如圖 11-4 所示。

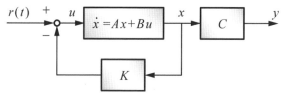

❀ 圖 11-4　狀態回授控制系統之方塊圖

此時閉迴路系統之特性方程式為

$$\left| sI - (A - BK) \right| = 0 \tag{11-50}$$

假設 p_1，p_2，$\cdots$，p_n 為 n 個希望的極點(desired poles)，則閉迴路系統之特性方程式必須為

$$(s-p_1)(s-p_2)(s-p_3)\cdots\cdots(s-p_n)=0 \tag{11-51}$$

因此式(11-50)展開後之多項式必須與式(11-51)展開後之多項式具有完全相同對應之係數。故經由比較係數後，回授增益矩陣 K 之 k_1，k_2，$\cdots$，k_n 便得以決定。

然而當系統之階數較高時，這種比較係數決定回授增益矩陣 K 的方法會變得很複雜，不易求解。因此，我們可先將系統轉換為可控制性典型式如下

$$\dot{x}=A_c x+B_c u \tag{11-52}$$

式中

$$A_c=\begin{bmatrix} 0 & 1 & 0 & \cdots\cdots & 0 \\ 0 & 0 & 1 & \cdots\cdots & 0 \\ \vdots & \vdots & \vdots & & \vdots \\ 0 & 0 & 0 & & 1 \\ -a_0 & -a_1 & -a_2 & \cdots\cdots & -a_{n-1} \end{bmatrix},\ B=\begin{bmatrix} 0 \\ 0 \\ \vdots \\ 0 \\ 1 \end{bmatrix}$$

使用完全狀態回授控制，則

$$u=-\begin{bmatrix} k_1 & k_2 & \cdots & k_n \end{bmatrix}\begin{bmatrix} x_1 \\ x_2 \\ \vdots \\ x_n \end{bmatrix}+r$$

$$=-Kx+r \tag{11-53}$$

此時閉迴路狀態方程式為

$$\dot{x} = (A_c - B_c K)x + B_c r \tag{11-54}$$

而式中

$$(A_c - B_c K) = \begin{bmatrix} 0 & 1 & 0 & \cdots\cdots & 0 \\ 0 & 0 & 1 & \cdots\cdots & 0 \\ 0 & 0 & 0 & \cdots\cdots & 0 \\ \vdots & \vdots & \vdots & & \vdots \\ 0 & 0 & 0 & \cdots\cdots & 1 \\ -a_0 - k_1 & -a_1 - k_2 & -a_2 - k_3 & \cdots\cdots & -a_{n-1} - k_n \end{bmatrix}$$

因為式(11-54)仍為可控制性典型式,所以直接可看出閉迴路系統之特性方程式為

$$\begin{aligned} |sI - (A_c - B_c K)| = s^n + (a_{n-1} + k_n)s^{n-1} + (a_{n-2} + k_{n-1})s^{n-2} \\ + \cdots + (a_1 + k_2)s + (a_0 + k_1) = 0 \end{aligned} \tag{11-55}$$

同理,式(11-55)展開後之多項式必須與式(11-51)展開後之多項式具有相同係數,故馬上可決定出 k_1, k_2, $\cdots$, k_n 之值,則回授增益矩陣 K 得以決定。

例題 9

系統之動態方程式為

$$\begin{bmatrix} \dot{x}_1 \\ \dot{x}_2 \end{bmatrix} = \begin{bmatrix} 0 & 1 \\ -4 & 0 \end{bmatrix} \begin{bmatrix} x_1 \\ x_2 \end{bmatrix} + \begin{bmatrix} 0 \\ 1 \end{bmatrix} u$$

試求(1)極點位置。

(2)使用狀態回授控制將極點安置於 $-1 \pm j\sqrt{5}$ 。

解

(1) $|sI-A|=\begin{vmatrix} s & -1 \\ 4 & s \end{vmatrix}=s^2+4=0$

可解得

$$s=\pm j2$$

極點在 s-plane 之虛軸上。

(2) 設計狀態回授控制，令

$$u=-\begin{bmatrix} k_1 & k_2 \end{bmatrix}\begin{bmatrix} x_1 \\ x_2 \end{bmatrix}+r=-Kx+r$$

則閉迴路狀態方程式為

$$\dot{x}=(A-BK)x+Br$$

其極點必須安置於 $-1\pm j\sqrt{5}$，故利用式(11-50)及(11-51)可得到

$$|sI-(A-BK)|=(s+1-j\sqrt{5})(s+1+j\sqrt{5})$$

$$\Rightarrow \begin{vmatrix} s & -1 \\ k_1+4 & s+k_2 \end{vmatrix}=s^2+2s+6$$

$$\Rightarrow s^2+k_2s+(k_1+4)=s^2+2s+6$$

比較係數可得到

$$\begin{cases} k_2=2 \\ k_1+4=6 \end{cases}$$

可解出 $k_1=2$，$k_2=2$，故回授控制器為

$$u=-\begin{bmatrix} 2 & 2 \end{bmatrix}\begin{bmatrix} x_1 \\ x_2 \end{bmatrix}+r$$

例題 10

系統之動態方程式為 $\dot{x} = Ax + Bu$，式中

$$A = \begin{bmatrix} 0 & 0 & 1 \\ 1 & 0 & -1 \\ 2 & 1 & 0 \end{bmatrix}, B = \begin{bmatrix} 0 \\ 0 \\ 4 \end{bmatrix}$$

試使用完全狀態回授將系統之極點安置於 -10，$-1 \pm j\sqrt{3}$。

解

由例題 11-8 知若令

$$x = P\overline{x}, P = \begin{bmatrix} 0 & 4 & 0 \\ 4 & -4 & 0 \\ 0 & 0 & 4 \end{bmatrix}$$

可將系統轉換成可控制性典型式如下

$$\begin{bmatrix} \dot{\overline{x}}_1 \\ \dot{\overline{x}}_2 \\ \dot{\overline{x}}_3 \end{bmatrix} = \begin{bmatrix} 0 & 1 & 0 \\ 0 & 0 & 1 \\ 1 & 1 & 0 \end{bmatrix} \begin{bmatrix} \overline{x}_1 \\ \overline{x}_2 \\ \overline{x}_3 \end{bmatrix} + \begin{bmatrix} 0 \\ 0 \\ 1 \end{bmatrix} u(t)$$

設計回授控制器如下

$$u = -k'\overline{x} + r = -\begin{bmatrix} k'_1 & k'_2 & k'_3 \end{bmatrix} \begin{bmatrix} \overline{x}_1 \\ \overline{x}_2 \\ \overline{x}_3 \end{bmatrix} + r$$

則由式(11-54)及(11-51)可得

$$s^3+(k_3'-0)s^2+(k_2'-1)s+(k_1'-1)$$
$$=(s+10)(s+1-j\sqrt{3})(s+1+j\sqrt{3})$$
$$=s^3+12s^2+24s+40$$

比較係數,可求出

$$k_1'=41, \quad k_2'=25, \quad k_3'=12$$

故增益 K' 為

$$K'=\begin{bmatrix} 41 & 25 & 12 \end{bmatrix}$$

接著,必須將控制器轉換為對原來之狀態變數 x,亦即

$$u=-K'\,\overline{x}+r=-K'P^{-1}x+r$$
$$=-Kx+r$$

則回授增益矩陣 K 為

$$K=K'P^{-1}$$
$$=\begin{bmatrix} 41 & 25 & 12 \end{bmatrix}\begin{bmatrix} \dfrac{1}{4} & \dfrac{1}{4} & 0 \\[2mm] \dfrac{1}{4} & 0 & 0 \\[2mm] 0 & 0 & \dfrac{1}{4} \end{bmatrix}$$
$$=\begin{bmatrix} 16.5 & 10.25 & 3 \end{bmatrix}$$

11-12 ›› 觀測器設計

使用完全狀態回授控制時，必須全部的狀態 x_1，x_2，…，x_n 均能量測，並且可以直接使用。但實際上，有些狀態並不能量得，或者量測器價格昂貴，因此必須使用觀測器。閉迴路全階狀態觀測器(closed-loop full order observer)之動態方程式設計為

$$\dot{\bar{x}} = A\bar{x} + Bu + L(y - \bar{y}) \tag{11-56}$$

式中 $\bar{x} = [\bar{x}_1 \ \bar{x}_2 \ \bar{x}_3 \cdots \bar{x}_n]^T$ 為觀測狀態，由式中可看出是將量測之輸出 y 與觀測器之輸出 $\bar{y}$ 的誤差作為回授，其中 L 為觀測器增益，定義如下

$$L = [l_1 \quad l_2 \quad \cdots \quad l_n]^T \tag{11-57}$$

其系統方塊圖如圖 11-5 所示。

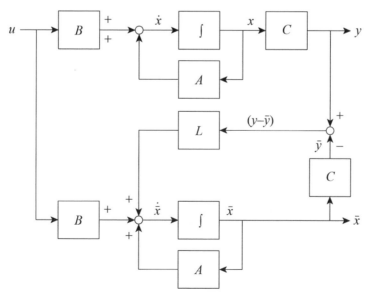

🏵 圖 11-5　全階狀態觀測器之系統方塊圖

定義狀態誤差 x_e 為

$$x_e = x - \overline{x} \tag{11-58}$$

將式(11-58)微分，並將(11-1)及(11-56)代入，可得到

$$\begin{aligned}
\dot{x}_e &= \dot{x} - \dot{\overline{x}} \\
&= (Ax + Bu) - [A\overline{x} + Bu + L(y - \overline{y})] \\
&= (Ax + Bu) - [A\overline{x} + Bu + LCx - LC\overline{x}] \\
&= (A - LC)x_e
\end{aligned} \tag{11-59}$$

誤差動態方程式(11-59)之解為

$$x_e = e^{(A-LC)t} x_e(0) \tag{11-60}$$

由式(11-60)可看出，狀態誤差值與輸入 u 無關，而其動態由矩陣$(A-LC)$之特徵值決定。因此，可證明若系統為完全狀態可觀測性，則矩陣$(A-LC)$之特徵值可經由觀測器增益 L 之設計，將特徵值任意安置，亦即狀態誤差收斂至零之速率可由 L 之設計而達到希望值。

例題 11

考慮系統動態方程式如下

$$\dot{x} = \begin{bmatrix} 0 & 1 \\ -4 & 0 \end{bmatrix} x + \begin{bmatrix} 0 \\ 1 \end{bmatrix} u$$

$$y = \begin{bmatrix} 1 & 0 \end{bmatrix} x$$

試設計一閉迴路全階狀態觀測器，並將觀測器之特徵值安置於–3，–3。

解

(1)閉迴路全階狀態觀測器之動態方程式設計如下

$$\dot{\bar{x}} = A\bar{x} + Bu + L(y - \bar{y})$$

其中 L 為觀測器增益，定義為

$$L = \begin{bmatrix} l_1 & l_2 \end{bmatrix}^T$$

(2)閉迴路觀測器特性方程式為

$$\Delta_o(s) = |sI - (A - LC)| = s^2 + \ell_1 s + (\ell_2 + 4) = 0$$

而希望之特性方程式 $\Delta_d(s)$ 為

$$\begin{aligned} \Delta_d(s) &= (s+3)(s+3) \\ &= s^2 + 6s + 9 = 0 \end{aligned}$$

比較係數可解得 $\ell_1 = 6, \ell_2 = 5$。

11-13 ▸▸ 觀測狀態回授與全階觀測器之合成控制

Automatic Control

觀測狀態回授控制與全階觀測器之合成控制系統的方塊圖如圖 11-6 所示，因使用觀測狀態作為回授，所以回授控制器設計如下

$$u(t) = -K\bar{x} \tag{11-61}$$

因此閉迴路控制系統之狀態方程式為

$$\dot{x} = Ax + Bu = Ax - BK\overline{x} \tag{11-62}$$

而觀測器之狀態方程式為

$$\dot{\overline{x}} = A\overline{x} + B(-K\overline{x}) + L(Cx - C\overline{x}) = (A - BK - LC)\overline{x} + LCx \tag{11-63}$$

所以合成控制系統之狀態方程式如下

$$\begin{bmatrix} \dot{x} \\ \dot{\overline{x}} \end{bmatrix} = \begin{bmatrix} A & -BK \\ LC & A - BK - LC \end{bmatrix} \begin{bmatrix} x \\ \overline{x} \end{bmatrix} \tag{11-64}$$

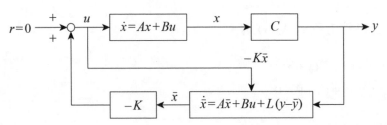

🏵 圖 11-6 觀測狀態回授與全階觀測器之合成控制系統方塊圖

　　觀測狀態回授控制與全階觀測器之合成控制設計可先設計狀態回授控制部分之特徵值，再設計觀測器誤差動態方程式之特徵值，此兩部分可分別獨立進行，並不相干，此特性稱為分離原理(separation principle)。此定理之證明如下

證明：

　　定義擴大狀態向量(augmented state vector)如下

$$\begin{bmatrix} x \\ x_e \end{bmatrix} = \begin{bmatrix} I & 0 \\ I & -I \end{bmatrix} \begin{bmatrix} x \\ \overline{x} \end{bmatrix} \tag{11-65}$$

將式(11-65)微分，並將式(11-63)及式(11-64)代入，整理後可得到

$$
\begin{bmatrix} \dot{x} \\ \dot{x}_e \end{bmatrix} = \begin{bmatrix} I & 0 \\ I & -I \end{bmatrix} \begin{bmatrix} \dot{x} \\ \dot{\overline{x}} \end{bmatrix} = \begin{bmatrix} I & 0 \\ I & -I \end{bmatrix} \begin{bmatrix} Ax - BK\overline{x} \\ (A - BK - LC)\overline{x} + LCx \end{bmatrix}
$$

$$
= \begin{bmatrix} Ax - BK\overline{x} \\ Ax - BK\overline{x} - (A - BK - LC)\overline{x} - LCx \end{bmatrix}
$$

$$
= \begin{bmatrix} Ax - BK\overline{x} \\ A(x - \overline{x}) - LC(x - \overline{x}) \end{bmatrix} = \begin{bmatrix} (A - BK)x + BK(x - \overline{x}) \\ (A - LC)(x - \overline{x}) \end{bmatrix} \tag{11-66}
$$

$$
= \begin{bmatrix} A - BK & BK \\ 0 & A - LC \end{bmatrix} \begin{bmatrix} x \\ x_e \end{bmatrix}
$$

而系統式(11-66)之特性方程式為

$$
\left| sI - \begin{bmatrix} A - BK & BK \\ 0 & A - LC \end{bmatrix} \right| = \begin{vmatrix} sI - (A - BK) & -BK \\ 0 & sI - (A - LC) \end{vmatrix}
$$

$$
= \left| sI - (A - BK) \right| \left| sI - (A - LC) \right| = 0 \tag{11-67}
$$

由式(11-67)可知合成系統之特徵值是由狀態回授控制系統之特徵值與狀態觀測器之特徵值所組成，因此在設計上可先由 K 之設計決定狀態回授控制系統之特徵值，再由 L 之設計來決定觀測器之特徵值，此兩部分之設計可分別獨立完成。詳細設計步驟如下：

(1) 先計算可控制性矩陣 M_c 與可觀測性矩陣 M_o，確定 $\det M_c \neq 0$ 且 $\det M_o \neq 0$，亦即系統為可控制性且為可觀測性。

(2) 觀測狀態回授控制部分設計如下

$$
\dot{x} = Ax + Bu, \quad u = -K\overline{x}
$$

而回授增益矩陣 K 可由下式

$$
\left| sI - (A - BK) \right| = (s + p_1)(s + p_2)(s + p_3) \cdots (s + p_n)
$$

經比較係數求得 K，而式中 $-p_1, -p_2, \cdots, -p_n$ 為期望特徵值（極點）。

(3)觀測器部分設計如下

$$\dot{\bar{x}} = A\bar{x} + Bu + L(y - \bar{y}), \quad y = Cx, \quad \bar{y} = C\bar{x}$$

而誤差動態方程式為

$$\dot{x}_e = (A - LC)x_e, \quad x_e = x - \bar{x}$$

而觀測器增益矩陣 L 可由下式

$$|sI - (A - LC)| = (s + q_1)(s + q_2)(s + q_3)\cdots(s + q_n)$$

經比較係數求得 L，而式中 $-q_1, -q_2, \cdots, -q_n$ 為期望特徵值（極點）。

例題 12

考慮系統動態方程式如下

$$\begin{bmatrix} \dot{x}_1 \\ \dot{x}_2 \\ \dot{x}_3 \end{bmatrix} = \begin{bmatrix} 0 & 1 & 0 \\ -4 & 0 & 0 \\ 0 & 0 & 0 \end{bmatrix} \begin{bmatrix} x_1 \\ x_2 \\ x_3 \end{bmatrix} + \begin{bmatrix} 0 \\ 1 \\ 0 \end{bmatrix} u$$

$$y = \begin{bmatrix} 1 & 0 & 1 \end{bmatrix} \begin{bmatrix} x_1 \\ x_2 \\ x_3 \end{bmatrix}$$

(1)試判定系統之可觀測性。

(2)試設計一狀態觀測器，並將狀態觀測器之特徵值安置於–2，–2 及–2。

(3)試判定系統之可控制性。

(4)試設計一觀測狀態回授控制器，並將閉迴路控制系統之特徵值安置於–1 及 –2 ± j。

解

(1)可觀測性矩陣如下

$$\det M_o = \det \begin{bmatrix} C \\ CA \\ CA^2 \end{bmatrix} = \det \begin{bmatrix} 1 & 0 & 1 \\ 0 & 1 & 0 \\ -4 & 0 & 0 \end{bmatrix} = 4 \neq 0$$

故系統為可觀測性。

(2)設計觀測器方程式如下

$$\dot{\overline{x}} = A\overline{x} + Bu + L(y - C\overline{x})$$

式中觀測器增益 L 為

$$L = \begin{bmatrix} l_1 & l_2 & l_3 \end{bmatrix}^T$$

由於觀測器誤差動態之特性方程式為

$$\Delta_{est}(s) = \left| sI - (A - LC) \right| = s^3 + (l_1 + l_3)s^2 + (l_2 + 4)s + 4l_3 = 0$$

又因觀測器特性方程式之期望特徵根為-2，-2，-2，故可得到

$$\Delta_{est}^d(s) = (s+2)^3 = s^3 + 6s^2 + 12s + 8$$

比較係數可解得 $l_1 = 4$ ， $l_2 = 8$ ， $l_3 = 2$ 。

(3)可控制性矩陣如下

$$\det M_c = \det \begin{bmatrix} B & AB & A^2B \end{bmatrix} = \det \begin{bmatrix} 0 & 1 & 0 \\ 1 & 0 & -4 \\ 0 & 0 & 0 \end{bmatrix} = 0$$

故系統為不可控制性。

(4)因為系統為不可控制性，所以狀態回授控制未必能任意安置閉迴路系統之特徵根。考慮狀態回授控制器如下

$$u = -K\bar{x} + r$$

式中 r 為參考輸入，而回授增益 K 為

$$K = \begin{bmatrix} k_1 & k_2 & k_3 \end{bmatrix}$$

由於狀態回授控制器之特性方程式為

$$\Delta(s) = |sI - (A - BK)|$$
$$= s^3 + k_2 s^2 + (k_1 + 4)s = 0$$

又因狀態回授控制器特性方程式之期望特性根為 $-2 \pm j, -1$，故

$$\Delta_d(s) = (s + 2 - j)(s + 2 + j)(s + 1)$$
$$= s^3 + 5s^2 + 9s + 5 = 0$$

比較係數可知 k_1, k_2, k_3 無解，代表狀態回授控制未能安置閉迴路系統之特徵值於 -1 及 $-2 \pm j$。此結果為可預期的，因為系統為不可控制性。

習題十一

11-1 線性非時變系統之微分方程式如下所示，分別寫出矩陣形式之動態方程式

(a) $\dfrac{d^3 y(t)}{dt^3} + 2\dfrac{d^2 y(t)}{dt^2} + 3\dfrac{dy(t)}{dt} + 4y(t) = 5u(t)$

(b) $\dfrac{d^5 y(t)}{dt^5} + 2\dfrac{d^3 y(t)}{dt^3} + 5\dfrac{dy(t)}{dt} = 3u(t)$

11-2 線性非時變系統之動態方程式為

$\dot{x} = Ax + Bu$

$y = Cx$

其中 A, B 及 C 矩陣分別如下所示，試判定每一個系統之可控制性及可觀測性。

(a) $A = \begin{bmatrix} 1 & 0 & -1 \\ 0 & 2 & 1 \\ 1 & -2 & 0 \end{bmatrix}$, $B = \begin{bmatrix} 1 \\ 0 \\ -1 \end{bmatrix}$, $C = \begin{bmatrix} 1 & 0 & 0 \end{bmatrix}$

(b) $A = \begin{bmatrix} 1 & 0 & 0 & 0 \\ 0 & 2 & 1 & 2 \\ 1 & -2 & 0 & 0 \\ 1 & 1 & 1 & 0 \end{bmatrix}$, $B = \begin{bmatrix} 0 \\ 0 \\ 0 \\ 1 \end{bmatrix}$, $C = \begin{bmatrix} 1 & 1 & 2 & -1 \end{bmatrix}$

(c) $A = \begin{bmatrix} 1 & 0 & 0 \\ 0 & 1 & 2 \\ 1 & -2 & 0 \end{bmatrix}$, $B = \begin{bmatrix} 0 & 1 \\ 1 & 0 \\ 1 & 2 \end{bmatrix}$, $C = \begin{bmatrix} 1 & -1 & 0 \end{bmatrix}$

11-3 線性非時變系統之動態方程式為

$$\begin{bmatrix} \dot{x}_1 \\ \dot{x}_2 \end{bmatrix} = \begin{bmatrix} 0 & 1 \\ -2 & -3 \end{bmatrix} \begin{bmatrix} x_1 \\ x_2 \end{bmatrix} + \begin{bmatrix} 0 \\ 2 \end{bmatrix} u(t)$$

$$y = \begin{bmatrix} 1 & 0 \end{bmatrix} \begin{bmatrix} x_1 \\ x_2 \end{bmatrix}$$

試求(a)狀態轉移矩陣 $\phi(t)$。

(b)狀態向量 $x(t)$，$t \geq 0$。

11-4 試利用狀態轉移矩陣 $\phi(t) = e^{At}$，證明狀態轉移矩陣 $\phi(t)$ 之下列性質：

(a) $\phi(0) = I$，I 為單位矩陣

(b) $\phi(t_2 - t_1)\phi(t_1 - t_0) = \phi(t_2 - t_0)$

(c) $\phi(-t) = \phi^{-1}(t)$

(d) $\left[\phi(t)\right]^n = \phi(nt)$，$n$ 為整數

11-5 線性非時變系統之動態方程式為

$$\begin{bmatrix} \dot{x}_1 \\ \dot{x}_2 \\ \dot{x}_3 \end{bmatrix} = \begin{bmatrix} -3 & -2 & 0 \\ 1 & 0 & 0 \\ 0 & 1 & 0 \end{bmatrix} \begin{bmatrix} x_1 \\ x_2 \\ x_3 \end{bmatrix} + \begin{bmatrix} 1 \\ 0 \\ 0 \end{bmatrix} u(t)$$

$$y = \begin{bmatrix} 0 & 1 & 4 \end{bmatrix} \begin{bmatrix} x_1 \\ x_2 \\ x_3 \end{bmatrix}$$

試求系統之轉移函數 $G(s)$。

11-6 **線性非時變系統之轉移函數** $G(s)$ **為**

$$G(s) = \frac{2s^2 + s + 3}{s^4 + 2s^3 + s^2 + s + 2}$$

試求(a)可控制性典型式。

(b)觀測器典型式。

11-7 **線性非時變系統之狀態方程式為**

$$\begin{bmatrix} \dot{x}_1 \\ \dot{x}_2 \\ \dot{x}_3 \end{bmatrix} = \begin{bmatrix} 1 & 0 & -1 \\ 1 & 0 & 2 \\ 0 & -1 & 0 \end{bmatrix} \begin{bmatrix} x_1 \\ x_2 \\ x_3 \end{bmatrix} + \begin{bmatrix} 0 \\ 0 \\ 1 \end{bmatrix} u$$

試回答下列問題：

(a) 將此狀態方程式轉換為可控制性典型式。

(b) 使用狀態回授控制，將極點安置於 -5，$-1 + j\sqrt{3}$，$-1 - j\sqrt{3}$。

參考文獻
References

§ 11-1～11-7

1. Chen, C. T. (1982). *Linear System Theory and Design*. New York: Holt, Rinehart and Winston.

2. Kailath, T. (1980). *Linear Systems*. New Jersey: Prentice Hall, Eglewood Cliffs.

3. D'Souza, A. F. (1988). *Design of Control Systems*. New Jersey: Prentice Hall, Englewood Cliffs.

4. Brogan, W. L. (1985). *Modern Control Theory* (2nd ed.). New Jersey: Prentice Hall, Eglewood Cliffs.

§ 11-8～11-11

5. Kuo, B. C. (1987). *Automatic Control Systems* (5th ed.). New Jersey: Prentice Hall, Eglewood Cliffs.

6. Nagrath, I. J., & Gopal, M. (1985). *Control Systems Engineering* (2nd ed.). Wiley Eastern Limited.

7. Chen, C. T. (1984). *Linear System Theory and Design*. New York: Holt, Rinehart and Winston.

國家圖書館出版品預行編目資料

自動控制 / 張振添編著. － 第四版. － 新北市：
新文京開發, 2019.08
面；　公分

ISBN　978-986-430-534-6（平裝）

1. 自動控制

448.9　　　　　　　　　　　　　　108013339

自動控制（第四版）　　　　　　　　　（書號：A105e4）

編　著　者	張振添
出　版　者	新文京開發出版股份有限公司
地　　　址	新北市中和區中山路二段 362 號 9 樓
電　　　話	(02) 2244-8188（代表號）
Ｆ　Ａ　Ｘ	(02) 2244-8189
郵　　　撥	1958730-2
初　　　版	西元 1994 年 05 月 30 日
二　　　版	西元 2007 年 01 月 20 日
三　　　版	西元 2015 年 01 月 05 日
四　　　版	西元 2019 年 08 月 20 日

New Wun Ching Developmental Publishing Co., Ltd.

New Age · New Choice · The Best Selected Educational Publications — NEW WCDP